Chemische Thermodynamik

Chemische Thermodynamik

von

Arnold Münster

Dr. rer. nat., o. Professor und Direktor
des Instituts für theoretische physikalische Chemie
an der Universität Frankfurt/Main

Mit 34 Abbildungen

A K A D E M I E - V E R L A G · B E R L I N
1 9 6 9

Lizenzausgabe
des Verlages Chemie, GmbH, Weinheim/Bergstr.

Erschienen im Akademie-Verlag GmbH, 108 Berlin, Leipziger Straße 3—4
Lizenznummer: 202 · 100/541/69
Gesamtherstellung: VEB Druckerei „Thomas Müntzer", 582 Bad Langensalza
Bestellnummer: 5733 · ES 18 C 2
Schutzumschlag und Einband: Karl Salzbrunn, Berlin

Vorwort

Das vorliegende Buch ist aus Vorlesungen entstanden, die ich seit 15 Jahren an der Universität Frankfurt/Main halte. Es soll dem Leser in einer den heutigen Erfordernissen entsprechenden konzentrierten Form die formale Struktur der Thermodynamik und die Technik ihrer Handhabung so erklären, daß er die Theorie selbständig anwenden kann. Das Grundkonzept, das aus langjähriger eigener Beschäftigung mit dem Gegenstand und der didaktischen Erfahrung entwickelt worden ist, besteht darin, das ganze Gebäude der Thermodynamik rein mathematisch aus drei Beziehungen, der Fundamentalgleichung, der Gleichgewichtsbedingung und der Stabilitätsbedingung abzuleiten. Diese Beziehungen spielen somit hier eine analoge Rolle wie die Maxwell'schen Gleichungen in der Elektrodynamik. Zweifellos muß bei dieser Art der Darstellung ein gewisser Verzicht auf Anschaulichkeit im üblichen Sinne in Kauf genommen werden. Es wird aber reichlich aufgewogen durch ein tieferes Verständnis sowie durch Leichtigkeit und Sicherheit in der Anwendung der Theorie auf konkrete Probleme.

Aus dem Grundkonzept ergibt sich der Aufbau des Buches. Zunächst wird gezeigt, wie einfache Erfahrungstatsachen auf die drei erwähnten grundlegenden Beziehungen führen (Kapitel I). Dieselben werden anschließend erläutert und im Hinblick auf ihre formalen Eigenschaften untersucht (Kapitel II und III). Schließlich werden sie auf eine Anzahl von allgemeinen Problemen (heterogene Gleichgewichte, chemische Gleichgewichte, kritische Phasen, elektrochemische Systeme, Gravitations- und Zentrifugalfeld) angewandt. Im Hinblick auf den vorgesehenen Umfang des Buches war hier eine Beschränkung notwendig, bei der in erster Linie die Interessen des Chemikers und Physikochemikers berücksichtigt worden sind.

Der Plan des Buches schließt die systematische Behandlung verschiedener Stoffklassen (Gase, Flüssigkeiten usw.) ebenso aus wie die Erörterung empirischer oder statistisch begründeter Formeln für die thermodynamischen Funktionen und numerische Rechnungen. Dagegen habe ich versucht, durch zahlreiche Beispiele (häufig in Form schematischer Diagramme) das Verständnis zu erleichtern und gleichzeitig den Blick für die Anwendungen auf spezielle Probleme offen zu halten. In diesem Zusammenhang ist besondere Sorgfalt auf die Behandlung einiger Fragen verwendet worden, die erfahrungsgemäß dem Anfänger bei den Anwendungen der Theorie Schwierigkeiten machen (z. B. Begriff der inneren Parameter, speziell der Reaktionslaufzahl, Normierung der thermodynamischen Funktionen, Einzel-Elektroden-Potentiale). Unter dem gleichen Gesichtspunkt ist auch der Nernst'sche Wärmesatz ausführlich behandelt worden.

Das Buch setzt in Chemie, physikalischer Chemie und Physik etwa die Kenntnisse voraus, die durch die großen Anfänger-Vorlesungen vermittelt werden. An mathematischen Vorkenntnissen werden die Anfangsgründe der Differential- und Integralrechnung, insbesondere die partielle Differentiation von Funktionen mehrerer Variabler, benötigt. Einige weitere Hilfsmittel werden in dem Buche selbst kurz entwickelt.

Für wertvolle Hilfe bei der Herstellung der Druckvorlage habe ich Herrn Dr. E. Lux und Frau A. Tüpker zu danken. Dem Verlag Chemie danke ich für die gute und verständnisvolle Zusammenarbeit.

Frankfurt/Main, Dezember 1968 A. Münster

Inhaltsverzeichnis

Verzeichnis der wichtigsten Formelsymbole

Symbol	Bedeutung
A	Affinität
C_v	Molwärme bei konstantem Volumen
C_p	Molwärme bei konstantem Druck
$\vec{E}$	elektrische Feldstärke
$\mathfrak{F}$	*Faraday*sche Konstante
F	Freie Energie nach *Helmholtz*
G	Freie Energie nach *Gibbs*, freie Enthalpie
H	Enthalpie
K_p	Gleichgewichtskonstante des MWG für Partialdrucke
M_i	Molekulargewicht der Komponente i
P	Druck
P_i	intensiver Parameter
Q	dem System zugeführte Wärme
R	Gaskonstante
S	Entropie
T	absolute Temperatur
U	innere Energie
V	Volumen
W	an dem System geleistete Arbeit
X_i	extensiver Parameter
Y_j	Arbeitskoeffizient, generalisierte Kraft
Z	Zustandsfunktion
a_i	Aktivität der Komponente i

Symbol	Bedeutung
$c_i = n/V$	Konzentration in $mol \cdot cm^{-3}$
f_i	Aktivitätskoeffizient
g	osmotischer Koeffizient (§ 50)
g	Fallbeschleunigung (§ 53)
m	Zahl der Komponenten
n_i	Molzahl
p_i	Partialdruck
t	empirische Temperatur
x_i	Molenbruch
y_j	Arbeitskoordinate
Π	Osmotischer Druck
Φ	elektromotorische Kraft
Φ_k	*Massieu-Planck*sche *Funktion*, die von k intensiven Parametern abhängt
Ψ_k	Thermodynamisches Potential, das von k intensiven Parametern abhängt
α	Thermischer Ausdehnungskoeffizient
$\varkappa$	Isotherme Kompressibilität
$\varkappa_s$	Isentrope Kompressibilität
μ_i	chemisches Potential
$\tilde{\mu}_i$	elektrochemisches Potential der Ionenart i
σ	Zahl der Phasen
φ	elektrisches Potential

Molare Größen für einheitliche Stoffe werden durch kleine Buchstaben (z. B. u, s) oder durch Großbuchstaben mit Stern (z. B. U^*, S^*) bezeichnet.

§ 1 Einleitung

Im Rahmen der theoretischen Physik gehört die Thermodynamik in die Gruppe der phänomenologischen Theorien, d. h. in die gleiche Gruppe wie die Hydrodynamik und die Elektrodynamik. Diese Theorien haben folgende Eigenschaften gemeinsam:

a. Die atomare Struktur der Materie wird nicht in Betracht gezogen,

b. Entsprechend werden nur Meßgrößen betrachtet, die für makroskopische Systeme definiert sind.

c. Die Axiome der Theorie werden aus gewissen makroskopischen Erfahrungstatsachen gewonnen, die in eine geeignete mathematische Form gebracht werden (*Navier-Stokes*sche *Gleichungen*, *Maxwell*sche *Gleichungen*).

d. Die speziellen Eigenschaften der Stoffe erscheinen in der Form charakteristischer Parameter (Viskosität, Dielektrizitätskonstante).

Der Gegenstand der Thermodynamik kann, unter Verwendung der konventionellen Terminologie, vorläufig definiert werden als das Gebiet der physikalischen Erscheinungen, für welche Wärme und Temperatur eine Rolle spielen. Tatsächlich behandelt die Thermodynamik nur einen Ausschnitt dieses Gebietes. Sie beschränkt sich auf die Betrachtung von Gleichgewichtszuständen und von Zustandsänderungen, bei denen eine kontinuierliche Folge von Gleichgewichtszuständen durchlaufen wird (quasi-statische Zustandsänderungen). Solche Zustandsänderungen können, streng genommen, nur unendlich langsam verlaufend gedacht werden. Sie sind daher nicht als Funktionen der Zeit darstellbar. Die Existenz von nicht-statischen Zustandsänderungen muß zwar gelegentlich berücksichtigt werden, sie bilden aber nicht den eigentlichen Gegenstand der Theorie. Aus diesem Grunde ist verschiedentlich der Name „Thermostatik" vorgeschlagen worden, er hat sich aber nicht durchsetzen können. Die in neuerer Zeit entwickelte *Thermodynamik der irreversiblen Prozesse* hängt zwar mit der Thermodynamik zusammen, besitzt aber eine ganz andersartige Struktur. Sie wird in diesem Buche nicht behandelt.

Aus dem Gesagten ergibt sich bereits, daß die Struktur der Thermodynamik sich wesentlich von der der übrigen phänomenologischen Theorien unterscheidet. Zunächst folgt unmittelbar, daß in der Theorie keine Ableitungen nach der Zeit auftreten können. Im allgemeinen können auch keine Ableitungen nach den Koordinaten des physikalischen Raumes vorkommen, da im allgemeinen die thermodynamischen Meßgrößen im Gleichgewicht nicht Funktionen der Ortskoordinaten sind. Die in der Thermodynamik betrachteten Systeme sind zwar nicht notwendig homogen (Beispiel: System Flüssigkeit—Dampf). Die räumliche Anordnung der homogenen Gebiete spielt jedoch für die Thermodynamik keine Rolle. Die Situation ist etwas anders, wenn Einflüsse äußerer Felder (Gravitationsfeld, elektrische und magnetische Felder) oder Grenzflächen betrachtet werden. Wir werden auf einige dieser Spezialfälle am Schluß (§ 53 und 54) kurz eingehen; die wesentliche Struktur der Thermodynamik wird dadurch nicht berührt.

Diese Struktur kann negativ dadurch charakterisiert werden, daß die Thermodynamik, im Gegensatz zur Hydrodynamik und Elektrodynamik, keine Feldtheorie ist. Ihre Zusammenhänge lassen sich geometrisch nur in einem abstrakten Zustandsraum darstellen. Daraus ergeben sich die Eigenschaften, welche die Thermodynamik einerseits einfach und andererseits doch wieder schwer zugänglich machen.

Es treten also in der Thermodynamik nicht die typischen partiellen Differentialgleichungen der mathematischen Physik mit zeitlichen und räumlichen Ableitungen auf. Tatsächlich ist der mathematische Apparat, von einigen Spezialfällen abgesehen, sehr einfach. Er beschränkt sich im wesentlichen auf die Methoden der partiellen Differentiation und gewöhnliche Differentialgleichungen von einfacher Struktur. Im Gegensatz dazu ist die *Begriffsbildung* der Thermodynamik außerordentlich abstrakt, und in dieser abstrakten Begriffsbildung liegt die eigentliche Schwierigkeit des Gebietes. Man hat lange Zeit versucht, dieser Schwierigkeit durch eine vorgetäuschte Anschaulichkeit aus dem Wege zu gehen. Es hat sich indessen gezeigt, daß dadurch ein tieferes Verständnis nur erschwert wird. Man muß daher den beschriebenen Charakter des Gebietes als gegeben anerkennen und dann einmal die Entwicklung der Grundbegriffe aus anschaulichen Erfahrungstatsachen, zum anderen die Struktur des mathematischen Apparates analysieren.

Daraus ergibt sich unmittelbar der Aufbau des Buches. Das erste Kapitel behandelt die Analyse der grundlegenden Begriffe, in den folgenden Kapiteln wird der Formalismus entwickelt. Wir werden Anwendungsbeispiele betrachten, aber die verschiedenen Stoffklassen nicht systematisch behandeln. Dies wird dadurch gerechtfertigt, daß die thermodynamischen Beziehungen unabhängig von speziellen Stoffeigenschaften sind. Im Rahmen der Thermodynamik müssen letztere immer dem Experiment entnommen werden. Ihr theoretisches Studium ist Gegenstand eines komplementären Gebietes der theoretischen Physik, der statistischen Thermodynamik.

Die statistische Thermodynamik, welche explizit von der atomaren Struktur der Materie ausgeht, ermöglicht auch eine deduktive Begründung der Axiome, welche in der Thermodynamik auf Grund makroskopischer Erfahrungstatsachen eingeführt werden.

Den *historischen Ausgangspunkt* der Thermodynamik bildet das Studium des Wirkungsgrades von Wärmekraftmaschinen, wodurch sich auch der Name erklärt.

1824 erschien *Carnots* Abhandlung: „Réflexions sur la puissance motrice du feu", in welcher der Satz aufgestellt wird, daß die Arbeitsleistung einer Wärmekraftmaschine nur von der Temperaturdifferenz, aber nicht von dem Arbeitsstoff abhängt.

1834 In nachgelassenen Notizen von *Carnot* ist das Energieprinzip, d. h. die Äquivalenz von Wärme und mechanischer Energie, klar ausgesprochen.

1834 *Clapeyron* wendet die Ergebnisse von *Carnot* auf das Verdampfungsgleichgewicht an und findet die heute als *Clausius-Clapeyron*sche *Gleichung* bekannte Beziehung mit einer unbekannten Temperaturfunktion, die später von *Clausius* als die absolute Temperatur identifiziert wird.

1840–45 Experimenteller Nachweis der Äquivalenz von Wärme und mechanischer Arbeit durch *Joule*, veröffentlicht 1845.

1842 Formulierung des Energieprinzips durch *Robert Mayer*.

1848 *W. Thomson* (*Lord Kelvin*) definiert auf der Grundlage der *Carnot*schen Arbeit eine absolute (d. h. von der Thermometer-Substanz unabhängige) Temperaturskala.

1850 *Clausius* veröffentlicht die Abhandlung: „Über die bewegende Kraft der Wärme und die Gesetze, welche sich daraus für die Wärmelehre selbst ableiten lassen", die im wesentlichen die Vereinigung des *Carnot*schen Satzes mit dem Energieprinzip und damit im Kern den zweiten Hauptsatz der Thermodynamik enthält.
Nach dem Urteil des größten Thermodynamikers der folgenden Zeit, *Gibbs*, markiert diese Abhandlung eine Epoche in der Geschichte der Physik und bezeichnet den Beginn der Thermodynamik als Wissenschaft (*Gibbs*, Coll. works II p. 262).

1851 *Thomson* formuliert explizit auf der Grundlage der Arbeiten von *Carnot*, *Joule* und *Clausius* die beiden Hauptsätze der Thermodynamik.

1854 *Clausius* führt den Begriff der Entropie ein und gibt damit eine neue Formulierung des II. Hauptsatzes.

1865 *Clausius* führt den Terminus *Entropie* ein. Diese Arbeit enthält das berühmte Zitat: „Die Energie der Welt ist konstant. Die Entropie der Welt strebt einem Maximum zu".

1869 *Massieu* führt die ersten *charakteristischen Funktionen* ein, aus denen sich alle thermodynamischen Eigenschaften durch Differentiation gewinnen lassen.

1873 *Horstmann* berechnet erstmalig chemische Gleichgewichte (Dissoziation von $CaCO_3$ und PCl_5).

1875 *Gibbs* veröffentlicht seine Abhandlung „On the equilibrium of heterogeneous substances". Ausdehnung der Thermodynamik in allgemeiner Form auf heterogene Systeme und chemische Reaktionen. Ableitung der Gleichgewichtsbedingungen für die verschiedenen Spezialfälle aus einer ganz allgemeinen Formulierung. Einführung von charakteristischen Funktionen. Die Abhandlung trägt als Motto das obige Zitat von Clausius.

1882 *Helmholtz* führt unabhängig von *Gibbs* die freie Energie ein und leitet dafür die als *Gibbs-Helmholtz*sche *Gleichung* bekannte Beziehung ab.

1886 *Duhem* leitet die *Gibbs-Duhem*sche *Gleichung* ab.

1887 *Planck* teilt die Zustandsänderungen in zwei Klassen, reversible und irreversible Prozesse, ein.

1906 *Nernst* veröffentlicht sein neues Wärmetheorem.

1909 *Carathéodory* gibt eine neue axiomatische Begründung der Thermodynamik.

Neuere Arbeiten behandeln axiomatische Fragen, Abrundung des formalen Apparates und Anwendungen auf Spezialprobleme.

I. Kapitel

Die Hauptsätze der Thermodynamik

§ 2 Definitionen

Die sogenannten Hauptsätze der Thermodynamik stellen in dem früher erläuterten Sinne ihre Axiome dar. Sie entwickeln aus gewissen Erfahrungstatsachen die Begriffe, die zum Aufbau des formalen Apparates dienen. Die Formulierung der Hauptsätze ist jedoch das Ergebnis eines historischen Prozesses. Vom logischen Standpunkt stellen sie kein vollständiges Axiomensystem dar. Man muß beachten, daß in der Thermodynamik auch Erfahrungstatsachen benutzt werden, die nicht in den Hauptsätzen enthalten sind. Wir werden darauf gelegentlich zurückkommen.

Wir beginnen mit einigen Definitionen.

Als *System* bezeichnen wir den in irgendeiner Weise abgegrenzten Teil der physikalischen Welt, welcher den Gegenstand der Untersuchung bildet. In den meisten Fällen ist das System die im Laboratorium untersuchte Stoffprobe. Es kann aber auch eine kompliziertere Struktur haben (Wärmekraftmaschine, elektrisches Netzwerk).

Der *Zustand* des Systems ist durch einen Satz von Meßwerten festgelegt, der die Eigenschaft besitzt, daß das Ergebnis jeder weiteren Messung an dem System aus ihm berechnet werden kann. Mit dieser formalen Definition ist naturgemäß zunächst nicht viel anzufangen. Die Erfahrung zeigt jedoch, daß der vollständige Satz der Meßgrößen in Untersätze zerlegt werden kann, die wenigstens näherungsweise in dem erwähnten Sinn abgeschlossen sind. Das heißt also, daß in jedem Untersatz aus gewissen Meßgrößen die übrigen zum gleichen Untersatz gehörenden berechnet werden können. In diesem Sinn definieren die zur Berechnung der übrigen erforderlichen Meßgrößen in dem Untersatz einen Zustand. Diese (mit einer gewissen Idealisierung verknüpfte) Zerlegung entspricht den verschiedenen Zweigen der theoretischen Physik. So ist der mechanische Zustand eines klassischen Systems aus Massenpunkten durch die generalisierten Koordinaten und Impulse (oder Geschwindigkeiten) bestimmt, der eines quantenmechanischen Systems durch die Wellenfunktion, der elektromagnetische Zustand durch elektrische und magnetische Feldstärke in Abhängigkeit von den Ortskoordinaten. Die vollkommene Zerlegung ist nur für ideale Systeme (inkompressible Flüssigkeit, Vakuum) durchführbar. In gewissem Ausmaß läßt sich die Kopplung durch geeignete Parameter berücksichtigen. Bei weiterer Entwicklung werden verschiedene Gebiete zu umfassenderen Theorien verschmolzen (irreversible Thermodynamik), die aber meistens nur für spezielle Klassen von Problemen Interesse haben.

Als phänomenologische Theorie hat die Thermodynamik es nur mit makroskopischen Meßgrößen, d. h. mit Größen, die für ein makroskopisches System definierbar sind, zu tun. Damit ist gemeint, daß diese Größen entweder nur für makroskopische Systeme definierbar sind (ein Massenpunkt hat keine Temperatur) oder wenigstens die Struktur der Materie nicht in ihre Definition eingeht (in diesem Sinne ist die Gitterkonstante eines Kristalls keine makroskopische Größe). Die Meßgrößen der Thermodynamik werden teils bereits in der Mechanik[1]), teils in der Thermodynamik selbst in den Hauptsätzen definiert.

Eine wesentliche Vereinfachung tritt dadurch ein, daß die Thermodynamik sich auf Gleichgewichtszustände (und quasi-statische Prozesse) beschränkt. Da Existenz und Eigenschaften des *Gleichgewichtes* eng mit dem II. Hauptsatz zusammenhängen, können wir dasselbe hier nur vorläufig definieren als den Zustand, dem ein nach außen völlig abgeschlossenes System von selbst zustrebt oder auch als den Zustand, in dem für ein solches System die thermodynamischen Meßgrößen nicht mehr von der Zeit abhängen. Die Erfahrung zeigt, daß die Zahl der Meßgrößen die einen solchen Zustand vollständig beschreiben, kleiner ist als in jedem Nichtgleichgewichtszustand. Beispielsweise ist für eine gegebene Menge eines idealen Gases der Gleichgewichtszustand durch je zwei der drei Variablen Druck, Volumen und Temperatur vollständig spezifiziert, während Nichtgleichgewichtszustände zur Beschreibung etwa noch Gradienten von Temperatur und Dichte erfordern.

Im folgenden bezeichnen wir als (thermodynamische) *Zustandsvariable* einen Variablensatz, welcher den thermodynamischen Zustand im Gleichgewicht spezifiziert. Letzteren bezeichnen wir als den (thermodynamischen) *Zustand* schlechthin und das unter diesem Gesichtspunkt vollständig beschriebene System als (thermodynamisches) *System.* Eine

---

1 Gewisse thermodynamische Meßgrößen werden durch die Elektrodynamik definiert. Da wir derartige Probleme in diesem Buche nicht behandeln, gehen wir nicht näher darauf ein.

Größe, deren Differential ein vollständiges Differential der Zustandsvariablen ist, heißt *Zustandsfunktion*. Der von den Zustandsvariablen aufgespannte abstrakte Raum heißt Zustandsraum. Jeder thermodynamische Gleichgewichtszustand des Systems ist somit umkehrbar eindeutig einem Punkt im Zustandsraum zugeordnet.

Ein *System* wird als *geschlossen* bezeichnet, wenn es mit seiner Umgebung Energie, aber keine Materie austauschen kann (eine Flüssigkeit unter ihrem Dampf ist ein *offenes System*). Ein *abgeschlossenes System* kann mit seiner Umgebung weder Materie noch Energie austauschen. Ein Körper heißt *homogen*, wenn in seinem Inneren Temperatur, Druck, Konzentrationen und damit die übrigen makroskopischen physikalischen Eigenschaften (Kristallstruktur, Brechungsindex etc.) vom Orte unabhängig sind. Man bemerkt, daß diese Definition nur in der makroskopischen Skala einen Sinn hat. Wird von Größe und Form des Körpers abstrahiert, so spricht man von *Phase* (Dampf, Flüssigkeit, Kristall). Ein *homogenes System* enthält nur eine Phase. Zwei Phasen werden als *koexistierend* bezeichnet, wenn sie nebeneinander mit ebener Grenzfläche existieren können in einem Gleichgewicht, das nicht lediglich durch „Hemmungen“ bedingt ist (letzteres ist z. B. der Fall, wenn zwei verschiedene Kristalle bei Raumtemperatur aneinander gepreßt werden). Ein *heterogenes System* besteht aus zwei oder mehr koexistierenden Phasen. Die Zahl der (*unabhängigen*) *Komponenten* eines Systems m im Sinne der Thermodynamik ist gleich der Zahl der Stoffarten (oder Teilchensorten) im Sinne der Chemie c, vermindert um die Zahl der zwischen ihnen bestehenden Reaktionsgleichungen r und eventueller Bedingungsgleichungen b. Man hat also

$$m = c - r - b\,. \tag{2.1}$$

Beispiel: Eine wäßr. Lösung von Kochsalz enthält die Stoffarten H_2O, NaCl, Na^+, Cl^-. Es besteht die Reaktionsgleichung

$$\mathrm{Na^+ + Cl^- \rightleftharpoons NaCl} \tag{2.2}$$

und, wenn n_A die Molzahl der Stoffart A bezeichnet, die Bedingungsgleichung

$$n_{\mathrm{Na^+}} = n_{\mathrm{Cl^-}}\,. \tag{2.3}$$

Nach (2.1) hat daher das System zwei (unabhängige) Komponenten im Sinne der Thermodynamik (*binäres System*). Dabei ist vorausgesetzt, daß die den r Reaktionsgleichungen entsprechenden Reaktionen unter den Versuchsbedingungen wirklich ablaufen.

Beispiel: Das System H_2, O_2, H_2O hat im allgemeinen Falle zwei Komponenten, weil die Reaktionsgleichung

$$2\,H_2 + O_2 \rightleftharpoons 2\,H_2O \tag{2.4}$$

existiert. Bei Raumtemperatur und Normaldruck kann diese Reaktion in Abwesenheit eines Katalysators jedoch nicht ablaufen. Unter diesen Bedingungen hat man daher ein Dreikomponentensystem (*ternäres System*) vor sich.

Die vorstehenden Definitionen sind wichtig. Ihre Vernachlässigung führt zu zahlreichen Mißverständnissen und Fehlern.

Im folgenden beschränken wir uns zunächst auf eine gewisse Klasse von Systemen, die wir als *einfache Systeme* bezeichnen. Diese sind dadurch charakterisiert, daß jede Phase konstante Masse und Zusammensetzung besitzt und daß ihr Zustand durch zwei unabhängige Zustandsvariable festgelegt wird. Da, wie wir sehen werden, mindestens zwei Zustandsvariable zur Festlegung des thermodynamischen Zustandes erforderlich sind, schließen wir damit zunächst Festkörper, äußere Felder, Grenzflächenerscheinungen usw. aus. Weiter folgt aus der Definition, daß weder zwischen den Phasen noch nach außen Stoffübergänge stattfinden. Das System als Ganzes und jede Phase für sich sind also *geschlossen*. Schließlich werden durch die Definition auch chemische Reaktionen ausgeschlossen. Wir werden auf diese Fragen in Abschnitt C dieses Kapitels zurückkommen.

A. Klassische Formulierung der Hauptsätze

§ 3 Der I. Hauptsatz. Die innere Energie

In der klassischen Formulierung der Hauptsätze werden die Begriffe Temperatur und Wärme der unmittelbaren Sinneserfahrung entnommen und nicht näher analysiert. Ihre Meßbarkeit wird als gegeben vorausgesetzt. Wir verschieben daher die nähere Erörterung dieser Begriffe auf Abschnitt B dieses Kapitels.

Die *empirische Grundlage* des I. Hauptsatzes bilden die Versuche von *Joule* (1840—45), der zeigte, daß stets die gleiche mechanische Arbeit erforderlich ist, um eine bestimmte Menge Wasser um 1° zu erwärmen. Dieses sog. *Äquivalenzprinzip* lautet in der Formulierung von *Thomson*:

Wenn gleiche Mengen mechanischer Arbeit aus thermischen Quellen erzeugt oder in thermischen Effekten vernichtet werden, so verschwinden oder entstehen gleiche Mengen Wärme.

Man kann diesem Satz auch die Form geben: Es ist unmöglich, eine Maschine zu konstruieren, welche mechanische Arbeit leistet, ohne daß ihr die äquivalente Menge Wärme zugeführt wird (Prinzip der Unmöglichkeit eines *perpetuum mobile I. Art*).

Es sei nun Q die dem System zugeführte Wärme, W die an dem System geleistete Arbeit. Wir betrachten einen Prozeß, der von einem definierten Zustand ausgeht und über eine Reihe von (positiven oder negativen) Wärmezuführungen ΔQ und eine Reihe von (positiven oder negativen) Arbeitsleistungen ΔW das System wieder in den Ausgangszustand zurückführt (*Kreisprozeß*). Dann muß nach dem Äquivalenzprinzip

$$\Sigma \Delta Q = -\Sigma \Delta W \tag{3.1}$$

sein. Definieren wir nun eine Größe

$$\Delta U = \Delta Q + \Delta W\,, \tag{3.2}$$

so folgt aus (3.1) durch Grenzübergang

$$\oint dU = 0\,, \tag{3.3}$$

wo das Integral über eine geschlossene Kurve im Zustandsraum zu erstrecken ist. Das heißt aber, daß

$$dU = d'Q + d'W \tag{3.4}$$

ein vollständiges Differential und somit U eine Zustandsfunktion ist. Diese Aussagen stellen im Rahmen der klassischen Theorie die zweckmäßige mathematische Formulierung des ersten Hauptsatzes dar. Nach einem Vorschlag von *Clausius* wird U als *innere Energie* des Systems bezeichnet. Sie ist, wie aus der Definition folgt, nur bis auf eine additive Konstante bestimmt.

Es ist zu beachten, daß $d'Q$ und $d'W$ im allgemeinen keine exakten Differentiale sind. Die Werte der Ausdrücke $\int_1^2 d'Q$ und $\int_1^2 d'W$ hängen davon ab, über welchen Weg im Zustandsraum das Integral erstreckt wird, wovon man sich an einfachen Beispielen leicht überzeugen kann.

Für ein homogenes einfaches System gilt im Falle eines quasi-statischen Prozesses

$$dW = -P\,dV\,, \tag{3.5}$$

wo V das Volumen und P den Druck bezeichnet. In diesem Falle ist daher die innere Energie

$$dU = d'Q - P\,dV\,. \tag{3.6}$$

Es ergibt sich unmittelbar, daß für ein abgeschlossenes System die innere Energie konstant ist.

§ 4 Der II. Hauptsatz. Entropie und absolute Temperatur

Die empirische Grundlage des II. Hauptsatzes lautet in der Formulierung von *Clausius*:
Es ist unmöglich, daß Wärme von selbst (d. h. in einem abgeschlossenen System) aus einem kälteren auf einen heißeren Körper übergeht.

Die von *Thomson* und später *Planck* benutzte Formulierung lautet: Es ist unmöglich, eine periodisch wirkende Maschine zu konstruieren, die nichts weiter bewirkt als Abkühlung eines Wärmereservoirs und Leistung mechanischer Arbeit. (Prinzip der Unmöglichkeit eines *perpetuum mobile II. Art.*)

Diese beiden Formulierungen, die auf den ersten Blick wenig miteinander zu tun haben, sind tatsächlich äquivalent.

Beweis

a. Es gelte das *Thomson*sche, aber nicht das *Clausius*sche *Prinzip*. Aus einem Wärmereservoir R könnte dann ein Teil des Wärmeinhaltes auf höhere Temperatur gebracht und damit ein zweites Wärmereservoir R′ von höherer Temperatur geschaffen werden. Von dessen Wärmeinhalt könnte ein Teil in Arbeit verwandelt, der Rest auf die Temperatur von R gebracht und diesem einverleibt werden. Damit wäre R′ verschwunden und im Endeffekt aus dem Wärmevorrat von R Arbeit gewonnen. Dieser Prozeß ließe sich beliebig oft wiederholen und stellte somit ein *perpetuum mobile II. Art* dar, im Widerspruch zu dem *Thomson*schen *Prinzip*. Wenn dieses gilt, muß somit auch das *Clausius*sche *Prinzip* gelten.

b. Es gelte das *Clausius*sche, aber nicht das *Thomson*sche *Prinzip*. Dann könnte man ein *perpetuum mobile II. Art* konstruieren und dem einzigen Wärmereservoir eine gewisse Wärmemenge entziehen, die in Arbeit verwandelt wird. Diese Arbeit läßt sich ohne Beschränkung wieder in Wärme von einer höheren Temperatur umwandeln. Damit wäre die betrachtete Wärmemenge ohne Kompensation von einer tieferen auf eine höhere Temperatur gebracht, was dem *Clausius*schen *Prinzip* widerspricht. Wenn dieses gilt, muß daher auch das *Thomson*sche *Prinzip* gelten.

Aus dem Prinzip von *Thomson* folgt sofort, daß eine periodisch wirkende Maschine, die Wärme in Arbeit verwandelt (Wärmekraftmaschine) nur möglich ist, wenn eine arbeitende Substanz (z. B. Wasserdampf) einen Kreisprozeß zwischen zwei Wärmereservoiren von verschiedenen Temperaturen ausführt. Von dem heißeren Reservoir übernimmt sie die Wärmemenge Q_1 (hier und im folgenden sind die Absolutbeträge gemeint), an das kältere gibt sie die Wärmemenge Q_2 ab, die Differenz $Q_1 - Q_2$ wird in Arbeit verwandelt. Der Wirkungsgrad eines solchen Kreisprozesses läßt sich daher definieren durch die Gleichung

$$\eta = \frac{Q_1 - Q_2}{Q_1} . \tag{4.1}$$

Aus dem Prinzip von *Clausius* folgt nun der *Satz*:
Der Wirkungsgrad eines völlig umkehrbaren Kreisprozesses K kann von keinem anderen Kreisprozeß übertroffen werden, der mit der gleichen arbeitenden Substanz zwischen den gleichen Temperaturen abläuft.

Beweis

Wir nehmen an, daß der Satz nicht richtig ist. Dann gibt es zwischen den gleichen Temperaturen einen Kreisprozeß K′ für den

$$W' = W , \qquad \eta' > \eta , \qquad Q_1' < Q_1 , \qquad Q_2' < Q_2 \tag{4.2}$$

gilt. Wir können nun K′ mit K koppeln in solcher Weise, daß K in umgekehrter Richtung abläuft. Nach (4.2) wäre die resultierende Arbeit Null, wegen $Q_1' < Q_1$ würde aber eine zusätzliche Wärmemenge auf das heißere Reservoir gebracht, was dem Prinzip von *Clausius* widerspricht.

In ganz analoger Weise beweist man den *Carnot*schen *Satz*:
Der Wirkungsgrad eines umkehrbaren Kreisprozesses hängt nur von den Temperaturen der beiden Wärmereservoire, aber nicht von der Natur der arbeitenden Substanz ab.

Der *Carnot*sche *Satz* kann, wie *Thomson* gezeigt hat, zur Definition der thermodynamischen oder absoluten Temperatur benutzt werden. Nach (4.1) ist

$$\frac{Q_2}{Q_1} = 1 - \eta . \tag{4.3}$$

Aus dem *Carnot*schen *Satz* folgt daher

$$\frac{Q_2}{Q_1} = f(t_1, t_2)\,, \tag{4.4}$$

wo t_1 und t_2 die Temperaturen der beiden Reservoire in irgendeiner empirischen Skala sind. Wir denken uns ein drittes Wärmereservoir der Temperatur t_3 mit $t_1 > t_3 > t_2$, ferner zwei umkehrbare Kreisprozesse K und K', von denen einer (K) zwischen t_1 und t_3, der andere (K') zwischen t_3 und t_2 arbeitet. Sie seien gekoppelt in der Weise, daß K an das Reservoir t_3 die gleiche Wärmemenge abgibt, die K' daraus entnimmt. Dann muß der resultierende Wirkungsgrad der gekoppelten Prozesse nach den obigen Sätzen der gleiche sein wie der eines einfachen Kreisprozesses zwischen t_1 und t_2. In beiden Fällen wird an das kälteste Reservoir die Wärmemenge Q_2 abgegeben. Es gilt nun

$$\frac{Q_3}{Q_1} = f(t_1, t_3)\,, \tag{4.5}$$

$$\frac{Q_2}{Q_3} = f(t_3, t_2)\,. \tag{4.6}$$

Aus (4.4)—(4.6) folgt

$$\frac{Q_2}{Q_3} = \frac{Q_2/Q_1}{Q_3/Q_1} = \frac{f(t_1, t_2)}{f(t_1, t_3)} \tag{4.7}$$

und somit

$$f(t_3, t_2) = \frac{f(t_1, t_2)}{f(t_1, t_3)}\,. \tag{4.8}$$

Der Wirkungsgrad eines Kreisprozesses zwischen den Temperaturen t_3 und t_2 muß aber nach den obigen Sätzen unabhängig von der Wahl der Temperatur t_1 sein. Damit folgt aus (4.7) und (4.8)

$$f(t_3, t_2) = \frac{Q_2}{Q_3} = \frac{\varphi(t_2)}{\varphi(t_3)}\,, \tag{4.9}$$

wo φ eine neue Funktion ist. Man definiert nun die absolute Temperatur T durch die Gleichung

$$\varphi(t) = C\,T\,, \tag{4.10}$$

wo C ein universeller Proportionalitätsfaktor ist. Dann wird nach (4.9)

$$\frac{Q_2}{Q_1} = \frac{T_2}{T_1}\,. \tag{4.11}$$

(4.10) und (4.11) stellen die *Thomson*sche Definition der absoluten Temperatur dar. Um die Temperaturskala zu gewinnen, betrachtet man einen umkehrbaren Kreisprozeß zwischen Eispunkt und Siedepunkt des Wassers unter Normaldruck (1 atm) und setzt fest, daß in diesem Intervall T um 100 Einheiten zunehmen soll. Dann wird

$$\frac{Q_1}{Q_2} = \frac{x + 100}{x} . \tag{4.12}$$

Die Messungen ergeben

$$x = 273{,}15\ °\mathrm{K}. \tag{4.13}$$

Damit ist die absolute oder *Kelvin-Skala* festgelegt.

Wir führen nun zwei neue Definitionen ein. Ein Prozeß, der unter der Bedingung $T = \text{const.}$ abläuft, heißt ein *isothermer Prozeß*; ein Prozeß, der unter der Bedingung $d'Q = 0$ abläuft, wird *adiabatischer Prozeß* genannt. Für einen adiabatischen Prozeß muß also das System nach außen thermisch isoliert sein. Wir betrachten ein homogenes System und einen umkehrbaren Kreisprozeß, der aus zwei adiabatischen und zwei isothermen Teilprozessen besteht (*Carnot*scher *Kreisprozeß*).

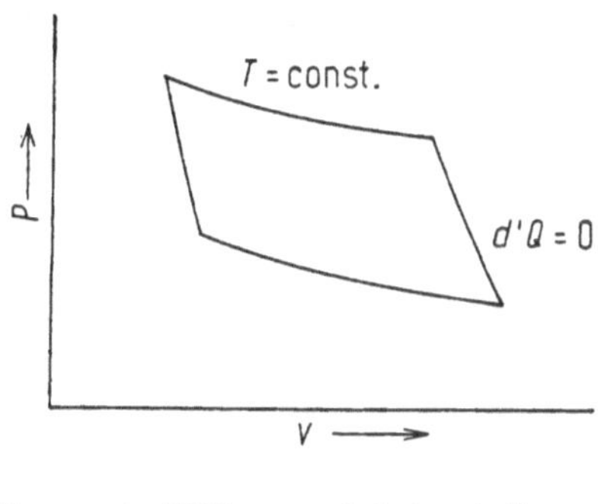

Abb. 1. *Carnot*scher *Kreisprozeß*

Schreiben wir Wärmen jetzt wieder mit Vorzeichen, so muß für den *Carnot*schen *Kreisprozeß* nach (4.11) gelten

$$\frac{Q'}{T'} + \frac{Q''}{T''} = 0 . \tag{4.14}$$

Betrachten wir einen beliebigen umkehrbaren Kreisprozeß in der PV-Ebene, so läßt sich zeigen, daß derselbe sich als Summe von infinitesimalen *Carnot-Prozessen* darstellen läßt.

Dafür muß dann allgemein gelten

$$\oint \frac{dQ}{T} = 0 . \tag{4.15}$$

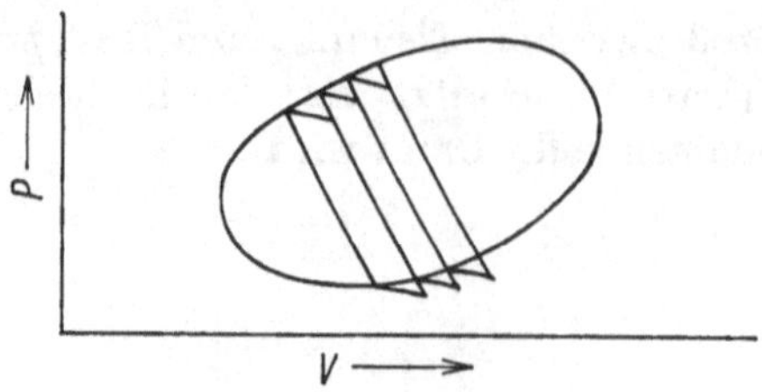

Abb. 2. Beliebiger Kreisprozeß

Definieren wir nun eine Größe

$$dS = \frac{d'Q}{T}, \tag{4.16}$$

so folgt aus (4.15), daß dS ein totales Differential und S somit eine Zustandsfunktion ist. Diese Funktion wird nach *Clausius* (1865) die *Entropie* des Systems genannt. Die absolute Temperatur ist somit ein integrierender Nenner des unvollständigen Differentials $d'Q$.[1] Diese Aussagen stellen die mathematische Formulierung des II. Hauptsatzes für *umkehrbare Prozesse* dar. Aus der Definition folgt, daß auch die Entropie nur bis auf eine additive Konstante bestimmt ist. Aus (4.16) folgt, daß für einen adiabatischen reversiblen Prozeß die Entropie konstant bleibt. Solche Prozesse werden daher *isentropisch* genannt.

Aus (4.16) und (3.6) folgt

$$T\,dS = dU + P\,dV. \tag{4.17}$$

Wir betrachten jetzt ein heterogenes System, dessen Phasen wir durch den Index α bezeichnen. Durch die Definition der einfachen Systeme ist ein Stoffaustausch nach außen und zwischen den Phasen ausgeschlossen. Ist zwischen den Phasen kein Wärmeaustausch möglich, so gilt offenbar

$$dS = \sum_{\alpha} dS^{(\alpha)}. \tag{4.18}$$

Die Entropieänderung des Gesamtsystems ist also gleich der Summe der Entropieänderungen der Teilsysteme und dS ist wieder durch Gl. (4.16) gegeben. Machen wir die Wände zwischen den Phasen wärmedurchlässig und nehmen an, daß alle Teilsysteme die gleiche Temperatur haben, so gelten, wie wir in Abschnitt B ausführlich beweisen werden, wieder die gleichen Aussagen.

---

1 Zur Vereinfachung der Formeln heben wir von jetzt an die unvollständigen Differentiale in der Notierung nicht mehr besonders hervor und schreiben dQ und dW.

Eine besondere Diskussion erfordert der Fall, in dem die Teilsysteme verschiedene Temperaturen besitzen. Der Einfachheit halber betrachten wir ein adiabatisch isoliertes System aus zwei Teilsystemen α und β, die zunächst durch eine adiabatische Wand getrennt seien und die Temperaturen $T^{(\alpha)}$ und $T^{(\beta)}$ mit

$$T^{(\alpha)} > T^{(\beta)} \tag{4.19}$$

besitzen. Die Entropie als Zustandsfunktion hat in diesem Zustand (den wir mit A bezeichnen) einen definierten Wert, und zwar ist nach (4.18)

$$S_A = S_A^{(\alpha)} + S_A^{(\beta)} . \tag{4.20}$$

Machen wir jetzt die Wand wärmedurchlässig, so findet ein Ausgleich der Temperaturen statt, und zwar fließt nach dem Prinzip von *Clausius* Wärme von α nach β. Im Endzustand B hat die Entropie wieder einen definierten Wert, und es ist nach obigem

$$S_B = S_B^{(\alpha)} + S_B^{(\beta)} . \tag{4.21}$$

Da der Prozeß adiabatisch-irreversibel ist, muß nach dem II. Hauptsatz $S_A \neq S_B$ sein. Da aber das Gesamtsystem abgeschlossen ist, haben wir $d'Q = 0$. Gl. (4.16) ist daher auf diesen Fall nicht anwendbar. Dieses Resultat war zu erwarten, da wir einen irreversiblen Prozeß einbezogen haben. Diese Lücke in der Theorie läßt sich auf der Grundlage des *Clausius*schen *Prinzips* in folgender Weise ausfüllen. Wir nehmen an, daß der Wärmeübergang zwischen den Phasen wesentlich langsamer erfolgt als der Temperaturausgleich innerhalb der Phase. Während des irreversiblen Prozesses befindet sich dann jede Phase für sich im inneren Gleichgewicht, d. h. in einem thermodynamischen Zustand, während die beiden Phasen miteinander sich nicht im Gleichgewicht befinden. Für jede Phase existieren daher während des Prozesses die Zustandsfunktionen U und S, und die Entropieänderung des Gesamtsystems kann nach Einführung einer adiabatischen Wand zwischen den Teilsystemen durch Gl. (4.18) definiert werden. Wir betrachten nun einen infinitesimalen Teilschritt des Prozesses, bei dem die Wärmemenge

$$- dQ_i^{(\alpha)} = dQ_i^{(\beta)} \equiv dQ_i \tag{4.22}$$

von α auf β übergeht. Die Temperaturen der beiden Teilsysteme können dafür als konstant betrachtet werden. Die zugehörigen Entropieänderungen sind nach obigem und Gl. (4.17), wenn Leistung äußerer Arbeit ausgeschlossen wird ($dV = 0$)

$$T^{(\alpha)}\, dS^{(\alpha)} = dU^{(\alpha)}; \qquad T^{(\beta)}\, dS^{(\beta)} = dU^{(\beta)} . \tag{4.23}$$

Mit Benutzung der allgemein gültigen Gl. (3.4) (für $d'W = 0$) wird daher

$$dS^{(\alpha)} = \frac{dQ_i^{(\alpha)}}{T^{(\alpha)}}; \qquad dS^{(\beta)} = \frac{dQ_i^{(\beta)}}{T^{(\beta)}}. \tag{4.24}$$

Man sieht daraus, daß es für die Anwendung der Gl. (4.16) nur darauf ankommt, daß die betrachtete Phase im inneren Gleichgewicht, d. h. in einem thermodynamischen Zustand ist; dagegen wird nicht gefordert, daß der Wärmeübergang selbst ein reversibler Prozeß ist. Die gesamte durch den irreversiblen Prozeß hervorgerufene Entropieänderung ist nun

$$dS_i = dS^{(\alpha)} + dS^{(\beta)} \tag{4.25}$$

oder mit (4.22) und (4.24)

$$dS_i = dQ_i \left(\frac{1}{T^{(\beta)}} - \frac{1}{T^{(\alpha)}}\right). \tag{4.26}$$

Aus dem Prinzip von *Clausius* folgt daher das fundamentale Resultat (wegen (4.19))

$$dS_i \geqq 0\,. \tag{4.27}$$

Die durch den irreversiblen Prozeß der Wärmeleitung verursachte Entropieänderung kann nur positiv oder (im Grenzfall) Null sein.

Die vorstehende Betrachtung läßt sich zunächst für die anderen Ausgleichvorgänge (Stoffaustausch, chemische Reaktionen) verallgemeinern. Die Gleichungen werden aber naturgemäß dann komplizierter. Wenn das System als Ganzes nicht nach außen abgeschlossen ist, können auch *dissipative* Vorgänge (irreversible Umwandlung von Arbeit in Wärme, z. B. durch Reibung oder elektrischen Strom) erfaßt werden. Schließlich kann man auch kontinuierliche Probleme behandeln, indem man die Phasen auf Volumenelemente reduziert und die Unterschiede benachbarter Volumenelemente unendlich klein macht. Es zeigt sich, daß Gleichung (4.27) allgemein für alle irreversiblen Prozesse gilt. Der Einfachheit halber berücksichtigen wir im folgenden explizit nur den oben betrachteten Fall. Die wesentlichen Resultate sind jedoch ebenfalls allgemein gültig.

Um die gesamte Entropieänderung des Systems zu erhalten, müssen wir noch den Wärmeaustausch mit der Umgebung in Betracht ziehen. Dabei muß berücksichtigt werden, daß die beiden Phasen nach Voraussetzung verschiedene Temperaturen besitzen. Die gesamte von außen zugeführte Wärmemenge muß daher zerlegt werden nach

$$Q = Q^{(\alpha)} + Q^{(\beta)}\,. \tag{4.28}$$

Bezeichnen wir die durch Wärmezufuhr von außen bewirkte Entropiezunahme mit dS_a, so wird

$$dS_a = dS_a + dS_i \tag{4.29}$$

oder mit Benutzung von (4.16) und (4.26)

$$dS = \frac{dQ^{(\alpha)}}{T^{(\alpha)}} + \frac{dQ^{(\beta)}}{T^{(\beta)}} + dQ_i\left(\frac{1}{T^{(\beta)}} - \frac{1}{T^{(\alpha)}}\right). \tag{4.30}$$

Um übersichtliche Verhältnisse zu haben, nehmen wir an, daß $dQ^{(\alpha)} = dQ^{(\beta)} = \frac{1}{2}\,dQ$ ist und führen eine *effektive Temperatur*

$$\frac{2}{T} = \frac{T^{(\alpha)} + T^{(\beta)}}{T^{(\alpha)}\,T^{(\beta)}} \tag{4.31}$$

ein.

Ferner definieren wir

$$dQ' = 2\,dQ_i\,\frac{T^{(\alpha)} - T^{(\beta)}}{T^{(\alpha)} + T^{(\beta)}}. \tag{4.32}$$

Dann wird aus (4.30)

$$dS = \frac{dQ}{T} + \frac{dQ'}{T}. \tag{4.33}$$

Diese von *Clausius* stammende Formulierung gilt wieder ganz allgemein. Wenn das System sich auf gleichförmiger Temperatur befindet (d. h. wenn die irreversiblen Vorgänge auf Stofftransport, chemische Reaktionen und dissipative Vorgänge beschränkt sind), fällt die effektive Temperatur mit der wahren Temperatur zusammen. Die Größe dQ' wird nach *Clausius* als „*nicht kompensierte Wärme*" bezeichnet. Ihre Bedeutung für die Theorie der irreversiblen Prozesse ist wohl zuerst von *Duhem* (1911) wieder erkannt worden. Der Vergleich von (4.33) und (4.29) zeigt in Verbindung mit (4.27), daß allgemein

$$dQ' \geqq 0 \tag{4.34}$$

sein muß. Es ist zu beachten, daß (4.33) nichts anderes als eine symbolische Schreibweise der Gleichung (4.30) darstellt, wenn es sich um Wärmeleitung handelt. Wir werden diese Schreibweise bis zum Schluß des Paragraphen beibehalten, um einfache Formulierungen zu erhalten. Für explizite Rechnungen muß natürlich (4.30) zugrundegelegt werden.

Aus (4.33) und (4.34) folgt nun in voller Allgemeinheit

$$dQ \leqq T\,dS\,. \tag{4.35}$$

Diese wichtige Beziehung wird als *Clausius*sche *Ungleichung* bezeichnet. Bei Abwesenheit irreversibler Prozesse reduziert sie sich auf die frühere Gleichung (4.16).

Wir betrachten jetzt ein adiabatisch abgeschlossenes System. Dann ist nach (4.29) $dS = dS_i$ und es folgt aus (4.27):

$$dS \geqq 0 \qquad \text{(adiabatisch abgeschlossenes System)}\,. \tag{4.36}$$

Die Entropie eines abgeschlossenen Systems kann also niemals abnehmen. In dem Grenzfall, daß nur reversible Prozesse ablaufen, bleibt sie konstant. Daraus folgt, daß die Entropie eines abgeschlossenen Systems im thermodynamischen Gleichgewicht (d. h. wenn alle in dem System möglichen irreversiblen Prozesse abgelaufen sind) den größten mit den vorgegebenen Bedingungen vereinbaren Wert besitzt. Dieser Wert ist in den meisten Fällen, aber nicht notwendig, ein *stationärer* Wert im mathematischen Sinne. Die vorstehenden Aussagen vervollständigen den II. Hauptsatz und bilden die Grundlage für die Formulierung der Gleichgewichtsbedingungen (Kap. II.). Wird die Welt als abgeschlossenes System betrachtet, so folgt der in § 1 erwähnte Satz von *Clausius*.

§ 5 Kältemaschinen und Wärmepumpen

Die klassische Entwicklung des II. Hauptsatzes geht von einem speziellen technischen Problem aus. Sie bietet daher einen bequemen Zugang zu verwandten Fragestellungen. Wir betrachten kurz zwei solche Anwendungen. Wie in § 4 beschränken wir uns auf den idealisierten Fall völlig umkehrbarer Kreisprozesse.

Der am Anfang von § 4 behandelte Kreisprozeß stellt das Prinzip jeder Wärmekraftmaschine dar und ergibt den maximalen, d. h. den größten nach dem II. Hauptsatz überhaupt möglichen Wirkungsgrad η. Erreicht wird derselbe nur im Grenzfall völliger Umkehrbarkeit des Prozesses. Nach (4.3) und (4.11) kann die Gleichung für den Wirkungsgrad geschrieben werden

$$\eta = \frac{T_1 - T_2}{T_1} \tag{5.1}$$

Da praktisch T_2 meistens festliegt (Außentemperatur), ergibt sich unmittelbar, daß der Wirkungsgrad einer Wärmekraftmaschine um so größer ist, je höher die Betriebstemperatur ist (Verwendung von Heißdampf, Verbrennungskraftmaschinen).

Man kann nun den betrachteten Prozeß auch in umgekehrter Richtung ablaufen lassen derart, daß aus dem kälteren Reservoir die Wärmemenge Q_2 aufgenommen, dann an der arbeitenden Substanz die Arbeit W geleistet und schließlich an das heißere Reservoir die Wärmemenge Q_1 abgegeben wird. Eine solche Vorrichtung heißt eine *Kältemaschine*, wenn das technische Interesse auf der Abkühlung des kälteren Reservoirs liegt. Sie wird *Wärmepumpe* genannt, wenn es auf weitere Erwärmung des heißeren Reservoirs ankommt. Beiden Maschinen liegt also das gleiche Prinzip zugrunde; sie unterscheiden sich nur durch den technischen Gesichtspunkt.

Das einfachste Beispiel einer Kältemaschine ist ein gewöhnlicher Kühlschrank. Sein Inneres stellt das kältere Reservoir (Temperatur T_2), die äußere Umgebung das heißere Reservoir (Temperatur T_1) dar, die Arbeit wird durch den elektrischen Strom geleistet. Die Definition des Wirkungsgrades wird naturgemäß durch den technischen Gesichtspunkt bestimmt. Für die Kältemaschine definiert man ihn daher als das Verhältnis der Kühlleistung (d. h. der dem kälteren Reservoir entzogenen Wärme Q_2) zu der dafür aufgewendeten Arbeit.

Man setzt also

$$\varepsilon_K = \frac{Q_2}{W} \,. \tag{5.2}$$

Da wir einen reversiblen Kreisprozeß vorausgesetzt haben, ist nach (4.11) (wenn wir die Wärmen mit Vorzeichen schreiben) wieder

$$\frac{Q_1}{T_1} + \frac{Q_2}{T_2} = 0 \,. \tag{5.3}$$

Nun ist nach dem I. Hauptsatz

$$W + Q_2 + Q_1 = 0 \tag{5.4}$$

und somit

$$\frac{Q_2}{T_2} - \frac{Q_2 + W}{T_1} = 0 \,. \tag{5.5}$$

Aus (5.2) und (5.5) folgt für den Wirkungsgrad der Kältemaschine

$$\varepsilon_K = \frac{T_2}{T_1 - T_2} \,. \tag{5.6}$$

Man sieht daraus, daß der Wirkungsgrad einer Kältemaschine um so besser ist, je kleiner die Differenz $T_1 - T_2$ ist (bei Sommerhitze verbraucht ein Kühlschrank mehr Strom). Andererseits ist der Wirkungsgrad um so schlechter (bei gegebenem T_1), je niedriger T_2 liegt. Darin liegt eine der Ursachen für die Schwierigkeiten bei der Erzeugung sehr tiefer Temperaturen.

Die Wärmepumpe beruht auf dem gleichen Prinzip. Praktisch würde das heißere Reservoir etwa durch das Innere eines Hauses dargestellt, das kältere Reservoir durch die freie Luft, während die Arbeit wieder durch den elektrischen Strom geliefert wird. Nach dem technischen Gesichtspunkt wird hier der Wirkungsgrad als

$$\varepsilon_W = -\frac{Q_1}{W} \tag{5.7}$$

definiert, was mit Gleichung (5.4)

$$\varepsilon_W = \frac{T_1}{T_1 - T_2} \tag{5.8}$$

ergibt. Der Wirkungsgrad ist also um so kleiner, je größer die Temperaturdifferenz $T_1 - T_2$ ist. Wenn diese vorgegeben ist, steigt der Wirkungsgrad mit der Temperatur des heißeren Reservoirs T_1.

Im Prinzip kann man eine solche Vorrichtung schon realisieren, wenn man einen offenen Kühlschrank an das offene Fenster stellt (der Effekt ist allerdings minimal). Die Wärmepumpe besitzt grundsätzlich wegen ihres enormen Wirkungsgrades ein großes technisches Interesse für Heizungszwecke. Aus Gl. (5.8) ergibt sich z. B., daß auf diese Weise für $T_1 = 289$ °K und $T_2 = 273$ °K das 18fache der verbrauchten elektrischen Energie (im Idealfall) als Wärme geliefert wird. Sie ist also insbesondere der direkten elektrischen Heizung weit überlegen. Die Realisierung ist bisher an den hohen Investitions- und Unterhaltungskosten gescheitert, erscheint aber heute für kleinere Aggregate aussichtsreich. Die Ausnutzung des *Peltier-Effektes* bei Halbleitern ist in diesem Zusammenhang von besonderem Interesse.

B. Die Carathéodorysche Axiomatik

§ 6 Definitionen

Die klassische Entwicklung der Hauptsätze ist zur Einführung in die Grundbegriffe der Thermodynamik besonders geeignet, sie ist aber vom logischen Standpunkt in mancher Hinsicht nicht befriedigend (unkritische Einführung der Begriffe Temperatur und Wärme, unklare Abgrenzung rein physikalischer Erfahrungstatsachen und rein mathematischer Elemente). Im folgenden werden wir die Hauptsätze im Anschluß an *Carathéodory* (1909) in strengerer systematischer Form entwickeln.

Wir stellen zunächst (ohne Rücksicht auf Wiederholungen) die wichtigsten Definitionen zusammen, die wir dabei benötigen. Als gegeben übernehmen wir nur die in der Mechanik definierten Begriffe (Masse, Volumen, Druck, Arbeit usw.). Wir betrachten einen homogenen isotropen Körper bei Abwesenheit äußerer Felder im Gleichgewicht. Nach der Hydrostatik ist dann das Volumen V durch den Druck P eindeutig bestimmt. An dieser Stelle wird die erste Erfahrungstatsache eingeführt, die gleichzeitig einen Begriff definiert.

Erfahrungssatz und Definition

Es gibt Prozesse, die V bei festgehaltenem P ändern. Sie werden *thermische Prozesse* genannt.

Erwärmung und Abkühlung sind also thermische Prozesse. Aus dem Satz folgt unmittelbar, daß in der Thermodynamik für das betrachtete System zwei unabhängige Variable zur Festlegung des Zustandes benötigt werden. Wir wählen vorläufig als Zustandsvariable die in der Mechanik definierten Größen P und V. Jedem Gleichgewichtszustand des Körpers entspricht ein Punkt in der $P-V$-Ebene.

Eine den Körper umgebende Wand wird *adiabatisch* genannt, wenn der Zustand des Körpers nur durch nicht-thermische, d. h. mechanische, elektrische usw. Einwirkungen geändert werden kann (Bewegung von Teilen der Wand, Einschalten des elektrischen Stromes etc.). Jede nicht-adiabatische Wand heißt *diatherman* oder wärmeleitend. Eine Zustandsänderung heißt *quasi-statisch*, wenn sie durch eine kontinuierliche Folge von Gleichgewichtszuständen führt. Sie muß daher unendlich langsam verlaufen und ist keine Funktion der Zeit (s. § 1). Beispiel: Expansion eines Gases in einem Zylinder durch langsames Zurückziehen des Kolbens.

Jede andere Zustandsänderung heißt *nicht-statisch*. Die Zwischenzustände bei nicht-statischen Prozessen erfordern zu ihrer Beschreibung zusätzliche Variable. Ihre Betrachtung geht, von gewissen allgemeinen Aussagen abgesehen, über den Rahmen der klassischen Thermodynamik hinaus. Wir beschränken uns zunächst auf quasi-statische Prozesse.

Es ist zu beachten, daß der Begriff der quasi-statischen Zustandsänderung sich zwar inhaltlich mit dem der reversiblen Zustandsänderung deckt, aber logisch davon verschieden ist. Die Begriffe reversibel und irreversibel werden erst an viel späterer Stelle im Zusammenhang mit dem II. Hauptsatz eingeführt.

§ 7 Die empirische Temperatur

Wir betrachten einen homogenen, adiabatisch abgeschlossenen Körper, der sich in dem Zustand P_0, V_0 befinde. Es finde nun eine quasi-statische Zustandsänderung statt, durch die der Zustand P, V erreicht wird. Da nach der Voraussetzung thermische Prozesse ausgeschlossen sind, müssen alle von dem Anfangszustand P_0, V_0 aus auf quasi-statisch-adiabatischem Wege erreichbaren Zustände auf einer Kurve in der $P-V$-Ebene liegen. Dieser Kurve heißt die durch P_0, V_0 hindurchgehende *Adiabate* des Körpers. Die Gesamtheit der Adiabaten des Körpers bildet eine ein-parametrige Kurvenschar in der $P-V$-Ebene, welche ein Gebiet dieser Ebene überall dicht überdeckt. Durch jeden Punkt der $P-V$-Ebene geht somit eine und nur eine Adiabate.

Die Gleichung der Adiabaten kann symbolisch geschrieben werden

$$s(P, V) = s\,, \tag{7.1}$$

wo s den Parameter bezeichnet.

Beispiel: Für ein ideales Gas ist die Gleichung der Adiabaten

$$P\,V^{\varkappa} = s\,, \tag{7.2}$$

wo $\varkappa$ eine Stoffkonstante und

$$s = P_0\,V_0^{\varkappa} \tag{7.3}$$

ist.

Wir betrachten jetzt ein System, welches nach außen adiabatisch isoliert ist und aus zwei Phasen $'$ und $''$ mit den Adiabatenscharen

$$s'(P', V') = s'\;; \qquad s''(P'', V'') = s'' \tag{7.4}$$

besteht. Wenn die beiden Phasen durch eine adiabatische Wand getrennt sind, besteht keine Beziehung zwischen P', V' einerseits und P'', V'' andererseits. Es können beliebige Wertepaare nebeneinander im Gleichgewicht existieren. Ist aber die Zwischenwand diatherman, so zeigt die Erfahrung, daß dies nicht mehr zutrifft.

Erfahrungssatz und Definition

Zwischen zwei durch eine diathermane Wand getrennten und nach außen adiabatisch isolierten Körpern besteht Gleichgewicht nur, wenn eine Gleichung der Form

$$F(P', V'; P'', V'') = 0 \tag{7.5}$$

erfüllt ist. Dieses Gleichgewicht wird (da es sich definitionsgemäß nur durch einen thermischen Prozeß einstellen kann) als *thermisches Gleichgewicht* bezeichnet.

Der vorstehende Satz sagt noch nichts darüber aus, ob die Erfüllung der Gl. (7.5) auf spezielle Eigenschaften der beteiligten Körper zurückgeht oder ob eine allgemeine Eigenschaft zugrundeliegt, die im Prinzip alle Körper besitzen. Wir erläutern dies an einem Beispiel. In unser System schließen wir noch eine dritte (ungestrichene) Phase ein derart, daß diese (durch Verwandlung der adiabatischen in eine diathermane Wand) sowohl mit ′ wie mit ″ in thermischen Kontakt gebracht werden kann. Wir nehmen an, daß zwischen der ungestrichenen Phase und ′ wie zwischen der ungestrichenen Phase und ″ thermisches Gleichgewicht besteht, daß also die Gleichungen

$$F(P, V; P', V') = 0 \; ; \qquad F(P, V; P'', V'') = 0 \tag{7.6}$$

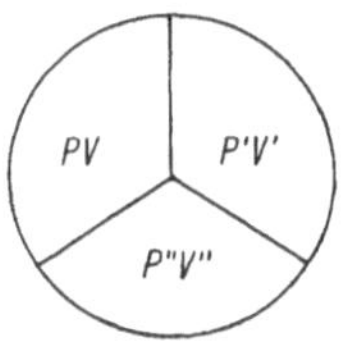

Abb. 3. Zur Definition der empirischen Temperatur

erfüllt sind. Dann erlaubt der obige Satz noch keine Voraussage darüber, ob zwischen ′ und ″ thermischens Gleichgewicht besteht oder nicht. Es muß daher eine neue Erfahrungstatsache herangezogen werden.

Erfahrungssatz und Definition

Wenn in einem Dreiphasensystem ′ und ″ mit der dritten Phase im thermischen Gleichgewicht sind, stehen auch ′ und ″ untereinander im thermischen Gleichgewicht. Jede Phase besitzt daher eine meßbare Eigenschaft $t(P, V)$ derart, daß aus $t = t'$ und $t = t''$ folgt $t' = t''$.

Diese Eigenschaft wird die *empirische Temperatur* genannt.

Der vorstehende Satz erlaubt zunächst nur die Feststellung, ob die Temperaturen zweier Körper gleich oder verschieden sind. Um zu einer Temperaturskala zu gelangen, welche den quantitativen Vergleich verschiedener Temperaturen ermöglicht, muß die Funktion

$$t(P, V) = t \tag{7.7}$$

definitionsgemäß festgelegt werden. Man legt dazu zwei gut reproduzierbare Temperaturen fest (thermometrische Fixpunkte, z. B. Eispunkt und

Siedepunkt des Wassers unter Normaldruck) und mißt für eine geeignete *thermometrische Substanz* die Änderung einer passend gewählten Eigenschaft in diesem Intervall (z. B. bei Quecksilber oder Alkohol die Änderung des Volumens). Werden den Temperaturen der Fixpunkte bestimmte Zahlenwerte zugeteilt (0° und 100° in der *Celsius-Skala*), so ist damit die Temperaturskala festgelegt. Vom theoretischen Standpunkt ist die zweckmäßigste Thermometersubstanz das ideale Gas, d. h. die auf $P \to 0$ extrapolierte Messung von $P\,V$ für ein möglichst tief kondensierendes Gas (H_2 oder He). In diesem Falle ist die Funktion $t(P, V)$ bis auf Skalentransformationen bekannt und man benötigt nur einen Fixpunkt. Die reale gasthermometrische Skala stimmt am genauesten mit der thermodynamischen Skala (§ 4) überein.

Gl. (7.7) nennt man die thermische Zustandsgleichung des betreffenden Körpers. Für ein ideales Gas hat sie die einfache Form

$$P\,V = f(t)\,, \tag{7.8}$$

wo $f(t)$ nur von der empirischen Temperatur abhängt. In der gasthermometrischen Skala wird $f(t)$ bis auf einen Faktor mit der Temperatur identifiziert und man setzt für den Eispunkt

$$T_0^* = 273{,}15°\,. \tag{7.9}$$

Dann wird aus (7.8) (für ein Mol)

$$P\,V = R\,T^*\,, \tag{7.10}$$

wo R die sogenannte Gaskonstante ist und T^* zahlenmäßig mit der *Kelvin-Skala* (§ 4) zusammenfällt.

Die Gleichung (7.7) stellt die Gleichung einer weiteren einparametrigen Kurvenschar in der $P-V$-Ebene dar, die man die *Isothermen* des Körpers nennt.

§ 8 Der I. Hauptsatz

In der *Carathéodory*schen Theorie wird der I. Hauptsatz unter einem anderen Gesichtspunkt formuliert als in der klassischen Theorie. Die innere Energie wird jetzt mit Hilfe rein mechanischer Begriffe eingeführt und die zugrundeliegende Erfahrungstatsache benutzt, um den Begriff der Wärme zu definieren.

Erfahrungssatz und Definition

Um ein homogenes oder heterogenes System auf adiabatischem Wege von einem Anfangszustand 1 in einen Endzustand 2 zu überführen, ist stets die gleiche mechanische (oder elektrische etc.) Arbeit erforderlich, unabhängig davon, welche Gleichgewichts- oder Nichtgleichgewichtszustände dabei durchlaufen werden. Die bei einem solchen Prozeß dem System zugeführte Arbeit nennt man den Zuwachs der *inneren Energie* des Systems.

Es gilt also

$$U_2 - U_1 = \int_1^2 dW \quad \text{(adiabatisch)}\,. \tag{8.1}$$

Nach der Definition ist die innere Energie eine bis auf eine additive Konstante bestimmte Zustandsfunktion.

Die Brauchbarkeit dieser Definition (die gleichzeitig eine Meßvorschrift ist) hängt naturgemäß davon ab, daß der betrachtete Prozeß für alle Zustandspaare 1,2 realisierbar ist. Es ist ein etwas unbefriedigender Zug der *Carathéodory*schen Theorie, daß an dieser Stelle bereits eine Aussage des II. Hauptsatzes vorweggenommen werden muß. Diese besagt, daß es tatsächlich nicht allgemein möglich ist, von einem beliebigen Zustand 1 auf adiabatischem Wege zu einem beliebigen Zustand 2 zu gelangen. Beispielsweise ist es nicht möglich, ein homogenes System bei konstantem Volumen adiabatisch in einen Zustand von kleinerer innerer Energie zu überführen, da ein solcher Prozeß die Umkehr eines dissipativen Vorganges (z. B. Erzeugung von Wärme durch Reibung) wäre. In solchen Fällen ist es aber stets möglich, den umgekehrten Prozeß 2 → 1 adiabatisch durchzuführen, so daß damit die Allgemeingültigkeit der Definition (8.1) gesichert ist.

Wird der Prozeß 1 → 2 auf einem beliebigen (nicht adiabatischen) Wege durchgeführt, so hängt die aufgewendete Arbeit vom Wege, d. h. von den durchlaufenen Zwischenzuständen ab. Die Differenz der inneren Energien muß aber die gleiche sein wie im adiabatischen Fall, da sie nur von dem Anfangs- und Endzustand abhängt.

Definition

Bei einem beliebigen Prozeß 1 → 2 wird die Differenz zwischen Zunahme der inneren Energie und aufgewandter Arbeit als *zugeführte Wärme* bezeichnet.

Wir haben also

$$\int_1^2 d'Q = (U_2 - U_1) - \int_1^2 d'W \quad \text{(beliebige Zustandsänderung)} \tag{8.2}$$

oder in differentieller Form

$$dU = d'Q + d'W\,. \tag{8.3}$$

Die vorstehenden Definitionen mit den Gleichungen (8.1)—(8.3) stellen den I. Hauptsatz in der *Carathéodory*schen Formulierung dar. Wir betrachten kurz einige Spezialfälle, zunächst homogene Systeme. Für einen *quasi-statischen* Prozeß gilt

$$dW = -P\,dV\,. \tag{8.4}$$

Damit wird

$$dU = dQ - P\,dV\,. \tag{8.5}$$

Für einen *adiabatischen Prozeß* gilt

$$dQ = 0\,; \qquad dU = dW\,; \tag{8.6}$$

für einen *quasi-statisch-adiabatischen Prozeß*

$$dQ = 0\,, \qquad dU = -P\,dV\,. \tag{8.7}$$

Die Formeln lassen sich leicht für heterogene Systeme verallgemeinern, da die Größen der Gl. (8.3) sich additiv aus den Beiträgen der Phasen zusammensetzen. Der Einfachheit halber beschränken wir uns auf zwei Phasen ′ und ″ . Dann gilt für einen *quasi-statischen Prozeß*

$$dU' + dU'' = dQ' + dQ'' - P'\,dV' - P''\,dV''\,, \tag{8.8}$$

für einen *quasi-statisch-adiabatischen* Proreß

$$dQ' + dQ'' = 0\,; \qquad dU' + dU'' = -P'\,dV' - P''\,dV''\,. \tag{8.9}$$

Wählen wir als Zustandsvariable t und V, so ist für ein homogenes System nach dem I. Hauptsatz

$$dU = \left(\frac{\partial U}{\partial t}\right)_V dt + \left(\frac{\partial U}{\partial V}\right)_t dV\,. \tag{8.10}$$

Aus (8.7) und (8.10) folgt für einen quasi-statisch-adiabatischen Prozeß

$$\left[\left(\frac{\partial U}{\partial V}\right)_t + P\right] dV + \left(\frac{\partial U}{\partial t}\right)_V dt = 0\,. \tag{8.11}$$

Entsprechend erhält man für ein zweiphasiges System, dessen Phasen miteinander im thermischen Gleichgewicht sind

$$\left[\left(\frac{\partial U'}{\partial V'}\right)_t + P'\right] dV' + \left[\left(\frac{\partial U''}{\partial V''}\right)_t + P''\right] dV'' + \\ + \left[\left(\frac{\partial U'}{\partial t}\right)_{V',V''} + \left(\frac{\partial U''}{\partial t}\right)_{V',V''}\right] dt = 0 \,. \tag{8.12}$$

Die in den vorstehenden Gleichungen auftretende Ableitung der inneren Energie nach der Temperatur wird als Wärmekapazität bei konstantem Volumen bezeichnet. Wird sie auf ein Mol eines einheitlichen Stoffes bezogen, so heißt sie *Molwärme bei konstantem Volumen* C_v.

§ 9 Exkurs: Pfaffsche Differentialformen

Wir stellen hier kurz einige mathematische Hilfsmittel zusammen, die in der *Carathéodory*schen Theorie benötigt werden. Wie wir in § 8 gesehen haben, führt der I. Hauptsatz auf Gleichungen der Form

$$dQ = \sum_{i=1}^{n} X_i \, dx_i \,, \tag{9.1}$$

wo die X_i Funktionen einiger oder aller unabhängigen Variablen sind. Solche Ausdrücke werden als *Pfaff*sche *Differentialformen* bezeichnet. Die Gleichung (9.1) läßt sich längs eines Weges im n-dimensionalen Raum integrieren, aber der Wert des Integrals hängt im allgemeinen von der Wahl dieses Weges ab. Es kann also, wenn 1 und 2 die Integrationsgrenzen sind, nicht in der Form $Q(2) - Q(1)$ dargestellt werden. Man sagt dann, daß dQ ein unvollständiges oder unexaktes Differential ist. Wir betrachten nun zwei Fragestellungen:

a. Unter welcher Bedingung ist dQ ein exaktes Differential?

b. Unter welcher Bedingung existiert ein integrierender Nenner τ derart, daß dQ/τ ein exaktes Differential ist?

a. *Bedingung für die Vollständigkeit des Differentials dQ.*
Die Bedingung dafür, daß dQ ein exaktes Differential ist, läßt sich schreiben

$$dQ = df(x_1, \ldots, x_n) \,, \tag{9.2}$$

wo $df(x_1, \ldots, x_n)$ das Differential einer Funktion $f(x_1, \ldots, x_n)$ ist.

Dann ist nämlich

$$\int_1^2 dQ = f(2) - f(1)\,. \tag{9.3}$$

Nun ist aber definitionsgemäß

$$df = \sum_{i=1}^{n} \frac{\partial f}{\partial x_i}\,dx_i \tag{9.4}$$

und somit wegen (9.1)

$$X_i = \frac{\partial f}{\partial x_i}\,. \tag{9.5}$$

Daraus folgt

$$\frac{\partial X_i}{\partial x_j} = \frac{\partial^2 f}{\partial x_i\,\partial x_j}\,, \qquad \frac{\partial X_j}{\partial x_i} = \frac{\partial^2 f}{\partial x_j\,\partial x_i}\,. \tag{9.6}$$

Die notwendige und hinreichende Bedingung dafür, daß dQ ein vollständiges Differential ist, lautet somit

$$\frac{\partial X_i}{\partial x_j} = \frac{\partial X_j}{\partial x_i} \qquad (i, j = 1, \ldots, n)\,. \tag{9.7}$$

In vektorieller Schreibweise lautet Gleichung (9.1)

$$dQ = \vec{R}\cdot d\vec{r}\,. \tag{9.8}$$

Damit läßt sich die Bedingung (9.7) für $n = 3$ auf die übersichtliche Form bringen[1])

$$\operatorname{rot}\vec{R} = \operatorname{grad}\times\vec{R} = 0\,. \tag{9.9}$$

Die notwendige und hinreichende Bedingung dafür, daß das Linienintegral von $\vec{R}$ längs einer geschlossenen Kurve verschwindet, ist also, daß $\vec{R}$ als Gradient einer skalaren Funktion darstellbar ist.

b. *Bedingung für die Existenz eines integrierenden Nenners*[2])

Wir nehmen jetzt an, daß dQ kein exaktes Differential ist und fragen nach der Bedingung dafür, daß ein integrierender Nenner τ existiert derart, daß dQ/τ ein exaktes Differential ist.

1 Für $n > 3$ läßt sich eine analoge Formulierung in Tensor-Notierung angeben.

2 Der an den mathematischen Einzelheiten nicht interessierte Leser kann die Beweise der folgenden Sätze überschlagen.

Bezeichnen wir

$$dQ = 0 \qquad \text{bzw.} \qquad \sum X_i \, dx_i = 0 \tag{9.10}$$

als zu dQ gehörende *Pfaff*sche *Differentialgleichung*, so gilt Satz 1.

Satz 1

Die *Pfaff*sche *Differentialform* dQ besitzt dann und nur dann einen integrierenden Nenner τ, wenn für die zu dQ gehörende *Pfaff*sche *Differentialgleichung* eine Lösung der Form

$$\sigma(x_1, \ldots, x_n) = \sigma \tag{9.11}$$

existiert.

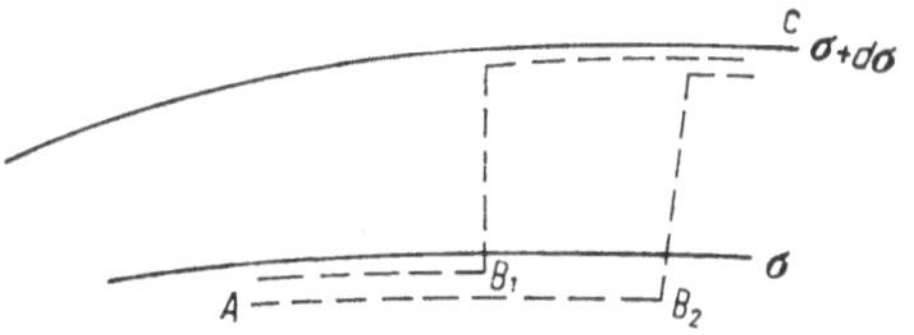

Abb. 4. Zum Beweis von Satz 1.

Beweis

Der Beweis läßt sich am einfachsten geometrisch führen. Die Lösung (9.11) definiert im n-dimensionalen Raum eine einparametrige Schar von Hyperflächen. Wir betrachten zwei infinitesimal benachbarte Flächen σ und $\sigma + d\sigma$ und gehen von A nach C, einmal über B_1, einmal über B_2. Auf jeder der beiden Flächen ist definitionsgemäß $dQ = 0$ und $d\sigma = 0$. Nach der Voraussetzung hängt aber die Änderung dQ vom Wege ab. Da sie auf jeder der beiden Flächen Null ist, kann sie also nur vom Kreuzungspunkt B abhängen. Es muß daher

$$dQ = \tau(\mathrm{B}) \, d\sigma \tag{9.12}$$

sein. Da aber $d\sigma$ definitionsgemäß ein exaktes Differential ist, haben wir

$$d\sigma = \frac{dQ}{\tau(x_1, \ldots, x_n)}, \tag{9.13}$$

womit die Existenz des integrierenden Nenners bewiesen ist.

Satz 2

Wenn eine *Pfaff*sche *Differentialform* einen integrierenden Nenner besitzt, so besitzt sie unendlich viele integrierende Nenner.

Beweis:

Bezeichnen wir mit $S(\sigma)$ eine ein-eindeutige Funktion von σ, so folgt aus (9.11)

$$S[\sigma(x_1, \ldots, x_n)] = S\,. \tag{9.14}$$

Mit Benutzung von (9.13) wird dann

$$dS = \frac{dS}{d\sigma}\,d\sigma = \frac{dS}{d\sigma}\,\frac{dQ}{\tau}\,. \tag{9.15}$$

Setzt man nun

$$T(x_1, \ldots, x_n) = \tau(x_1, \ldots, x_n)\,\frac{d\sigma}{dS}\,, \tag{9.16}$$

so erhält man aus (9.15)

$$dS(x_1, \ldots, x_n) = \frac{dQ}{T(x_1, \ldots, x_n)}\,. \tag{9.17}$$

Es ist somit auch $T(x_1, \ldots, x_n)$ ein integrierender Nenner, womit die Behauptung bewiesen ist.

Satz 3 (1. *Carathéodory*scher Satz)

Wenn ein *Pfaff*scher *Differentialausdruck* einen integrierenden Nenner besitzt, so gibt es in der Umgebung jedes Punktes $P_0(x_{10}, \ldots, x_{n0})$ in beliebiger Nähe Punkte $P_1(x_{11}, \ldots, x_{n1})$, die von P_0 aus nicht auf einem Wege erreichbar sind, der nur aus Stücken $dQ = 0$ besteht.

Beweis:

Nach Satz 1 ist die Existenz des integrierenden Nenners an die Existenz der Flächenschar (9.11) gebunden. Auf jeder Fläche ist nach (9.10) und (9.11) $d\sigma = 0$ und $dQ = 0$. Sei P_0 ein Punkt einer solchen Fläche. Dann können auf Wegen $dQ = 0$ nur Punkte erreicht werden, die auf der gleichen Fläche liegen. Damit ist der Satz bewiesen.

Wenn kein integrierender Nenner existiert, kann man von einem Punkt P_0 zu jedem beliebigen Punkt P_1 auf Wegen $dQ = 0$ gelangen, was man an Beispielen leicht verifizieren kann.

Satz 4 (2. *Carathéodory*scher Satz)

Wenn eine *Pfaff*sche *Differentialform* dQ die Eigenschaft besitzt, daß in beliebiger Nähe jedes Raumpunktes P_0 andere Punkte P_1 liegen, die von P_0 aus auf Wegen $dQ = 0$ nicht erreichbar sind, so existiert für dQ ein integrierender Nenner.

Dieser Satz stellt die Umkehrung von Satz 3 dar. Der Beweis ist jedoch umständlicher und muß hier übergangen werden.

Satz 5

Für die Existenz der Lösung (9.11) einer *Pfaff*schen *Differentialgleichung* ist notwendig und hinreichend, daß die Gleichung

$$X_k \left(\frac{\partial X_j}{\partial x_i} - \frac{\partial X_i}{\partial x_j}\right) + X_j \left(\frac{\partial X_i}{\partial x_k} - \frac{\partial X_k}{\partial x_i}\right) + X_i \left(\frac{\partial X_k}{\partial x_j} - \frac{\partial X_j}{\partial x_k}\right) = 0 \quad (9.18)$$

für alle Wertetripel i, k, j erfüllt ist.

Beweis

Wir beschränken uns hier auf den Nachweis, daß die Bedingung notwendig ist. Wir nehmen daher an, daß die Lösung (9.11) existiert. Setzen wir zur Vereinfachung $\tau^{-1} \equiv u$, so folgt aus (9.13) in Verbindung mit (9.1)

$$u(x_1, \ldots, x_n)\, X_i = \frac{d\sigma}{dx_i} \quad (9.19)$$

und daraus, da $d\sigma$ ein exaktes Differential ist,

$$\frac{\partial(u\, X_j)}{\partial x_i} = \frac{\partial(u\, X_i)}{\partial x_j}. \quad (9.20)$$

Ausführung der Differentiation ergibt

$$u \left(\frac{\partial X_j}{\partial x_i} - \frac{\partial X_i}{\partial x_j}\right) = X_i \frac{\partial u}{\partial x_j} - X_j \frac{\partial u}{\partial x_i}$$

und entsprechend

$$\left.\begin{aligned} u \left(\frac{\partial X_i}{\partial x_k} - \frac{\partial X_k}{\partial x_i}\right) &= X_k \frac{\partial u}{\partial x_i} - X_i \frac{\partial u}{\partial x_k}, \\ u \left(\frac{\partial X_k}{\partial x_j} - \frac{\partial X_j}{\partial x_k}\right) &= X_j \frac{\partial u}{\partial x_k} - X_k \frac{\partial u}{\partial x_j}. \end{aligned}\right\} \quad (9.21)$$

Multipliziert man die erste der Gleichungen (9.21) mit X_k, die zweite mit X_j, die dritte mit X_i und addiert, so folgt Gleichung (9.18). Damit ist gezeigt, daß die Bedingung (9.18) notwendig ist. Man kann auch beweisen, daß sie hinreichend ist.

Für den Fall von drei unabhängigen Variablen läßt sich (9.18) in der vektoriellen Form

$$\vec{R} \cdot \operatorname{grad} \times \vec{R} = 0 \qquad \text{(drei Variable)} \quad (9.22)$$

schreiben.

Wir betrachten jetzt explizit die besonders wichtigen Spezialfälle von zwei und drei unabhängigen Variablen.

α. Zwei unabhängige Variable

Satz 6

Eine *Pfaff*sche *Differentialform* für zwei unabhängige Variable besitzt stets einen integrierenden Nenner.

Beweis

Setzt man in Gl. (9.18) etwa $k = j$, so folgt sofort, daß die Bedingung für zwei unabhängige Variable immer erfüllt ist. In Verbindung mit Satz 1 folgt daraus die Behauptung.

Wir betrachten die *Pfaff*sche *Differentialgleichung*

$$dQ = X\,dx + Y\,dy = 0\,. \tag{9.23}$$

Nach Satz 6 existiert die Lösung

$$\sigma(x, y) = \sigma\,, \tag{9.24}$$

die eine einparametrige Kurvenschar in der x—y-Ebene darstellt. Längs jeder Kurve ist

$$dQ = 0 \tag{9.25}$$

und

$$d\sigma = \frac{\partial\sigma}{\partial x}\,dx + \frac{\partial\sigma}{\partial y}\,dy = 0\,. \tag{9.26}$$

Aus (9.26) hat man

$$\frac{dy}{dx} = -\,\frac{\partial\sigma/\partial x}{\partial\sigma/\partial y} \tag{9.27}$$

und aus (9.23)

$$\frac{dy}{dx} = -\,\frac{X}{Y}\,. \tag{9.28}$$

Aus (9.27) und (9.28) folgt

$$\frac{X}{\partial\sigma/\partial x} = \frac{Y}{\partial\sigma/\partial y} = \tau(x, y), \tag{9.29}$$

wo $\tau(x, y)$ ein von x und y abhängiger Faktor ist.

Nach (9.1) und (9.13) ist aber

$$d\sigma = \frac{dQ}{\tau(x, y)} = \frac{X}{\tau}\,dx + \frac{Y}{\tau}\,dy\,. \tag{9.30}$$

Der integrierende Nenner $\tau(x, y)$ ist daher durch Gl. (9.29) gegeben.

β. Drei unabhängige Variable

Wir betrachten die *Pfaff*sche *Differentialgleichung*

$$dQ = X\,dx + Y\,dy + Z\,dz = 0\,. \tag{9.31}$$

In diesem Falle ist die Bedingung (9.18) nicht notwendig erfüllt, was man an Beispielen leicht zeigen kann. Gl. (9.31) besitzt daher nicht notwendig eine Lösung der Form

$$\sigma(x, y, z) = \sigma \tag{9.32}$$

und somit dQ nicht notwendig einen integrierenden Nenner.

Wir nehmen jetzt an, daß die Lösung (9.32) existiert. Sie definiert eine einparametrige Schar von Flächen im dreidimensionalen Raum. Auf diesen Flächen ist

$$d\sigma = \frac{\partial\sigma}{\partial x}\,dx + \frac{\partial\sigma}{\partial y}\,dy + \frac{\partial\sigma}{\partial z}\,dz\,. \tag{9.33}$$

Daraus folgt

$$\left.\frac{dy}{dx}\right|_z = -\frac{\partial\sigma/\partial x}{\partial\sigma/\partial y}\,; \qquad \left.\frac{dz}{dx}\right|_y = -\frac{\partial\sigma/\partial x}{\partial\sigma/\partial z}\,; \qquad \left.\frac{dz}{dy}\right|_x = -\frac{\partial\sigma/\partial y}{\partial\sigma/\partial z}\,. \tag{9.34}$$

Nach (9.31) ist aber

$$\left.\frac{dy}{dx}\right|_z = -\frac{X}{Y}\,; \qquad \left.\frac{dz}{dx}\right|_y = -\frac{X}{Z}\,; \qquad \left.\frac{dz}{dy}\right|_x = -\frac{Y}{Z}\,. \tag{9.35}$$

Aus (9.34) und (9.35) folgt

$$\frac{X}{\partial\sigma/\partial x} = \frac{Y}{\partial\sigma/\partial y} = \frac{Z}{\partial\sigma/\partial z} = \tau(x, y, z)\,, \tag{9.36}$$

und man zeigt wie vorher, daß $\tau(x, y, z)$ der integrierende Nenner des unvollständigen Differentials dQ ist. Diese Ableitung läßt sich ohne weiteres für mehr als drei unabhängige Variable verallgemeinern.

§ 10 Der II. Hauptsatz für quasi-statische Prozesse

Die dem II. Hauptsatz zugrundeliegende Erfahrungstatsache wird von *Carathéodory* in einer Form eingeführt, die wir im wesentlichen schon bei der Diskussion des I. Hauptsatzes (§ 8) benutzt haben.

Erfahrungssatz (Prinzip von Carathéodory)

In beliebiger Nähe eines jeden Zustandes eines (homogenen oder heterogenen) Systems gibt es Nachbarzustände, die von ihm aus auf adiabatischem Wege nicht erreichbar sind.

Ein Beispiel ist bereits in § 8 erwähnt worden. Wir beschränken uns in diesem Paragraphen auf quasi-statische Prozesse. Es folgt a fortiori, daß der obige Satz auch für diese spezielle Klasse von Zusandsänderungen gelten muß. Ein Beispiel bietet die adiabatische Kompression oder Expansion eines idealen Gases, welche nur die durch Gl. (7.2) gegebenen Wertepaare P, V zu erreichen gestattet.

Wir betrachten zunächst die Beziehung des Prinzips von *Carathéodory* zu dem Prinzip von *Clausius* (bzw. *Thomson*) (§ 4). Man sieht sofort, daß das Prinzip von *Carathéodory* aus dem Prinzip von *Clausius* folgt. Das Umgekehrte trifft aber nicht zu; denn das Prinzip von *Carathéodory* beschränkt sich auf die Behauptung, daß es überhaupt unausführbare adiabatische Prozesse gibt, während das Prinzip von *Clausius* eine Aussage darüber macht, welche Prozesse adiabatisch unausführbar sind.

Vom Standpunkt der Axiomatik wäre daher das Prinzip von *Carathéodory* vorzuziehen, wenn man tatsächlich alle Aussagen des II. Hauptsatzes daraus ableiten könnte. Wir werden sehen, daß dies nicht der Fall ist und tatsächlich noch ein weiterer Erfahrungssatz benötigt wird (§ 13).

Wir kehren nun wieder zu den quasi-statischen Prozessen zurück. Für ein homogenes System hängt die *Pfaff*sche *Differentialform* dQ nur von zwei unabhängigen Variablen ab. Die Existenz eines integrierenden Nenners und damit der Entropie ist dann nach § 9, Satz 6 eine rein mathematische Folgerung, für die eine zusätzliche Erfahrungstatsache nicht benötigt wird. Unter diesem Gesichtspunkt bietet erst der Fall von drei unabhängigen Variablen Interesse. Überdies erfordert die Identifizierung des integrierenden Nenners mit der Temperatur die Einführung eines thermischen Gleichgewichts, die bei Beschränkung auf zwei unabhängige Variable nicht möglich ist. Aus beiden Gründen beginnen wir mit der Analyse eines Systems aus zwei Phasen $'$ und $''$, die durch eine diathermane Wand getrennt und miteinander im thermischen Gleichgewicht sind. Als unabhängige Zustandsvariable wählen wir V', V'' und t.

Zunächst folgt aus dem Prinzip von *Carathéodory* in Verbindung mit § 9, Satz 4 unmittelbar die Existenz eines integrierenden Nenners für dQ. Es ist daher

$$dQ = dQ' + dQ'' = \tau(V', V'', t)\, d\sigma(V', V'', t)\,. \tag{10.1}$$

Für die beiden Phasen gilt

$$dQ' = \tau'(V', t)\, d\sigma'(V', t)\ ; \qquad dQ'' = \tau''(V'', t)\, d\sigma''(V'', t)\ . \tag{10.2}$$

Aus (10.1) und (10.2) folgt

$$\tau\, d\sigma = \tau'\, d\sigma' + \tau''\, d\sigma''\ . \tag{10.3}$$

Wir wählen jetzt als unabhängige Variable σ', σ'' und t. Da $d\sigma$ ein exaktes Differential ist, folgt aus (10.3)

$$\frac{\partial\sigma}{\partial\sigma'} = \frac{\tau'}{\tau}\ ; \qquad \frac{\partial\sigma}{\partial\sigma''} = \frac{\tau''}{\tau}\ ; \qquad \frac{\partial\sigma}{\partial t} = 0\ . \tag{10.4}$$

Die Funktion σ hängt somit nicht von t ab, und wir haben

$$\sigma = \sigma(\sigma', \sigma'')\ . \tag{10.5}$$

Nach (10.4) muß daher auch

$$\frac{\partial}{\partial t}\left(\frac{\tau'}{\tau}\right) = 0\ ; \qquad \frac{\partial}{\partial t}\left(\frac{\tau''}{\tau}\right) = 0 \tag{10.6}$$

sein. Ausführung der Differentiation ergibt

$$\frac{1}{\tau'}\frac{\partial\tau'}{\partial t} = \frac{1}{\tau''}\frac{\partial\tau''}{\partial t} = \frac{1}{\tau}\frac{\partial\tau}{\partial t}\,. \tag{10.7}$$

Nun hängt aber τ' nur von t und σ', τ'' nur von t und σ'' ab. Das erste Gleichheitszeichen kann daher nur gelten, wenn die logarithmischen Ableitungen von τ' und τ'' nach t weder von σ' noch von σ'' sondern nur von t abhängen. Es muß daher gelten

$$\frac{\partial \ln\tau'}{\partial t} = \frac{\partial \ln\tau''}{\partial t} = \frac{\partial \ln\tau}{\partial t} = g(t)\ , \tag{10.8}$$

wo $g(t)$ eine von allen speziellen Eigenschaften der Phasen unabhängige, für alle in thermischem Gleichgewicht stehenden Phasen gemeinsame Funktion der empirischen Temperatur ist. Integration von (10.8) für das Gesamtsystem bzw. die beiden Phasen ergibt

$$\left.\begin{aligned} \ln\tau &= \int g(t)\, dt + \ln \Phi(\sigma', \sigma'') \\ \ln\tau' &= \int g(t)\, dt + \ln \Phi'(\sigma') \\ \ln\tau'' &= \int g(t)\, dt + \ln \Phi''(\sigma'')\ , \end{aligned}\right\} \tag{10.9}$$

oder

$$\left.\begin{aligned} \tau &= \exp\left[\int g(t)\, dt\right] \cdot \Phi(\sigma', \sigma'') \\ \tau' &= \exp\left[\int g(t)\, dt\right] \cdot \Phi'(\sigma') \\ \tau'' &= \exp\left[\int g(t)\, dt\right] \cdot \Phi''(\sigma'')\ . \end{aligned}\right\} \tag{10.10}$$

Bei einem System, dessen Phasen miteinander in thermischem Gleichgewicht stehen, zerfällt somit der integrierende Nenner τ für das Gesamtsystem und jede der Phasen in zwei Faktoren, von denen einer nur von der gemeinsamen empirischen Temperatur t abhängt, während der zweite eine Funktion der individuellen Zustandsvariablen (σ' und σ'' für das System, σ' für $'$ und σ'' für $''$) ist.

Man definiert nun die *absolute Temperatur* durch die Gleichung

$$T = C \cdot \exp\left[\int g(t)\, dt\right], \tag{10.11}$$

wo C eine willkürliche Konstante ist, welche durch Festlegung der Skala fixiert wird. Man schreibt also vor, daß zwischen zwei Fixpunkten (Eis- und Siedepunkt des Wassers) T eine bestimmte Differenz (100°) besitzen soll. In Gl. (10.11) kommt jedoch keine willkürliche Konstante mehr vor. Der Nullpunkt von T ist daher physikalisch bestimmt. Mit (10.11) erhält man aus (10.1), (10.2) und (10.10)

$$dQ = \tau\, d\sigma = T \frac{\Phi}{C} d\sigma\,, \tag{10.12}$$

$$dQ' = \tau'\, d\sigma' = T \frac{\Phi'}{C} d\sigma'\,, \quad dQ'' = \tau''\, d\sigma'' = T \frac{\Phi''}{C} d\sigma''\,. \tag{10.13}$$

Wir betrachten zunächst eine einzelne Phase (etwa $'$) und definieren die *Entropie* der Phase durch die Gleichung

$$S' = \frac{1}{C} \int \Phi'(\sigma')\, d\sigma' + \text{const.} \tag{10.14}$$

Die Entropie ist somit (wie die innere Energie) definitionsgemäß nur bis auf eine willkürliche additive Konstante bestimmt. Mit (10.14) wird aus (10.13)

$$dQ' = T\, dS'\,; \quad dQ'' = T\, dS''\,. \tag{10.15}$$

Damit haben wir (unter Beschränkung auf quasi-statische Zustandsänderungen) für jede Phase die Existenz der Entropie als Zustandsfunktion nachgewiesen und die Grundgleichung (4.16) abgeleitet. Wir betrachten nun das Gesamtsystem. Aus (10.12) folgt in Verbindung mit (10.3) und (10.10)

$$\Phi\, d\sigma = \Phi'\, d\sigma' + \Phi''\, d\sigma''\,. \tag{10.16}$$

Wir wollen zeigen, daß Φ sich in der Form

$$\Phi = \Phi(\sigma) \tag{10.17}$$

darstellen läßt, also nur über σ von σ' und σ'' abhängt. Aus (10.17) folgt durch Differentiation

$$\frac{\partial \Phi}{\partial \sigma'} = \frac{\partial \Phi}{\partial \sigma} \frac{\partial \sigma}{\partial \sigma'} ; \qquad \frac{\partial \Phi}{\partial \sigma''} = \frac{\partial \Phi}{\partial \sigma} \frac{\partial \sigma}{\partial \sigma''} . \tag{10.18}$$

Eliminierung von $\partial \Phi / \partial \sigma$ ergibt

$$\frac{\partial \Phi}{\partial \sigma'} \frac{\partial \sigma}{\partial \sigma''} - \frac{\partial \Phi}{\partial \sigma''} \frac{\partial \sigma}{\partial \sigma'} = 0 , \tag{10.19}$$

oder in der für *Jakobi*sche *Determinanten* üblichen Notierung

$$\frac{\partial(\Phi, \sigma)}{\partial(\sigma', \sigma'')} \equiv J(\Phi, \sigma) = 0 . \tag{10.20}$$

Die Funktion Φ hängt also explizit nur von σ ab, wenn die *Jakobi*sche *Determinante* $J(\Phi, \sigma)$ verschwindet. Diese Bedingung ist in unserem Falle erfüllt. Aus (10.16) folgt nämlich

$$\Phi \frac{\partial \sigma}{\partial \sigma'} = \Phi' ; \qquad \Phi \frac{\partial \sigma}{\partial \sigma''} = \Phi'' . \tag{10.21}$$

Nun hängt aber definitionsgemäß Φ' nur von σ', Φ'' nur von σ'' ab. Differentiation von (10.21) nach σ'' bzw. σ' ergibt daher

$$\left. \begin{aligned} \frac{\partial \Phi}{\partial \sigma''} \frac{\partial \sigma}{\partial \sigma'} + \Phi \frac{\partial^2 \sigma}{\partial \sigma' \, \partial \sigma''} &= 0 , \\ \frac{\partial \Phi}{\partial \sigma'} \frac{\partial \sigma}{\partial \sigma''} + \Phi \frac{\partial^2 \sigma}{\partial \sigma' \, \partial \sigma''} &= 0 . \end{aligned} \right\} \tag{10.22}$$

Daraus folgt in der Tat Gl. (10.20), womit (10.17) bewiesen ist. Die *Entropie des Gesamtsystems* kann daher definiert werden durch die Gleichung

$$S = \frac{1}{C} \int \Phi(\sigma) \, d\sigma + \text{const.} \tag{10.23}$$

Damit wird nach (10.12) auch für das Gesamtsystem

$$dQ = T \, dS . \tag{10.24}$$

Führt man in die Gl. (10.15) den I. Hauptsatz in der Form der Gleichung (8.8) ein, so wird für jede Phase

$$T' \, dS' = dU' + P' \, dV' \tag{10.25}$$

und für das Gesamtsystem

$$dS = dS' + dS'' . \tag{10.26}$$

Damit haben wir, unter Beschränkung auf quasi-statische Prozesse, die Existenz der absoluten Temperatur und der Entropie als durch Gl. (10.15) oder (10.25) definierte Zustandsfunktion für jede Phase abgeleitet und gezeigt, daß die Entropie des Gesamtsystems sich additiv aus denen der Phasen zusammensetzt.

Von den wesentlichen Aussagen des II. Hauptsatzes fehlt noch die in (4.36) formulierte Wachstumseigenschaft der Entropie, die fundamental für die Formulierung der Gleichgewichtsbedingungen ist. Auf diese Frage werden wir in § 13 zurückkommen.

Wir bemerken noch, daß man neuerdings σ die *empirische* und S die *metrische Entropie* nennt. Dabei ist eine empirische Variable bis auf beliebige ordnungstreue und stetige Skalen-Transformationen erklärt, während für eine metrische Variable nur lineare Skalen-Transformationen (Maßstabsdilatation und Nullpunktsverschiebung) zugelassen sind. Die Existenz der empirischen Entropie ergibt sich in der vorstehenden Ableitung aus § 9, Satz 6 bzw. dem Prinzip von *Carathéodory*. Die Einführung der thermischen Kopplung dient dazu, die metrische Entropie zu konstruieren und damit unter allen nach § 9, Satz 2 möglichen Variablenpaaren σ, τ ein bestimmtes auszuzeichnen.

§ 11 Empirische Bestimmung von *U*, *S* und *T*

Die in § 10 gegebene Ableitung hat im wesentlichen den Charakter eines Existenzbeweises. Da die Funktionen $g(t)$ und $\Phi(\sigma)$ nicht bekannt sind, kann man danach nicht ohne weiteres T und S aus empirischen Daten konstruieren.

Wir betrachten ein geschlossenes homogenes System mit den Adiabaten

$$s(P, V) = s \tag{11.1}$$

und den Isothermen

$$t(P, V) = t\,. \tag{11.2}$$

Als unabhängige Zustandsvariable wählen wir s und t, die in irgendwelchen empirischen Skalen gemessen sein sollen.

Es ist also

$$dV = \frac{\partial V}{\partial s}\,ds + \frac{\partial V}{\partial t}\,dt \tag{11.3}$$

und

$$dU = \frac{\partial U}{\partial s}\,ds + \frac{\partial U}{\partial t}\,dt\,. \tag{11.4}$$

Ferner gilt

$$dU = T(t)\, dS(s) - P\, dV\,. \tag{11.5}$$

Es wird somit

$$dU = \left[T(t)\,\frac{dS(s)}{ds} - P\,\frac{\partial V}{\partial s}\right] ds - P\,\frac{\partial V}{\partial t}\, dt\,. \tag{11.6}$$

Da U eine Zustandsfunktion ist, folgt aus (11.5) und (11.6)

$$\frac{\partial}{\partial t}\left[T(t)\,\frac{dS(s)}{ds} - P\,\frac{\partial V}{\partial s}\right] = \frac{\partial}{\partial s}\left(-P\,\frac{\partial V}{\partial t}\right). \tag{11.7}$$

Ausführung der Differentiation ergibt

$$\frac{dS(s)}{ds}\cdot\frac{dT(t)}{dt} = \frac{\partial V}{\partial s}\,\frac{\partial P}{\partial t} - \frac{\partial V}{\partial t}\,\frac{\partial P}{\partial s} \equiv \frac{\partial(V,P)}{\partial(s,t)}\,. \tag{11.8}$$

Die *Jakobi*sche *Determinante* $J(V, P)$ ist somit stets das Produkt zweier Funktionen, von denen die eine nur von s, die andere nur von t abhängt. Man kann also schreiben

$$J(V,P) = \alpha(s)\cdot\beta(t)\,, \tag{11.9}$$

wo die Größen $\alpha(s)$ und $\beta(t)$ als empirisch bekannt anzusehen sind. Gl. (11.8) zerfällt also in zwei Einzelgleichungen, und man erhält durch Integration

$$S(s) = \frac{1}{C}\int \alpha(s)\, ds + S_0 \tag{11.10}$$

$$T(t) = C\int \beta(t)\, dt + T_0\,, \tag{11.11}$$

und schließlich aus (11.6)

$$U(s,t) = f(s,t) + U_0\,, \tag{11.12}$$

wo C, S_0, T_0 und U_0 Konstanten sind. Von diesen sind, wie gezeigt, S_0 und U_0 völlig frei wählbar (d. h. ohne physikalische Bedeutung), während C durch die Wahl der Temperaturskala bestimmt wird [s. Gleichung (10.11)]. Der Nullpunkt von T ist aber physikalisch festgelegt. Über die Konstante T_0 kann daher nicht verfügt werden. Sie muß vielmehr experimentell bestimmt werden. Gleichung (11.11) zeigt, daß dies mit Hilfe der den Gleichungen (11.1) und (11.2) zugrundeliegenden quasi-statischen Prozesse nicht möglich ist. An dieser Stelle muß daher von nicht-statischen Prozessen Gebrauch gemacht werden. Da aber die absolute Temperaturskala universell ist, genügt ein derartiger Versuch an einem beliebigen Stoff (etwa der Überströmungsversuch von *Gay-Lussac* an dem idealen Gas), um T_0 ein für allemal festzulegen.

Es läßt sich zeigen, daß die Werte von S, T und U unabhängig sind von der Wahl der empirischen Skalen für s und t.

Das beschriebene Verfahren ist naturgemäß nichts anderes als die explizite Konstruktion der metrischen Entropie S aus der empirischen Entropie s, wobei die Existenz der ersteren vorausgesetzt und die thermische Kopplung implizit durch Benutzung der Isothermen (vgl. § 7) eingeführt wird. Es ist bemerkenswert, daß auch sich zwar der Existenzbeweis unter Beschränkung auf quasi-statische Prozesse durchführen läßt, nicht aber die explizite Konstruktion, die einen nicht-statischen Versuch erfordert.

Als Beispiel für die Anwendung dieser Überlegungen betrachten wir das ideale Gas. In diesem Falle (vgl. § 7) lautet die Gleichung der Isothermen

$$P\,V = t\,, \tag{11.13}$$

die der Adiabaten

$$P\,V^{\varkappa} \equiv P\,V^{1+\gamma} = s\,, \tag{11.14}$$

wo $\varkappa$ und γ Konstanten sind. Durch logarithmische Differentiation erhalten wir

$$\frac{1}{s}\,\frac{\partial s}{\partial V} = \frac{1+\gamma}{V}\,; \qquad \frac{1}{s}\,\frac{\partial s}{\partial P} = \frac{1}{P}\,, \tag{11.15}$$

$$\frac{1}{t}\,\frac{\partial t}{\partial V} = \frac{1}{V}\,; \qquad \frac{1}{t}\,\frac{\partial t}{\partial P} = \frac{1}{P}\,. \tag{11.16}$$

Daraus folgt

$$\frac{\partial(s,t)}{\partial(V,P)} \equiv \frac{\partial s}{\partial V}\,\frac{\partial t}{\partial P} - \frac{\partial s}{\partial P}\,\frac{\partial t}{\partial V} = \gamma^{s}\,. \tag{11.17}$$

Nun ist allgemein

$$\frac{\partial(x,y)}{\partial(z,w)}\,\frac{\partial(z,w)}{\partial(u,v)} = \frac{\partial(x,y)}{\partial(u,v)}\,, \tag{11.18}$$

und somit nach (11.17)

$$\frac{\partial(V,P)}{\partial(s,t)} = \frac{1}{\gamma^{s}}\,. \tag{11.19}$$

Die durch Gleichung (11.9) definierten Funktionen sind somit

$$\alpha(s) = \frac{1}{\gamma^{s}}\,, \qquad \beta(t) = 1\,. \tag{11.20}$$

Aus (11.10), (11.11) und (11.20) folgt

$$S(s) = \frac{1}{C\,\gamma} \ln s + S_0 \tag{11.21}$$

$$T(t) = C\,t + T_0\,. \tag{11.22}$$

Einsetzen dieser Ausdrücke in Gl. (11.5) ergibt

$$dU = (C\,t + T_0)\,\frac{1}{C\,\gamma}\,d \ln s - P\,dV\,, \tag{11.23}$$

oder, mit Benutzung von (11.13) und (11.14),

$$\left.\begin{aligned} dU &= \frac{T_0}{C\,\gamma}\,\mathrm{d}\,ln\,s + \frac{t}{\gamma}\,d \ln (s\,V^{-\gamma})\,,\\ &= \frac{T_0}{C\,\gamma}\,d \ln s + \frac{1}{\gamma}\,dt\,. \end{aligned}\right\} \tag{11.24}$$

Durch Integration von (11.24) erhalten wir

$$U = \frac{T_0}{C\,\gamma} \ln s + \frac{t}{\gamma} + U_0\,, \tag{11.25}$$

oder, mit nochmaliger Benutzung von (11.13) und (11.14)

$$U = \frac{T_0}{C\,\gamma} \ln (t\,V^\gamma) + \frac{t}{\gamma} + U_0\,. \tag{11.26}$$

Um T_0 zu bestimmen, läßt man ein sehr verdünntes Gas in ein Vakuum expandieren (*Überströmungsversuch* von *Gay-Lussac*). Man findet dann

$$\left(\frac{\partial U}{\partial V}\right)_t = 0\,. \tag{11.27}$$

Das ist nach (11.26) nur möglich für $T_0 = 0$. Damit wird

$$S = \frac{1}{C\,\gamma} \ln s + S_0 \tag{11.28}$$

$$T = C\,t \tag{11.29}$$

$$U = \frac{t}{\gamma} + U_0\,. \tag{11.30}$$

Nach Gleichung (11.29) unterscheiden sich die absolute Temperatur und die Temperatur des idealen Gasthermometers nur durch einen beliebig wählbaren Faktor. Sie lassen sich daher ohne Schwierigkeit, wie es üblich ist, identifizieren. Dazu schreiben wir zunächst (11.13) in der Form (7.10).

Dann haben wir

$$t = R\,T^*\,, \tag{11.31}$$

und mit $C = 1/R$ wird

$$T = T^*\,. \tag{11.32}$$

Für einatomige Gase ist $\gamma = 2/3$. Damit erhalten wir aus (11.28) mit Benutzung von (11.13), (11.14), (11.31) und (11.32) die bekannten Formeln

$$S = \frac{3}{2} R \ln T + R \ln V + S_0' \tag{11.33}$$

(wo S_0' eine neue Konstante ist) und

$$U = \frac{3}{2} R\,T + U_0\,. \tag{11.34}$$

§ 12 Messung extrem tiefer Temperaturen

Die im Prinzip wichtigsten Verfahren zur Festlegung der absoluten Temperaturskala sind, wie gezeigt, reversible Kreisprozesse zwischen Fixpunkten (§ 4) und das ideale Gasthermometer (§ 11). Bei extrem tiefen Temperaturen (etwa $T \leqq 1$ °K) werden beide Verfahren praktisch undurchführbar. Insbesondere werden die bei Kreisprozessen übergehenden Wärmemengen so klein, daß sie nicht mehr mit hinreichender Genauigkeit zu messen sind. Andererseits kondensieren in diesem Gebiet alle Gase, so daß auch die gasthermometrische Methode versagt. Man verfügt daher zunächst nur über eine empirische Skala, und es entsteht das für die Tieftemperaturphysik wichtige Problem, dieselbe auf die absolute Skala umzurechnen. Die Lösung dieses Problems ist naturgemäß in dem allgemeinen Formalismus des § 11 enthalten. Wir wollen sie für diesen Spezialfall explizit durchführen, da das hier übliche Verfahren etwas von dem allgemeinen Schema das § 11 abweicht.

Wir setzen voraus, daß die absolute Skala bis zu einer Temperatur T_0 bekannt ist. Unterhalb T_0 werde die Temperatur proportional dem Volumen einer fluiden Thermometersubstanz gesetzt. Der Proportionalitätsfaktor werde so gewählt, daß diese empirische Skala T^* für T_0 mit der absoluten zusammenfällt, daß also $T_0^* = T_0$ ist. Wir wählen als unabhängige Zustandsvariable T (bzw. T^*) und P und wollen die Beziehung zwischen T und T^* auf der Geraden $P = 0$ ermitteln.

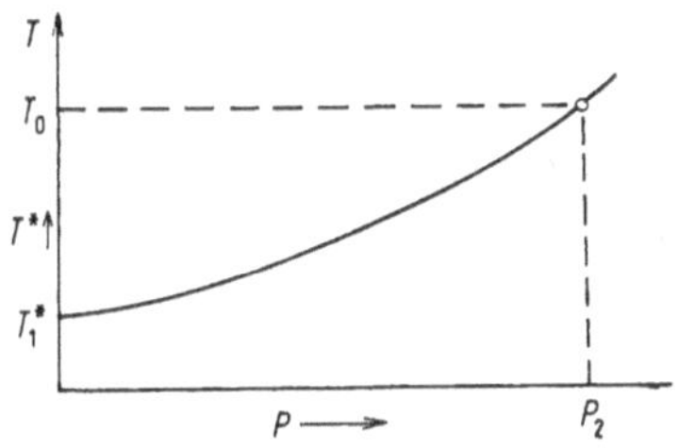

Abb. 5. Zur Messung extrem tiefer Temperaturen (Entnommen: H. Callen, Thermodynamics, New York 1960, Wiley, p. 83, Fig. 4.9)

a. Der erste Schritt besteht in dem Nachweis, daß für alle Punkte $(T^*, 0)$ von der empirischen Skala unabhängige Entropiewerte bestimmt werden können.

Dazu nehmen wir an, daß die Entropie in den üblichen Einheiten für den Punkt $(T_0, 0)$ bekannt ist. Wir bezeichnen sie mit S_0. Führen wir nun eine isotherme Kompression durch, die den Druck auf den Wert P_2 bringt, so ist die Entropie im Punkte (T_0, P_2)

$$S_1 = S_0 + \int_0^{P_2} \left(\frac{\partial S}{\partial P}\right)_{T=T_0} dP\,. \tag{12.1}$$

Nun ist, wie später in § 24 gezeigt wird,

$$\left(\frac{\partial S}{\partial P}\right)_T = -\left(\frac{\partial V}{\partial T}\right)_P. \tag{12.2}$$

Führt man noch den thermischen Ausdehnungskoeffizienten

$$\alpha = \frac{1}{V}\left(\frac{\partial V}{\partial T}\right)_P \tag{12.3}$$

ein, so wird aus (12.1)

$$S_1 = S_0 - \int_0^{P_2} V \alpha\, dP\,. \tag{12.4}$$

S_1 läßt sich somit berechnen, wenn das Volumen und der thermische Ausdehnungskoeffizient für T_0 im Druckbereich $0 \to P_2$ bekannt sind.

Vom Punkte (T_0, P_2) ausgehend, führen wir eine quasi-statisch-adiabatische Expansion durch, welche die Substanz auf die empirische Temperatur T_1^* bringe. Für diesen Prozeß ist $dS = 0$, d. h. die Entropie hat den gleichen Wert wie im Punkte (T_0, P_2). Damit ist gezeigt, daß man auf der Geraden $P = 0$ eine von der empirischen Skala T^* unabhängige Entropieskala bestimmen kann.

b. Im zweiten Schritt wird gezeigt, daß man mit Hilfe der auf der Geraden $P = 0$ festgelegten Entropieskala auf der gleichen Geraden T^* in die absolute Temperatur T umrechnen kann.

Wir gehen aus von der Gleichung

$$dU = T\,dS - P\,dV\,, \tag{12.5}$$

die sich für $P = 0$ auf

$$dU = dQ = T\,dS \tag{12.6}$$

reduziert. Daraus folgt

$$\left(\frac{dU}{dT^*}\right)_{P=0} = \left(\frac{dQ}{dT^*}\right)_{P=0} = T\left(\frac{dS}{dT^*}\right)_{P=0}. \tag{12.7}$$

Die Größe $(dQ/dT^*)_{P=0}$ ist aber die in der empirischen Skala gemessene Wärmekapazität bei konstantem Druck (die wir der Einfachheit halber auf ein Mol beziehen und mit C_p^* bezeichnen) und somit eine experimentell zugängliche Größe. Es wird somit

$$T = C_p^*\left(\frac{dS}{dT^*}\right)^{-1}_{P=0}. \tag{12.8}$$

Da aber S in Abhängigkeit von T^* bekannt ist, läßt sich somit für jedes T^* das zugehörige T berechnen.

Praktisch benutzt man als Thermometersubstanz gewisse paramagnetische Salze. Der benutzte adiabatische Prozeß ist die adiabatische Entmagnetisierung, und dem Druck $P = 0$ entspricht die magnetische Feldstärke $H = 0$. Die empirische Skala wird mit Hilfe der Suszeptibilität definiert.

§ 13 Der II. Hauptsatz für nicht-statische Prozesse[1]

Es wurde bereits erwähnt (§ 10), daß man aus dem Prinzip von *Carathéodory* nicht die Zunahme der Entropie unter adiabatischer Isolierung (4.36) ableiten kann. Auf diese Tatsache ist insbesondere von *Planck* (1926) hingewiesen worden. Wenn man alle in Abschnitt A. formulierten Aussagen des 2. Hauptsatzes gewinnen will, muß daher noch eine weitere Erfahrungstatsache herangezogen werden.

1 Dieser Paragraph ist für das Verständnis des folgenden nicht notwendig und kann überschlagen werden.

Wir formulieren zunächst den folgenden

Satz 1

Jede Adiabatenfläche s zerlegt den Zustandsraum in zwei Halbräume derart, daß alle von einem auf der Fläche liegenden Zustand z_0 aus adiabatisch erreichbaren Zustände z in dem gleichen Halbraum liegen.

Beweis

Der Satz folgt unmittelbar aus dem Prinzip von *Carathéodory*. Wir nehmen an, daß die unerreichbaren Zustände z' auf beiden Seiten von s liegen. Da sie nach dem Prinzip von *Carathéodory* in beliebiger Nähe von z_0 liegen müssen, würde folgen, daß s adiabatisch überhaupt nicht verlassen werden kann; die Erreichbarkeit von z' impliziert nämlich die Erreichbarkeit aller Zustände, welche auf der durch z' gehenden Adiabatenfläche s' liegen. Diese Folgerung würde aber dem genannten Prinzip widersprechen, womit der Satz bewiesen ist.

Für ein ideales Gas sind die Verhältnisse in Abbildung 6 veranschaulicht. Der Einfachheit halber beschränken wir uns zunächst auf homo-

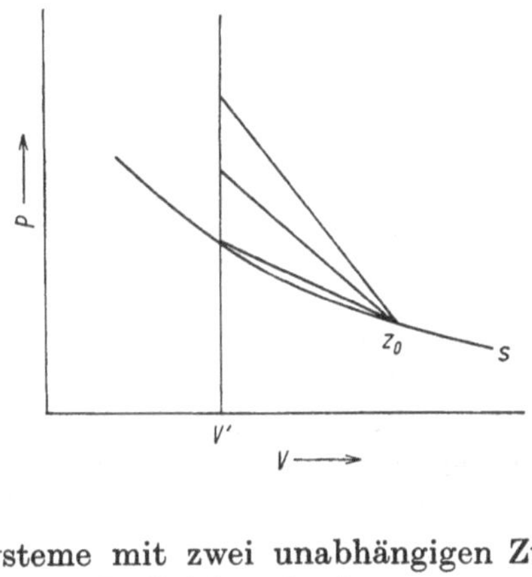

Abb. 6. Nicht-statische Prozesse für ein ideales Gas (Entnommen: G. Falk und H. Jung, Axiomatik der Thermodynamik (Handbuch der Physik Bd. III 2, p. 169, Fig. 5), Berlin 1959, Springer-Verlag)

gene Systeme mit zwei unabhängigen Zustandsvariablen. *Carathéodory* führt nun als Definition ein den

Satz 2

Die von z_0 ausgehenden und in $V = V'$ endenden adiabatischen Übergänge bedecken den auf einer Seite von s liegenden Halbstrahl der V'-Linie.

Da V' beliebig variiert werden kann, folgt daraus unmittelbar der

Satz 3

Die Menge aller von s aus adiabatisch erreichbaren Zustände ist durch einen der durch s erzeugten Halbräume gegeben.

Schließlich haben wir noch den

Satz 4

Eine zwischen s und s' liegende Adiabate s'' kann nicht von s und von s' adiabatisch erreicht werden.

Beweis

Der Satz folgt wieder unmittelbar aus dem Prinzip von *Carathéodory*. Um dies zu sehen, betrachten wir die Abb. 7, in der zu beiden Seiten der Adiabaten s'' noch zwei weitere Adiabaten s_1 und s_2 gezeichnet sind.

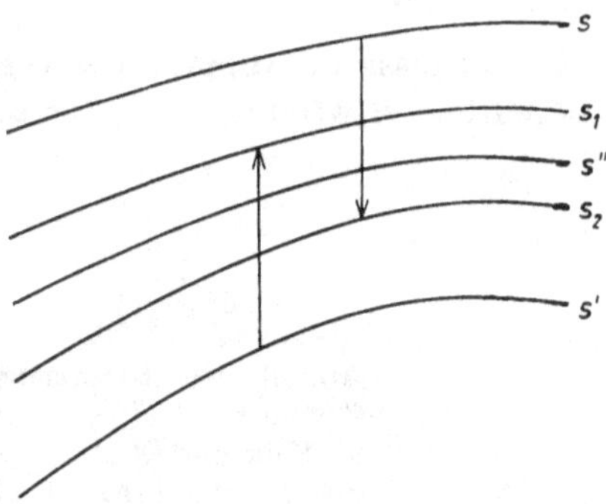

Abb. 7. Zum Beweis von Satz 4

Wäre von s aus s'' adiabatisch erreichbar, so müßte dies nach Satz 3 auch für s_2 gelten. Daher wäre s_2 auch von s'' aus adiabatisch erreichbar. Wäre s'' von s' aus adiabatisch erreichbar, so müßte dies nach Satz 3 auch für s_1 gelten. s_1 wäre daher ebenfalls von s'' aus adiabatisch erreichbar. Er könnte somit in beliebiger Nähe eines auf s'' liegenden Zustandes z'' keine Zustände geben, die von z'' aus adiabatisch unerreichbar wären, was dem Prinzip von *Charathéodory* widersprechen würde. s'' kann daher entweder nur von s oder nur von s' adiabatisch erreicht werden.

Anschaulich besagt Satz 4, daß die adiabatisch zugänglichen Halbräume stets auf der gleichen Seite der erzeugenden Adiabaten liegen.

Aus den vorstehenden Sätzen folgt zunächst allgemein, daß es adiabatisch irreversible Prozesse gibt. Wenn also der adiabatische Prozeß $1 \to 2$

unmöglich ist, dann ist stets der adiabatische Prozeß 2 → 1 möglich, was wir bereits in § 8 benutzt haben. Es ergibt sich weiter, daß die durch die Schar der Adiabaten definierte empirische Entropie [Gleichung (10.1) und (10.2)] unter der Bedingung adiabatischer Isolierung nur zunehmen oder nur abnehmen kann. Zwischen diesen beiden Möglichkeiten kann durch die physikalische Erfahrung nicht entschieden werden, weil die Richtung, in welcher die empirische Entropie zunimmt, frei wählbar ist. Man kann diesen Sachverhalt auch so ausdrücken, daß die beiden durch eine Adiabate erzeugten Halbräume durch die empirische Entropie nicht physikalisch markiert (d. h. unterscheidbar gemacht) werden. Die Entscheidung zwischen den beiden erwähnten Möglichkeiten ist daher rein konventionell. Wir führen sie ein durch die folgende

Definition

Unter der Bedingung adiabatischer Isolierung kann die empirische Entropie niemals abnehmen.

Wir heben nochmals hervor, daß diese Aussage experimentell nicht verifizierbar ist und daher im Prinzip durch die gegenteilige ersetzt werden könnte. Die in § 4 besprochene Wachstumseigenschaft der Entropie unter adiabatischer Isolierung läßt sich also nicht mit Hilfe der empirischen Entropie formulieren. Wir müssen daher die metrische Entropie heranziehen, für die nach Gleichung (10.23) gilt

$$dS = \frac{1}{C}\,\Phi(\sigma)\,d\sigma\,. \tag{13.1}$$

Auf der rechten Seite dieser Gleichung ist C durch die Definition der absoluten Temperatur [Gl. (10.11) und (11.11)] konventionell als positive Konstante festgelegt. Nach der obigen Definition ist $d\sigma$ ebenfalls eine positive Größe, während nach Gl. (10.10) das Vorzeichen von $\Phi(\sigma)$ gleich ist dem Vorzeichen des integrierenden Nenners τ. Die Ableitung der Aussage (4.36) erfordert also im Rahmen unserer jetzigen Betrachtung die Beantwortung der folgenden Fragen:

a. Lassen sich die durch eine Adiabate erzeugten Halbräume physikalisch markieren?

b. Führt diese Markierung zu einer Vorzeichen-Alternative für den integrierenden Nenner τ?

c. Welche Erfahrungstatsache entscheidet das Vorzeichen von τ?

Die Frage a. beantworten wir durch den

Satz 5

Die von einer Adiabate erzeugten Halbräume sind physikalisch dadurch markiert, daß auf jeder Linie $V = V'$ die innere Energie U sich monoton ändert.

Beweis

Da für ein homogenes einfaches System U, V ein vollständiger Satz von Zustandsvariablen ist, kann auf einer Linie $V = V'$ U nicht zweimal den gleichen Wert annehmen. Wäre dies der Fall, so würden, wie man aus Abb. 6 sieht, zwei Zustände existieren, welche gleiche Werte von U und V, aber verschiedene Werte von P besitzen. Dies würde der Voraussetzung, daß U, V ein vollständiger Satz von Zustandsvariablen ist, widersprechen. U muß sich daher auf jeder Linie $V = V'$ monoton ändern. Jeder von einer Adiabate s ausgehende adiabatische Prozeß, der längs einer Linie $V = V'$ verläuft, ist daher für einen Halbraum mit einer Zunahme, für den anderen Halbraum mit einer Abnahme der inneren Energie verknüpft.[1]) Die beiden durch s erzeugten Halbräume sind daher physikalisch markiert. Damit ist die Behauptung bewiesen.

Zur Frage b. beweisen wir den

Satz 6

Ist für die möglichen adiabatischen Prozesse das Vorzeichen von $d\sigma$ definitionsmäßig als positiv festgelegt (s. oben), so besitzt der integrierende Nenner τ positives Vorzeichen, wenn die längs der Linie $V = V'$ möglichen adiabatischen Prozesse mit einer Zunahme der inneren Energie verknüpft sind. Sind sie mit einer Abnahme der inneren Energie verknüpft, so hat τ negatives Vorzeichen.

Beweis

Da nach § 10 die empirische Entropie σ eine Zustandsfunktion ist, muß auch σ, V ein vollständiger Satz von Zustandsvariablen sein. Die Transformation $U, V \to \sigma, V$ muß daher umkehrbar eindeutig sein. Daraus folgt, daß für alle Zustände entweder $(\partial U/\partial\sigma)_V > 0$ oder $(\partial U/\partial\sigma)_V < 0$ sein muß. Nach Gl. (10.1) ist aber

$$\left(\frac{\partial U}{\partial \sigma}\right)_V = \tau\,. \tag{13.2}$$

1 Im Falle der Abb. 6 sind, wie man leicht beweist, die jeweils in den oberen Halbraum führenden Prozesse mit einer Zunahme der inneren Energie verknüpft.

Der integrierende Nenner τ kann daher für alle Zustände entweder nur positiv oder nur negativ sein. Da die linke Seite die Änderung der inneren Energie bei einem längs einer Linie $V = V'$ verlaufenden adiabatischen Prozeß darstellt und die Änderung der empirischen Entropie für einen möglichen Prozeß durch die Definition als positiv festgelegt ist, folgen unmittelbar die Behauptungen.

Wir haben damit das Problem auf die Frage reduziert, ob die längs einer Linie $V = V'$ verlaufenden adiabatischen Prozesse mit einer Zunahme oder einer Abnahme der inneren Energie verknüpft sind. Daß die Betrachtung dieser speziellen Prozesse zu einem völlig allgemein gültigen Ergebnis führt, beruht darauf, daß nach Satz 1 und 3 alle von einer gegebenen Adiabaten aus zugänglichen Zustände in dem gleichen Halbraum liegen. Die Frage selbst kann, wie schon in § 10 erwähnt, durch das Prinzip von *Carathéodory* nicht beantwortet werden, da dieses keine Aussage darüber macht, welcher der beiden Halbräume adiabatisch unzugänglich ist. Wir formulieren daher den folgenden neuen

Erfahrungssatz

Ein adiabatischer Prozeß, der längs einer Linie $V = V'$ verläuft, ist stets mit einer Zunahme der inneren Energie verknüpft.

Beispiele für solche Prozesse sind die Erzeugung von Reibungswärme durch mechanische Arbeit oder die Erzeugung von *Joule*scher *Wärme* durch elektrischen Strom. In beiden Fällen sieht man sofort, daß die umgekehrten Prozesse nicht möglich sind. Sie würden dem Prinzip von *Thomson* und damit auch dem Prinzip von *Clausius* (§ 4) widersprechen. Tatsächlich stellt der obige Erfahrungssatz lediglich eine für unsere jetzigen Zwecke geeignete Neuformulierung der älteren Prinzipien dar. Wie diese impliziert er das Prinzip von *Carathéodory*. Rein logisch sollte daher der obige Erfahrungssatz (oder eine äquivalente Aussage) die empirische Grundlage der *Carathéodory*schen Theorie bilden. Wir haben trotzdem einen etwas anderen Weg (der im übrigen der historischen Entwicklung entspricht) gewählt, weil dabei manche Gesichtspunkte deutlicher hervortreten.

Die Folgerungen, die sich im Rahmen unseres Formalismus aus dem Erfahrungssatz ergeben, lassen sich nun sofort entwickeln. Zunächst findet man mit Benutzung der Definition und des Satzes 6, daß der integrierende Nenner τ stets positiv ist. Aus Gl. (10.10) folgt dann weiter

$$\Phi'(\sigma') > 0; \qquad \Phi''(\sigma'') > 0; \qquad \Phi(\sigma) > 0 . \tag{13.3}$$

In Verbindung mit (13.1) ergibt sich daraus für ein adiabatisch abgeschlossenes System in voller Allgemeinheit

$$dS \geqq 0 \quad \text{(adiabatisch abgeschlossenes System)}. \tag{13.4}$$

Damit haben wir alle Aussagen von Abschnitt A. auch im Rahmen der *Carathéodory*schen Theorie abgeleitet.

C. Verallgemeinerung des II. Hauptsatzes für offene Systeme und chemische Reaktionen

§ 14 Problemstellung

In den bisherigen Betrachtungen haben wir uns auf die in § 2 definierten einfachen Systeme beschränkt. Wir erörtern jetzt die Frage, wie diese Beschränkungen beseitigt und die Hauptsätze in der für die Anwendungen erforderlichen Allgemeinheit formuliert werden können.

Bisher haben wir als *Arbeitskoordinaten* lediglich die Volumina der Phasen in Betracht gezogen. Man kann nun die Eigenschaften der Festkörper, die Wirkung äußerer Felder, Grenzflächeneffekte usw. ohne weiteres durch zusätzliche Arbeitskoordinaten berücksichtigen. Dieselben sind allgemein so definiert, daß das Differential der Arbeitskoordinate dy_j nach Multiplikation mit einem *Arbeitskoeffizienten* oder einer *generalisierten Kraft* Y_j die Arbeit angibt, die an einer geschlossenen Phase bei einer quasi-statischen Zustandsänderung geleistet wird. Diese Arbeitskoordinaten sind, wie das Volumen, adiabatisch frei beweglich. Ihre Einführung ändert daher nichts an der Struktur der in Abschnitt B entwickelten Theorie und läuft lediglich auf eine Erhöhung der Dimensionszahl des Zustandsraumes hinaus. An Stelle von Gl. (8.4) hat man jetzt für *quasi-statische Zustandsänderungen*

$$dW = -P\,dV + \sum_{j=2}^{n} Y_j\,dy_j = \sum_{j=1}^{n} Y_j\,dy_j\,. \tag{14.1}$$

Die Situation ist jedoch ganz andersartig, wenn man versucht, offene Systeme und chemische Reaktionen in die Betrachtung einzubeziehen. Man stellt zunächst fest, daß die Definition der fundamentalen Begriffe Arbeit und Wärme hier auf Schwierigkeiten stößt. Eine genauere Analyse dieses Sachverhaltes überschreitet den Rahmen dieses Buches. Wir beschränken uns daher auf zwei einfache Beispiele.

a. Eine Phase sei von einer stoffdurchlässigen Wand (semipermeablen Membran) umgeben, alle Arbeitskoordinaten y_j seien fixiert. Von außen werde Materie durch die stoffdurchlässige Wand hereingepreßt. Dabei wird offenbar Kompressionsarbeit geleistet, aber das Volumen bleibt konstant. Es ist daher im allgemeinen nicht möglich, die an einer offenen Phase geleistete *Volumenarbeit* eindeutig zu definieren. Damit entfällt aber auch die Grundlage für die Definition der zugeführten Wärme nach § 8. Etwas präziser kann man den Sachverhalt so formulieren, daß an einer offenen Phase definitionsgemäß nicht adiabatisch Arbeit geleistet werden kann, wie es in § 8 gefordert wird.

b. Wir betrachten eine innerhalb einer geschlossenen Phase ablaufende chemische Reaktion, die symbolisch durch die Gleichung

$$\sum \nu_i X_i = 0 \tag{14.2}$$

dargestellt werde. ν_i wird als der *stöchiometrische Koeffizient des Stoffes i* bezeichnet. Wegen (14.2) sind die Änderungen der Molzahlen aller an der Reaktion beteiligten Stoffe durch die Änderung einer einzigen Molzahl n_i vollständig bestimmt. Der Ablauf der Reaktion kann daher in der Form

$$dn_i = \nu_i \, d\xi \tag{14.3}$$

beschrieben werden, wo ξ als *Reaktionslaufzahl* bezeichnet wird.

Die Größe ξ ist jedoch keine Zustandsvariable. Ihr Gleichgewichtswert ist vollständig durch die zwei Zustandsvariablen des Systems (etwa T und V) bestimmt. Es handelt sich vielmehr um einen „inneren Parameter" (vgl. § 16), der erst bei Abweichungen vom Gleichgewicht selbständige Bedeutung gewinnt. Man kann daher in dem Formalismus von Abschnitt B. innerhalb jeder (geschlossenen) Phase chemische Reaktionen zulassen, da sie explizit überhaupt nicht in Erscheinung treten. Man erhält aber naturgemäß auf diese Weise auch keine Aussagen über das chemische Gleichgewicht.

Man könnte nun daran denken, aus ξ eine quasi-statisch-adiabatisch frei bewegliche Arbeitskoordinate zu machen, indem man die Reaktion durch einen (positiven oder negativen) Katalysator beliebig hemmt und enthemmt. Wir betrachten dazu folgenden Prozeß.[1] Im Anfangszustand (T_1, V_1, ξ_1) sei die Reaktion gehemmt.

a. Durch quasi-statische Änderung von T und V bei konstantem ξ_1 wird das System in den zu ξ_1 gehörenden Gleichgewichtszustand gebracht.

1 R. Haase, Thermodynamik der Mischphasen, Springer, Berlin 1956.

b. Die Reaktion wird enthemmt und läuft quasi-statisch bis zu einem Wert ξ_2 ab. Das ist nur möglich, wenn auch T und V sich quasistatisch ändern.

c. Die Reaktion wird bei dem Wert ξ_2 gehemmt und das System durch quasi-statische Änderung von T und V bei konstantem ξ_2 in den Endzustand (T_2, V_2, ξ_2) gebracht.

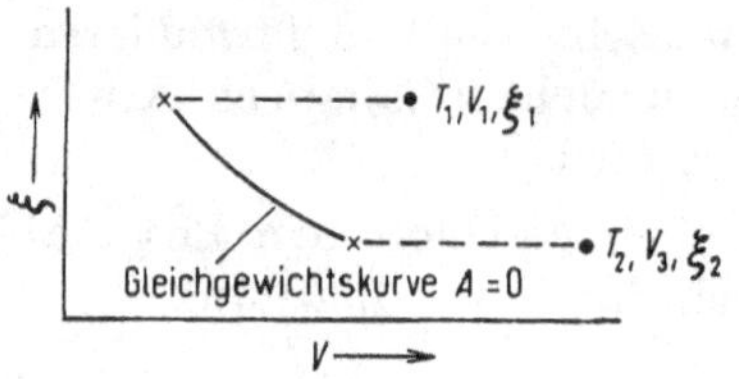

Abb. 8. Quasi-statische Durchführung einer chemischen Reaktion

Die Schwierigkeit liegt jedoch darin, daß die bei diesem quasi-statischen Prozeß geleistete Arbeit sich selbst dann, wenn 1 und 2 beliebig nahe beieinander liegen, nicht allgemein auf einen infinitesimalen Ausdruck reduziert. Tatsächlich kommt man wieder auf das frühere Resultat, wenn man die *Pfaff*sche *Form*

$$dW = -P\,dV - A\,d\xi \tag{14.4}$$

konstruiert, wo A die sog. Affinität ist. Dieselbe wird in § 34 diskutiert werden, wir benötigen hier nur die Tatsache, daß im chemischen Gleichgewicht $A = 0$ ist. Die durch quasi-statisch-adiabatische Prozesse zusammenhängenden Zustände liegen dann jeweils auf einer Lösungsfläche der *Pfaff*schen *Differentialgleichung*

$$dU + P\,dV + A\,d\xi = 0\,. \tag{14.5}$$

Das Beispiel zeigt aber, daß bei allen Teilprozessen entweder $A = 0$ oder $d\xi = 0$ ist, so daß der letzte Term für alle quasi-statisch-adiabatischen Prozesse verschwindet und somit ξ keine Arbeitskoordinate darstellt.

§ 15 Allgemeine Formulierung des II. Hauptsatzes

Die in § 14 skizzierten Schwierigkeiten haben letzten Endes ihren Ursprung darin, daß wir bisher die Massen (oder Molzahlen) der Komponenten nicht als Zustandsgrößen eingeführt haben. Im Rahmen der

*Carathéodory*schen Theorie stößt dies auf Schwierigkeiten, weil die Masse eine adiabatisch gehemmte Variable ist. Auf dem in Abschnitt B, benutzten Wege läßt sich daher nicht zeigen, daß die Entropie als Funktion der Massen existiert.

Man sieht daraus, daß es sich um eine echte Erweiterung der Theorie handelt. Diese Erweiterung mit ihren Konsequenzen bildet den Hauptinhalt der *Gibbs*schen *Thermodynamik*. Es liegt im Wesen der phänomenologischen Theorie, daß eine solche Erweiterung neue empirische Grundlagen erfordert. Man kann dazu zwei Wege einschlagen. Die eine Möglichkeit besteht darin, das Axiomensystem von vornherein so aufzubauen, daß es die Einbeziehung der Massen als Zustandsvariablen ermöglicht. Ein solcher Versuch ist in neuerer Zeit von *Falk* und *Jung* unternommen worden. Die übliche Methode besteht darin, daß man die bisherigen Ergebnisse auf dem Wege der Analogie verallgemeinert und die Gesamtheit der experimentell verifizierbaren Konsequenzen dieses Ansatzes als empirische Grundlage a posteriori betrachtet.

Wir wählen hier einen mittleren Weg, indem wir zwar auf eine strenge Deduktion aus empirischen Axiomen verzichten, aber versuchen, plausibel zu machen, welche Erfahrungstatsache für die Erweiterung der Theorie wesentlich ist und sie rechtfertigt.

Die bisherigen Untersuchungen zeigen, daß für jede geschlossene Phase eine Zustandsfunktion Entropie existiert, für die (bei Beschränkung auf eine Arbeitskoordinate) gilt

$$T\,dS = dU + P\,dV\,. \tag{15.1}$$

Jede der rechts stehenden Zustandsgrößen U und V ist nun mit der Einstellung eines „*Kontaktgleichgewichtes*" verknüpft. Für U ist dies das thermische Gleichgewicht, dessen Einstellung durch eine diathermane Wand ermöglicht wird. Für V ist es das Druckgleichgewicht (mechanisches Gleichgewicht), das sich über eine reibungslos verschiebbare Trennwand einstellen kann. Wir bezeichnen die beiden Teilsysteme, zwischen denen sich das Kontaktgleichgewicht einstellt, wieder mit $'$ und $''$, die Variablen U und V zusammenfassend als *extensive Parameter* X_i. Dann können wir die folgenden wesentlichen Eigenschaften der Kontaktgleichgewichte formulieren:

a. Jedes Kontaktgleichgewicht kann unter adiabatischer Isolierung des Gesamtsystems hergestellt und aufrechterhalten werden.
b. Für die extensiven Parameter gilt dabei ein Erhaltungssatz

$$X_i' + X_i'' = \text{const.} \tag{15.2}$$

c. Die zum Gleichgewicht führenden Vorgänge sind adiabatisch irreversibel.

Für gegebene Werte X_j', X_j'' besitzt daher die Entropie des Gesamtsystems als Funktion von X_i' ein Maximum im Gleichgewicht.

d. Jedes Kontaktgleichgewicht definiert einen *intensiven Parameter* P^* derart, daß im Gleichgewicht

$$P_i^{*\prime} = P_i^{*\prime\prime} \tag{15.3}$$

ist und

$$P_i^* = \frac{\partial S}{\partial X_i} \tag{15.4}$$

gilt.

In Gl. (15.1) ist

$$P_1^* = \frac{1}{T}, \qquad P_2^* = \frac{P}{T}. \tag{15.5}$$

Die vorstehende Formulierung ist deskriptiv. Wir untersuchen nicht die Frage, ob die einzelnen Aussagen unabhängig voneinander sind.

Nach den bisherigen Ergebnissen ist nun die Entropie eine Zustandsfunktion, wobei wir aber bisher nur bestimmte Typen von Zustandsvariablen zugelassen haben. Betrachten wir die obigen Aussagen als hinreichende und notwendige Bedingung für die Existenz einer Zustandsvariablen X_i, so können wir als Grundlage für die Erweiterung der Theorie folgenden Erfahrungssatz formulieren:

Erfahrungssatz

Für die Masse m_k (bzw. die Molzahl n_k) jeder Komponente existiert ein Kontaktgleichgewicht, das die obigen Eigenschaften a.—d. besitzt. Beispiele dafür bieten alle Gleichgewichte zwischen offenen Phasen.

Damit ergibt sich unmittelbar die

allgemeine Formulierung des II. Hauptsatzes.

Für jede Phase α, die m Komponenten enthält, existiert eine Zustandsfunktion

$$S^{(\alpha)} = S^{(\alpha)}(U^{(\alpha)}, V^{(\alpha)}, y_2^{(\alpha)}, \ldots, y_n^{(\alpha)}, n_1^{(\alpha)}, \ldots, n_m^{(\alpha)}) \tag{15.6}$$

genannt die Entropie der Phase, welche folgende Eigenschaften besitzt:

a. Das Differential der Entropie ist durch

$$T^{(\alpha)}\, dS^{(\alpha)} = dU^{(\alpha)} + P^{(\alpha)}\, dV^{(\alpha)} - \sum_{j=2}^{n} Y_j^{(\alpha)}\, dy_j^{(\alpha)} - \sum_{i=1}^{m} \mu_i^{(\alpha)}\, dn_i^{(\alpha)} \tag{15.7}$$

gegeben.

b. Für die Entropie des Gesamtsystems gilt

$$S = \sum_{\alpha} S^{(\alpha)} . \tag{15.8}$$

c. Bei adiabatischer Isolierung des Gesamtsystems gilt

$$dS \geqq 0 \quad \text{(adiabatisch abgeschlossenes System).} \tag{15.9}$$

d. Die Größe $T^{(\alpha)}$ ist eine universelle Funktion der empirischen Temperatur der Phase.

Die Gleichung (15.7) wird als *Gibbs*sche *Fundamentalgleichung* bezeichnet. Die von *Gibbs* eingeführte Größe

$$\mu_i^{(\alpha)} = -T^{(\alpha)} \left(\frac{\partial S^{(\alpha)}}{\partial n_i^{(\alpha)}} \right)_{U^{(\alpha)}, V^{(\alpha)}, y_j^{(\alpha)}, n_{k \neq i}^{(\alpha)}} \tag{15.10}$$

heißt das *chemische Potential* des Stoffes i in der Phase α. Wir haben es, wie es in der phänomenologischen Thermodynamik heute allgemein üblich ist, auf das Mol bezogen. Grundsätzlich kann es auch auf die Masseneinheit (*Gibbs*) oder das Molekül (statistische Mechanik) bezogen werden. Die Anwendbarkeit der Gleichung (15.7) ist nicht auf reversible Prozesse beschränkt (obschon wir uns im wesentlichen darauf beschränken werden). Es gilt hier eine ähnliche Überlegung, wie sie bereits im Anschluß an Gl. (4.24) durchgeführt wurde. Das Kriterium für die Anwendbarkeit ist vielmehr, daß der innere Zustand der Phase in jedem Stadium der Zustandsänderung durch die angeschriebenen Variablen vollständig beschrieben wird. Selbst wenn dies nicht der Fall ist, gilt noch die integrierte Form der Gl. (15.7), wenn Anfangs- und Endzustand des Prozesses durch diese Variablen beschrieben werden.

Es bleibt noch die Frage, wie im Rahmen der obigen Erweiterung der Theorie der I. Hauptsatz zu formulieren ist. Aus den in § 14 erläuterten Gründen sind für offene Systeme sowohl der klassische Gesichtspunkt (Äquivalenz von Wärme und Arbeit) wie der *Caratheodory*sche Gesichtspunkt (Definition der Wärme) gegenstandslos. Man kann zwar die übliche Formulierung retten, wenn man die zugeführte Wärme unabhängig und willkürlich neu definiert. In unserem Zusammenhang bieten diese Überlegungen jedoch kaum Interesse. Es bleibt dann nur die Aussage, daß die innere Energie einer Phase eine Zustandsfunktion ist. Die einfache Meßvorschrift des § 8 ist naturgemäß jetzt nicht mehr anwendbar, und die Frage der experimentellen Bestimmung erfordert eine genauere Untersuchung.

Wir betrachten dazu ein adiabatisch isoliertes System, das aus zwei Teilsystemen $'$ und $''$ besteht. Wenn wir die Bezugszustände fixieren, können die inneren Energien U, U' und U'' nach der Vorschrift des § 8 ermittelt werden. Wir entfernen nun die adiabatische Wand zwischen $'$ und $''$, halten aber die adiabatische Isolierung des Gesamtsystems aufrecht und schließen auch die Leistung äußerer Arbeit aus. Die Teilsysteme $'$ und $''$ werden sich dann unter Änderung der Temperaturen und Drucke vermischen, wobei aber die Gesamtenergie konstant bleibt. Dieser Prozeß kann als Zustandsänderung der offenen Phase $'$ aufgefaßt werden, für welche die Änderung der inneren Energie

$$\Delta U' = U - U' \tag{15.11}$$

ist. Da auf der rechten Seite dieser Gleichung nur meßbare Größen stehen, ist auch die Änderung der inneren Energie einer offenen Phase im Prinzip eine meßbare Größe.

II. Kapitel

Die allgemeinen Gleichgewichts- und Stabilitätsbedingungen

§ 16 Diskussion des Gleichgewichtsbegriffes. Innere Parameter

In § 2 haben wir den Begriff des thermodynamischen Gleichgewichtes bereits in einer vorläufigen Form erläutert. Wir präzisieren ihn jetzt in der

Definition

Ein abgeschlossenes System befindet sich im thermodynamischen Gleichgewicht, wenn darin keine Zustandsänderungen mit meßbarer Geschwindigkeit ablaufen.

Die *Existenz des Gleichgewichts* folgt unmittelbar aus dem Prinzip von *Clausius* und seinen Verallgemeinerungen für andere Ausgleichsvorgänge. Danach sind die in einem abgeschlossenen System ablaufenden Zustandsänderungen irreversibel, d. h. sie können in dem abgeschlossenen System (das jeder äußeren Einwirkung entzogen ist) nur in einer Richtung verlaufen. Daraus folgt bereits, daß solche Vorgänge asymptotisch einem Endzustand zustreben müssen. Dieser Schluß wird noch deutlicher, wenn man (die in dem Prinzip von *Clausius* enthaltene Tatsache) berücksichtigt, daß die betrachteten Prozesse Ausgleichsvorgänge sind, deren „treibende Kraft" die Differenz der intensiven Parameter ist, die mit dem Fortschreiten des Prozesses gegen Null strebt (vgl. § 15).

Der Zusatz „mit meßbarer Geschwindigkeit" besagt, daß von Gleichgewicht nur im Hinblick auf definierte Prozesse und für spezifizierte experimentelle Bedingungen gesprochen werden kann.

Beispiel 1

In einem Volumen V befinde sich H_2, O_2 und H_2O (Dampf) mit inhomogener Stoff- und Temperaturverteilung. Bei Raumtemperatur und in Abwesenheit eines Katalysators laufen die Prozesse der Wärmeleitung und Diffusion mit meßbarer, die Knallgasreaktion mit unmeßbarer Geschwindigkeit ab. Nach Ausgleich der Temperatur- und Konzentrationsdifferenzen ist daher das System für beliebige Massenverhältnisse der drei Stoffe im thermodynamischen Gleichgewicht. Bei Anwesenheit eines Katalysators oder hinreichend hoher Temperatur läuft auch die Knallgasreaktion mit meßbarer Geschwindigkeit ab. Das System befindet sich daher erst dann im thermodynamischen Gleichgewicht, wenn sich auch das chemische Gleichgewicht eingestellt hat.

Beispiel 2

Man weiß, daß die Verteilung der Nukleonen auf die Kerne nicht einem thermodynamischen Gleichgewicht entspricht. Da aber unter den Bedingungen, mit denen es die Thermodynamik gewöhnlich zu tun hat, thermische Kernprozesse nicht mit meßbarer Geschwindigkeit ablaufen, kann diese Tatsache völlig vernachlässigt werden.

Der Begriff „absolutes Gleichgewicht" oder „Gleichgewicht im Hinblick auf alle denkbaren Prozesse" hat daher keine physikalische Bedeutung.

Eine besondere Schwierigkeit tritt bei gewissen festen Stoffen (z. B. Gläsern, Legierungen) auf. Unter den Versuchsbedingungen laufen Zustandsänderungen zwar unmeßbar langsam ab, aber die Eigenschaften des Systems hängen von seiner Vorgeschichte ab. Die Frage nach der Anwendbarkeit der Thermodynamik erfordert dann eine genauere Untersuchung. Auf dieses Problem kann hier nicht eingegangen werden.

Der in § 15 entwickelte Formalismus ermöglicht die Beschreibung von Gleichgewichts- und Nichtgleichgewichtszuständen zwischen verschiedenen Phasen. Es bleibt noch die Frage, wie etwa die Einstellung des thermodynamischen Gleichgewichtes in einem flüssigen Einkomponentensystem zu beschreiben ist. Wenn ein solches System nicht im thermodynamischen Gleichgewicht ist (wir sehen hier von äußeren Feldern ab!), hat es im allgemeinen örtliche Inhomogenitäten und ist daher nach der allgemeinen Definition des § 2 keine Phase. Man muß dann durch Grenzübergang die Aussagen des § 15 auf unendlich kleine, als homogen betrachtete Volumenelemente anwenden. Die Zustandsgrößen des § 15 werden dann Feldgrößen, was auf den Formalismus der Thermodynamik irreversibler Prozesse führt. In der gewöhnlichen Thermodynamik wird von diesem Formalismus explizit kein Gebrauch gemacht. Wir werden also die Phasen stets als makroskopisch voraussetzen. Es bleiben auch dann noch gewisse Möglichkeiten der Abweichung vom thermodynamischen Gleichgewicht, welche durch ortsunabhängige *innere Parameter* beschrieben werden.

Das wichtigste Beispiel eines inneren Parameters ist die in § 14 eingeführte *Reaktionslaufzahl* ξ. Die hier wesentlichen Eigenschaften der inneren Parameter sind:

a. Die inneren Parameter sind keine Zustandsvariablen im Sinne der Definition des § 2.

b. Jeder innere Parameter läßt sich durch die in der Fundamentalgleichung (15.7) auftretenden Variablen in Verbindung mit gewissen Nebenbedingungen ausdrücken.

Die Aussage a. ergibt sich unmittelbar aus der für die Reaktionslaufzahl bereits in § 14 erwähnten Tatsache, daß im Gleichgewicht der zu ξ nach Gl. (15.4) konjugierte intensive Parameter (die Affinität A) identisch verschwindet.

Die Aussage b. ergibt sich für die Reaktionslaufzahl unmittelbar aus den Gleichungen (14.2) und (14.3). Die meisten inneren Parameter lassen sich auf „verallgemeinerte chemische Reaktionen“ zurückführen, d. h. sie lassen sich durch Gleichungen einführen, die formal mit (14.2) und (14.3) identisch sind. In solchen Fällen lassen sich die inneren Parameter daher ebenfalls durch Molzahlen und geeeignete Nebenbedingungen ausdrücken. Es kann aber auch vorkommen, daß ein innerer Parameter durch andere Variable, die in Gleichung (15.7) auftreten, und entsprechende Nebenbedingungen ausgedrückt wird.

Nach a. sind somit innere Parameter nur außerhalb des Gleichgewichts unabhängige Variable. Das entspricht einfach der schon in § 2 erwähnten Tatsache, daß die Zahl der Meßgrößen, die einen Zustand vollständig beschreiben, im Gleichgewicht kleiner ist als in jedem Nichtgleichgewichtszustand. Nach b. kann der Variablensatz der Fundamentalgleichung (15.7) auch für diesen Fall beibehalten werden, wenn man Nebenbedingungen zuläßt. Da wir aber die Entropie als eine Funktion im Zustandsraum, d. h. unter der Voraussetzung des inneren Gleichgewichtes definiert haben, bleibt noch die Frage zu beantworten, ob für die erwähnten Abweichungen vom Gleichgewicht die Entropie definierbar ist.

Wir erläutern das Problem an dem einfachen Beispiel der homogenen Reaktion (Dissoziation)

$$A \rightarrow B + C\,. \tag{16.1}$$

Das System, das nur die Komponenten A, B und C enthalten soll, sei adiabatisch isoliert und das Volumen als einzige Arbeitskoordinate fixiert. Nehmen wir zunächst an, daß die Reaktion (16.1) durch einen negativen Katalysator gehemmt ist, so existiert sicherlich die Entropie in der Form

$$S = S(U, V, n_A, n_B, n_C) \,. \tag{16.2}$$

Die Hemmung werde nun für kurze Zeit entfernt, so daß ein infinitesimaler Umsatz stattfinden kann, und dann wieder eingeführt. Nach dem II. Hauptsatz nimmt bei diesem Umsatz die Entropie zu. Da das System am Schluß wieder im inneren Gleichgewicht ist, gilt nach (15.7) und (16.1) für die Zunahme der Entropie

$$T\,dS = \mu_A\,dn_A - \mu_B\,dn_B - \mu_C\,dn_C \,, \qquad (U = \text{const.},\; V = \text{const.}). \tag{16.3}$$

Führen wir nach § 14 die Reaktionslaufzahl ξ und die Affinität A ein, so lautet die Gleichung (16.3)

$$T\,dS = A\,d\xi \,, \qquad (U = \text{const.},\; V = \text{const.}). \tag{16.4}$$

Wir haben damit für ein homogenes System Entropieänderungen auch außerhalb des chemischen Gleichgewichts definiert.

Die vorstehende Überlegung läßt sich ohne weiteres für andere innere Parameter verallgemeinern. Sie beruht darauf, daß einmal von Gleichgewicht nur im Hinblick auf definierte Prozesse gesprochen werden kann, andererseits durch Einführung einer Hemmung die Zahl der Zustandsvariablen erhöht wird.

Es wäre natürlich absurd, anzunehmen, daß bei den obigen Überlegungen die Entropie jeweils durch Einführung der Hemmung „geschaffen" würde. Die Einführung der Hemmung ist lediglich ein gedankliches Hilfsmittel, das die Definition der Entropie außerhalb des Gleichgewichtes im Anschluß an die bisherigen Ergebnisse ermöglicht. Sie spielt hier eine ähnliche Rolle wie bei der Definition der ungleichförmigen Geschwindigkeit das Anlegen der Tangente an die Weg-Zeit-Kurve. Die Frage, ob die Hemmungen in jedem Falle tatsächlich durchführbar sind, ist daher für das weitere ohne Bedeutung.

Die Einführung der inneren Parameter ist nicht auf homogene Phasen beschränkt. Zunächst sieht man leicht, daß der Begriff der *Reaktionslaufzahl* sich auch für heterogene Reaktionen verallgemeinern läßt. Auch in anderen Fällen kann man für ein heterogenes System einen oder mehrere innere Parameter einführen, wenn die Variationen der Zustandsvariablen durch Nebenbedingungen beschränkt sind. In § 17 geben wir dafür ein einfaches Beispiel.

Wir haben nunmehr die Entropie auch für alle Nichtgleichgewichtszustände, die wir zu betrachten haben, definiert. Damit kann die Wachstumseigenschaft der Entropie dazu benutzt werden, um die Bedingungen für das thermodynamische Gleichgewicht zu formulieren. Dieses Problem behandeln wir in dem folgenden Paragraphen.

§ 17 Die Gibbsschen Gleichgewichtsbedingungen

Eines der Hauptprobleme der Thermodynamik ist die explizite Formulierung der Bedingungen des thermodynamischen Gleichgewichtes für die verschiedensten Spezialfälle (z. B. Dampfdruck-Gleichgewicht, osmotisches Gleichgewicht, chemische Gleichgewichte). Die ältere Methode zur Lösung dieses Problems (die in Europa noch bis etwa 1930 ziemlich verbreitet gewesen ist) bestand darin, daß man für jedes Spezialproblem einen reversiblen Kreisprozeß konstruierte.

Dieses Verfahren hat wichtige Ergebnisse geliefert. Es ist aber nicht nur umständlich, sondern führt auch leicht zu Fehlern. Heute hat sich daher allgemein die *Gibbs*sche Methode durchgesetzt, die von einer ganz allgemeinen Formulierung der Gleichgewichtsbedingungen ausgeht und daraus auf rein mathematischem Wege alle Spezialfälle deduziert.

Rein formal knüpft die *Gibbs*sche Formulierung der Gleichgewichtsbedingung an die Extremalprinzipien der Mechanik an. Sie kann daher wie diese auch unter axiomatischem Gesichtspunkt betrachtet werden. Wir werden diesen Gesichtspunkt nicht weiter verfolgen; es erklärt sich aber daraus, daß wir aus der *Gibbs'*schen Formulierung manches deduzieren werden, was wir bereits in Kapitel I als Erfahrungstatsache eingeführt haben. Im folgenden geben wir zunächst die mathematische Formulierung der Gleichgewichtsbedingungen, anschließend einige Erläuterungen und Beweise, soweit dieselben nicht schon in Kapitel I enthalten sind.

Die *Gibbs*schen *Gleichgewichtsbedingungen* lauten:

Für das Gleichgewicht eines geschlossenen Systems, dessen Arbeitskoordinaten fixiert sind, ist notwendig und hinreichend, daß entweder

$$(\delta S)_U \leqq 0 \tag{17.1}$$

oder

$$(\delta U)_S \geqq 0 \tag{17.2}$$

ist.

Erläuterungen

a. Das Symbol δ bezeichnet eine virtuelle Verrückung im Sinne der analytischen Mechanik. Es stellt also hier eine gedachte Zustandsänderung dar, die infinitesimal von der ersten Ordnung ist und folgenden Bedingungen genügt:

α. Die Zustandsänderung muß möglich, d. h. mit den allgemeinen Bedingungen des Systems vereinbar sein (vgl. b.).

β. Sie ist keine Funktion der Zeit.

γ. Die Entropie ist auch für den variierten Zustand definiert.

b. Die Bedingungen des Systems sind zunächst durch die Definition *geschlossenes System mit fixierten Arbeitskoordinaten* festgelegt. Darüber hinaus besagt der Index U, daß bei der Variation die innere Energie konstant bleiben soll. Das impliziert aber dann, daß die Bedingung für die Entropie (17.1) sich tatsächlich auf ein abgeschlossenes System bezieht. Die Bedingung a.α schließt ferner noch im besonderen aus

α. Zustandsänderungen, die durch Hemmungen verhindert werden (z. B. die Knallgasreaktion bei Raumtemperatur in Abwesenheit eines Katalysators)

β. Zustandsänderungen, bei denen die Entropie adiabatisch isolierter Teilsysteme vermindert wird.

Im Falle der Gleichgewichtsbedingung (17.2) ist jedoch das System *nicht abgeschlossen*, da hier die Nebenbedingung konstante Entropie fordert, was nicht eine adiabatische Isolierung impliziert. Übrigens wäre (17.2) für ein abgeschlossenes System sinnlos, da hier eine Variation der inneren Energie nicht möglich ist.

c. Das Gleichheitszeichen in (17.1) bedeutet, daß die Entropie als Funktion der betrachteten Variablen im Gleichgewicht einen stationären Wert besitzt. Da (17.1) nur die Variation erster Ordnung enthält, wird keine Aussage darüber gemacht, ob der stationäre Wert ein Maximum oder ein Minimum ist. Auf diese Frage werden wir in § 18 zurückkommen.

Das Ungleichheitszeichen (das häufig mißverstanden wird) bezieht sich auf den Fall, daß nur einseitige virtuelle Verrückungen möglich sind und somit nicht entschieden werden kann, ob der Gleichgewichtswert der Entropie ein stationärer Punkt im mathematischen Sinne ist.

Wir erläutern die Verhältnisse an einem Beispiel[1]) und betrachten dazu die Verteilung eines Stoffes i zwischen zwei Phasen ′ und ″. Im besonderen kann man an die Verteilung eines Stoffes zwischen zwei nicht mischbaren Lösungsmitteln (in guter Näherung etwa Benzol und Wasser) denken. Die Verteilung kann durch den Parameter

$$\xi = \frac{n'_i}{n''_i} \tag{17.3}$$

beschrieben werden. Zwei Fälle sind zu unterscheiden:

α. Der Stoff i kommt im Gleichgewicht in beiden Phasen vor. Der Gleichgewichtswert ξ_{Gl} ist dann positiv endlich. (Beispiel: Verteilung von Benzoesäure auf Wasser und Benzol.) Die Funktion $S(\xi)$ ist daher sowohl für $\xi < \xi_{Gl}$ wie für $\xi > \xi_{Gl}$ physikalisch sinnvoll. Es sind daher virtuelle Verrückungen nach beiden Seiten von ξ_{Gl} möglich. In diesem Falle sagt (17.1) aus, daß ξ_{Gl} ein stationärer Punkt der Funktion $S(\xi)$ ist (Abb. 9).

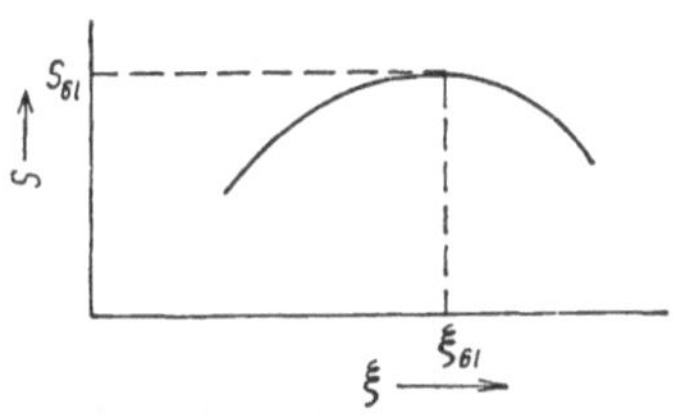

Abb. 9. Zur Erläuterung der Gleichgewichtsbedingung

Für einen stationären Punkt muß nämlich

$$\left(\frac{\partial S}{\partial \xi}\right)_{Gl} = 0 \tag{17.4}$$

sein. Die Variation erster Ordnung ist daher (bei Konstanz aller übrigen Variablen)

$$\delta S = \left(\frac{\partial S}{\partial \xi}\right)_{Gl} \delta\xi = 0\,. \tag{17.5}$$

β. Der Stoff i kommt im Gleichgewicht nur in einer Phase, etwa in ″ vor. Der Gleichgewichtswert ξ_{Gl} ist dann Null [Beispiel (näherungsweise): Verteilung von Naphthalin auf Wasser und Benzol]. In diesem Falle ist die $S(\xi)$-Kurve für $\xi < \xi_{Gl}$ physikalisch sinnlos. Es sind daher nur virtuelle Verrückungen mit $\delta\xi > 0$ möglich (Abb. 10).

---

1 R. Haase, Thermodynamik der Mischphasen, Springer, Berlin 1956.

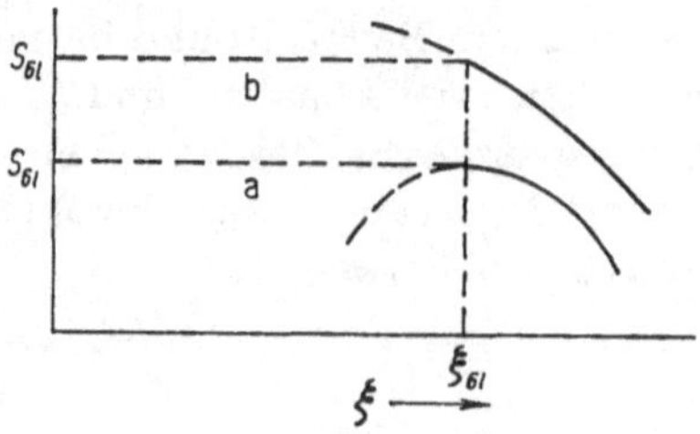

Abb. 10. Zur Erläuterung der Gleichgewichtsbedingung

In diesem Falle sagt (17.1) aus, daß bei der virtuellen Verrückung δS entweder Null oder negativ ist. Aus der Abbildung sieht man nämlich, daß die Ableitung im Punkt ξ_{Gl} entweder Null oder negativ sein kann. Es ist somit auch hier möglich, aber nicht notwendig, daß ξ_{Gl} ein stationärer Punkt ist.

Es ist also

$$\left(\frac{\partial S}{\partial \xi}\right)_{Gl} \leqq 0 \tag{17.6}$$

und damit

$$\delta S = \left(\frac{\partial S}{\partial \xi}\right)_{Gl} \delta \xi \leqq 0 \,. \tag{17.7}$$

Die hier verwendete Größe ξ ist für das Gesamtsystem ein *innerer Parameter* im Sinne des § 16. Man kann an diesem einfachen Beispiel leicht sehen, wie sich derselbe auf die Zustandsvariablen des § 15 zurückführen läßt. Wir wählen also als Variable die Molzahlen n_i' und n_i''. Da das System abgeschlossen ist, gilt aber die Nebenbedingung, daß bei allen virtuellen Verrückungen die Summe $n_i' + n_i''$ konstant bleiben muß. Damit stellt sich der Fall α. jetzt in folgender Weise dar.

α'. $$\delta S = \delta S' + \delta S'' = \left(\frac{\partial S'}{\partial n_i'}\right)_{Gl} \delta n_i' + \left(\frac{\partial S''}{\partial n_i''}\right)_{Gl} \delta n_i'' \tag{17.8}$$

mit der Nebenbedingung

$$\delta n_i' + \delta n_i'' = 0 \,. \tag{17.9}$$

Im Falle β. haben wir in dieser Darstellung

β'. $$\delta S = \delta S' + \delta S'' = \left(\frac{\partial S'}{\partial n_i'}\right)_{Gl} \delta n_i' + \left(\frac{\partial S''}{\partial n_i''}\right)_{Gl} \delta n_i'' \tag{17.10}$$

mit den Nebenbedingungen

$$\delta n_i' + \delta n_i'' = 0 \,, \quad \delta n_i' > 0 \,, \quad \delta n_i'' < 0 \,. \tag{17.11}$$

Diese Formulierungen zeigen explizit, daß die Gleichgewichtsbedingung im allgemeinen die Form eines Extremalproblems mit Nebenbedingungen hat.

Wir haben hier das Problem der Stoffverteilung wegen seiner Übersichtlichkeit als Beispiel gewählt. Tatsächlich spielt hier der Fall β. praktisch überhaupt keine Rolle. Wir werden ihn (obwohl er von *Gibbs* eingehend behandelt worden ist) bei expliziten Rechnungen im allgemeinen nicht mehr berücksichtigen. Er ist aber bei chemischen Reaktionen von Interesse (§ 36) und tritt auch auf bei gewissen inneren Parametern, die in der statistischen Thermodynamik eingeführt werden (z. B. Fernordnungsgrad binärer Mischkristalle). Seine Erörterung ist daher nicht nur durch historische Gründe gerechtfertigt.

Beweise:

Die Gleichgewichtsbedingung (17.1) folgt unmittelbar aus dem II. Hauptsatz, Aussage (15.9) und der Definition des Gleichgewichtes in § 16. Wir können daher einen nochmaligen Beweis, daß die Bedingung hinreichend und notwendig ist, hier übergehen. Es ist aber zu beachten, daß im Falle des Gleichheitszeichens (17.1) nur einen Teil der Aussagen von (15.9) enthält, da lediglich gesagt wird, daß im Gleichgewicht die Entropie einen stationären Wert annehmen muß. Die Möglichkeit einer solchen Zerlegung (die zuerst von *Gibbs* durchgeführt wurde) beruht auf der Formulierung als Extremalprinzip. Sie hat sich als außerordentlich fruchtbar für die Thermodynamik erwiesen.

Die Gleichgewichtsbedingung (17.2) folgt dagegen nicht unmittelbar aus (15.9). Wir beweisen daher, daß sie eine der Bedingung (17.1) äquivalente Formulierung darstellt. Der Beweis benutzt die beiden folgenden Tatsachen:

α. Definitionsgemäß ist das System nicht abgeschlossen. Wenn nicht (wie im Falle der Formulierung (17.1)) zusätzliche Bedingungen auferlegt werden, ist also stets Zuführung und Entzug von Wärme möglich.

β. Nach α. ist es stets möglich, durch Zuführung oder Entzug von Wärme Energie und Entropie des Systems gleichzeitig zu vermehren oder gleichzeitig zu vermindern.

Beweis der Äquivalenz von (17.1) und (17.2).

a. Die Bedingung (17.1) sei nicht gültig. Dann muß es eine virtuelle Verrückung geben, für die

$$\delta S > 0; \qquad \delta U = 0 \tag{17.12}$$

ist. Von diesem variierten Zustand II ausgehend kann man aber durch gleichzeitige Verminderung von Energie und Entropie einen Zustand III erreichen, für den (wenn er als Variation des Anfangszustandes I betrachtet wird) gilt

$$\delta S = 0; \qquad \delta U < 0\,. \tag{17.13}$$

Damit ist aber auch die Bedingung (17.2) verletzt (Abb. 11a).

b. Die Bedingung (17.2) sei nicht gültig.
Es muß dann eine Variation geben, für die

$$\delta U < 0; \qquad \delta S = 0 \tag{17.14}$$

ist. Von diesem variierten Zustand II ausgehend kann durch gleichzeitige Vermehrung von Energie und Entropie ein Zustand III erreicht werden, für den (wenn er als Variation des Anfangszustandes I betrachtet wird) gilt

$$\delta U = 0; \qquad \delta S > 0\,. \tag{17.15}$$

Es ist daher auch die Bedingung (17.1) verletzt (Abb. 11b). Damit ist die Äquivalenz von (17.1) und (17.2) bewiesen.

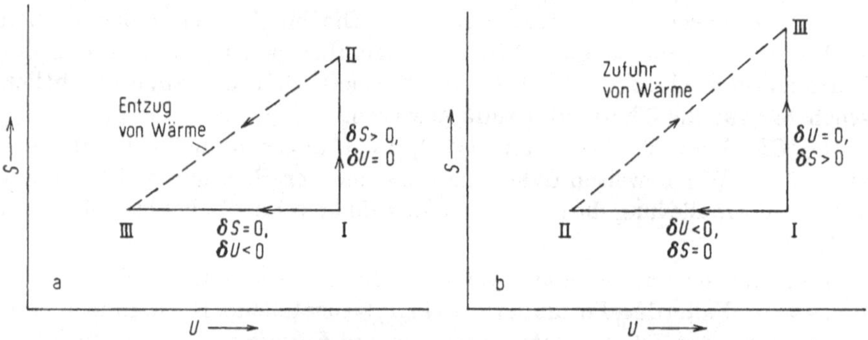

Abb. 11. Zum Beweis der Äquivalenz von (17.1) und (17.2)

Die Tatsache, daß die Aussagen des II. Hauptsatzes sich auch mit Hilfe der inneren Energie darstellen lassen, wenn man dafür die Entropie als unabhängige Zustandsvariable wählt, ist von *Gibbs* entdeckt worden. Sie zeigt, daß die Aufgliederung in I. und II. Hauptsatz im Grunde willkürlich und lediglich historisch zu verstehen ist (vgl. die Diskussion des I. Hauptsatzes in § 8). Die Benutzung der inneren Energie als Zustandsfunktion und der Entropie als unabhängige Zustandsvariable führt darüber hinaus, wie wir in Kapitel III sehen werden, zu einer Vereinfachung des formalen Apparates.

§ 18 Die Stabilitätsbedingungen

Wir haben bereits mehrfach bemerkt, daß die Gleichgewichtsbedingungen (17.1) bzw. (17.2) (im Falle des Gleichheitszeichens) lediglich die Aussage enthalten, daß im Gleichgewicht für die angegebenen Bedingungen die Entropie bzw. die innere Energie einen stationären Wert besitzt. Diese Situation entspricht genau den Verhältnissen in der Mechanik, wo die Definition des Gleichgewichtes noch die Frage offenläßt, ob es sich um ein stabiles, instabiles, neutrales oder metastabiles Gleichgewicht handelt.

Formal beruht diese Beschränkung darauf, daß (17.1) bzw. (17.2) nur die Variationen erster Ordnung enthalten, d. h. daß die *Taylor-Entwicklungen* (17.5) und (17.8) mit dem linearen Glied abgebrochen werden. Um alle Aussagen des II. Hauptsatzes für die Formulierung der Gleichgewichtsbedingungen auszunutzen, müssen daher noch die Variationen höherer Ordnung in Betracht gezogen werden. Tatsächlich haben für die Thermodynamik, wie wir später (Kapitel VI) sehen werden, nur noch die Variationen zweiter Ordnung praktische Bedeutung. Wir lassen dies vorläufig außeracht und schreiben für die mit Berücksichtigung der Variationen höherer Ordnung definierte *virtuelle Verrückung* das Symbol Δ. In Analogie zur Mechanik unterscheidet man dann die folgenden Fälle:

a. *Stabiles Gleichgewicht*

Für alle virtuellen Verrückungen gilt

$$(\Delta S)_U < 0 \tag{18.1}$$

oder

$$(\Delta U)_S > 0\,. \tag{18.2}$$

Im stabilen Gleichgewicht hat somit für die angegebenen Bedingungen die Entropie ein Maximum (bzw. den größtmöglichen Wert) oder die innere Energie ein Minimum (bzw. den kleinstmöglichen Wert). Dies ist die Aussage des II. Hauptsatzes.

b. *Instabiles Gleichgewicht*

Es gibt virtuelle Verrückungen, für die

$$(\Delta S)_U > 0 \tag{18.3}$$

oder

$$(\Delta U)_S < 0 \tag{18.4}$$

gilt.

In diesem Fall ist für die betrachteten Verrückungen der stationäre Wert der Entropie ein Minimum, der der inneren Energie ein Maximum.

Instabile Gleichgewichte sind physikalisch nicht realisierbar. Diese auf der Grundlage phänomenologischer Argumente gelegentlich angezweifelte Behauptung läßt sich im Rahmen der statistischen Thermodynamik beweisen.

c. *Neutrales Gleichgewicht*

Es gibt virtuelle Verrückungen, für die

$$(\Delta S)_U = 0 \tag{18.5}$$

oder

$$(\Delta U)_S = 0 \tag{18.6}$$

ist. Dieser Fall ist prinzipiell möglich, kann aber erst später (Kapitel VI) erläutert werden.

d. *Metastabiles Gleichgewicht*

Man versteht darunter den Fall, daß ein Gleichgewicht stabil in bezug auf infinitesimal benachbarte Zustände, aber instabil in bezug auf endlich entfernte Zustände ist. Ein bekanntes Beispiel dafür bietet die unterkühlte Flüssigkeit. Im Rahmen der Theorie der thermodynamischen Stabilität hat dieser Fall keine selbständige Bedeutung. Der zugrunde liegende Sachverhalt läßt sich besser durch den Begriff der Hemmung erfassen.

III. Kapitel

Thermodynamische Potentiale und Massieu-Plancksche Funktionen

§ 19 Exkurs: Legendre-Transformationen. Homogene Funktionen und Eulerscher Satz

Für den Aufbau des formalen Apparates der Thermodynamik benötigen wir noch einige mathematische Hilfsmittel, die wir in diesem Paragraphen entwickeln.

a. *Legendre-Transformationen*

Wir betrachten folgendes Problem: Es sei eine Funktion

$$y = y(x_1, \ldots, x_n) \tag{19.1}$$

gegeben. Gesucht ist eine Transformation, welche

α. eine oder mehrere der Ableitungen

$$p_i \equiv \frac{\partial y}{\partial x_i} \tag{19.2}$$

als unabhängige Variable einführt

β. umkehrbar eindeutig ist.

Die Forderung β. besagt, daß bei Vorgabe der transformierten Funktion daraus die ursprüngliche Funktion (19.1) eindeutig rekonstruierbar sein muß. Es wird also, mit anderen Worten, gefordert, daß bei der Transformation der mathematische Inhalt (bzw. die entsprechende physikalische Information) von (19.1) erhalten bleibt.

Wir erläutern das Problem und seine Lösung zunächst am Beispiel einer Variablen. Wir haben dann als Ausgangsfunktion

$$y = y(x) \,. \tag{19.3}$$

Diese Gleichung stellt eine Kurve in der x, y-Ebene dar, deren Neigung für jeden x-Wert durch

$$p = \frac{dy}{dx} \equiv y'(x) \tag{19.4}$$

gegeben ist. Man könnte zunächst daran denken, das Problem einfach durch Eliminierung von x aus Gl. (19.3) und (19.4) zu lösen. Man erhält dann in der Tat y als Funktion von p, also

$$y = y(p) \,. \tag{19.5}$$

Wenn man aber aus (19.5) die Ausgangsfunktion (19.3) zurückgewinnen will, sieht man, daß diese Aufgabe nicht eindeutig lösbar ist und somit die Bedingung β. verletzt ist.

Formal beruht dies einfach darauf, daß (19.5) eine Differentialgleichung erster Ordnung ist, deren Lösung eine Kurvenschar in der x, y-Ebene darstellt. Beim Übergang von (19.3) zu (19.5) geht also ein Teil des mathematischen Inhaltes von (19.3) verloren. Die den Bedingungen α. und β. genügende Lösung des Problems beruht auf der Tatsache, daß eine Kurve in der x, y-Ebene einerseits aufgefaßt werden kann als der geometrische Ort der Punkte (x, y), welche der Gleichung (19.3) genügen, andererseits als die *Enveloppe* der Schar ihrer Tangenten.

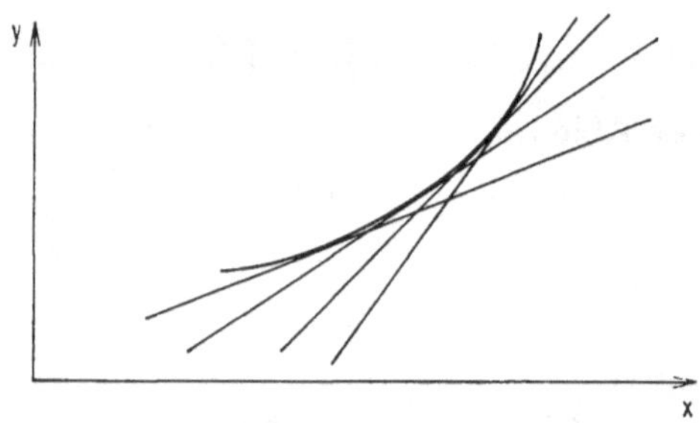

Abb. 12. Kurve als *Enveloppe* der Schar ihrer Tangenten

Eine Gleichung, welche die Schar der Tangenten bestimmt, ist daher mathematisch der Gl. (19.3) äquivalent. Bezeichnen wir daher die Neigung der Tangente mit p, ihren Ordinatenschnitt mit ψ, so stellt die Gleichung

$$\psi = \psi(p) \tag{19.6}$$

die jedem Wert von p einen Wert von ψ zuordnet, bereits die formale Lösung des Problems dar. Da nämlich (19.6) die Schar der Tangenten an die Kurve (19.3) darstellt, ist p durch Gl. (19.4) definiert und damit α. erfüllt, ferner sind die Darstellungen (19.3) und (19.6) einander umkehrbar eindeutig zugeordnet, womit auch β. erfüllt ist. Es bleibt noch die explizite Berechnung der Funktion (19.6) aus (19.3). Wir betrachten dazu eine Tangente an die Kurve (19.3) im Punkte (x, y), welche die

Neigung p und den Ordinatenschnitt ψ besitzt. Dann ist definitionsgemäß

$$p = \frac{y - \psi}{x} \tag{19.7}$$

oder

$$\psi = y - p\,x\,. \tag{19.8}$$

Werden nun aus den Gl. (19.3), (19.4) und (19.8) die Größen x und y eliminiert, so erhält man die gesuchte Beziehung zwischen ψ und p. Man sieht leicht, daß aus (19.6) durch Umkehrung des Prozesses in der Tat wieder (19.3) erhalten wird. Aus (19.8) folgt durch Differentiation mit Berücksichtigung von (19.4)

$$d\psi = -\,p\,dx - x\,dp + dy = -\,x\,dp \tag{19.9}$$

oder

$$-\,x = \frac{d\psi}{dp}\,. \tag{19.10}$$

Werden aus den Gl. (19.6), (19.8) und (19.10) die Variablen ψ und p eliminiert, so erhält man wieder (19.3). Die Eliminierung der Variablen ist nur möglich, wenn p eine Funktion von x ist. Entwickelt man (19.4) in eine *Taylor-Reihe* gemäß

$$\Delta p = \frac{dp}{dx}\,\Delta x + \cdots, \tag{19.11}$$

so erhält man als hinreichende Bedingung

$$\frac{dp}{dx} \neq 0 \tag{19.12}$$

oder

$$\frac{d^2y}{dx^2} \neq 0\,; \qquad \frac{d^2\psi}{dp^2} \neq 0\,. \tag{19.13}$$

Diese Bedingungen reichen für die meisten Anwendungen aus. Die wenigen Spezialfälle, in denen sie nicht erfüllt sind, erfordern eine besondere Diskussion.

Wir stellen nun das beschriebene Verfahren noch einmal schematisch dar.

$$\left.\begin{array}{ll} y = y(x)\,, & \psi = \psi(p)\,, \\[4pt] p = \dfrac{dy}{dx}\,, & -\,x = \dfrac{d\psi}{dp}\,, \\[4pt] \psi = -\,p\,x + y\,, & y = x\,p + \psi\,. \end{array}\right\} \tag{19.14}$$

Eliminierung von x und y ergibt	Eliminierung von p und ψ ergibt
$\psi = \psi(p)$	$y = y(x)\,.$

Die durch die vorstehenden Gleichungen definierte Transformation $y(x) \rightleftharpoons \psi(p)$ wird als *Legendre-Transformation* bezeichnet. $\psi(p)$ heißt die Legendre-Transformierte von $y(x)$. Die Legendre-Transformation ist ein Spezialfall der Berührungstransformationen. Sie kommt in der klassischen Mechanik beim Übergang von der *Lagrange*schen zur *Hamilton*schen Formulierung vor. Die für uns wesentliche Eigenschaft ist die folgende:

Durch die Legendre-Transformation wird *nicht* jedem Punkt der x, y-Ebene ein Punkt der ψ, p-Ebene, wohl aber jedem Punkt der Kurve $y(x)$ ein Punkt der Kurve $\psi(p)$ umkehrbar eindeutig zugeordnet.

Die Verallgemeinerung dieser Überlegungen für die Funktion (19.1) von n unabhängigen Variablen erfordert die Übertragung der geometrischen Betrachtung von der Ebene auf den $(n+1)$-dimensionalen Raum, die keinerlei Schwierigkeiten macht. Wir werden sie daher nicht im einzelnen durchführen, sondern lediglich die Formeln angeben. Dabei ziehen wir noch die für die Anwendungen besonders wichtige Möglichkeit in Betracht, daß nur ein Unter-Satz $(x_1, \ldots, x_k)$ des vollständigen Satzes $(x_1, \ldots, x_n)$ transformiert wird. Geometrisch bedeutet dies, daß die Transformation in einem $(k+1)$-dimensionalen Unter-Raum des $(n+1)$-dimensionalen Raumes durchgeführt wird, wobei naturgemäß der Unter-Raum die Koordinate y enthalten muß. Bei dieser k-fachen Legendre-Transformation sind die Variablen $x_{k+1}, \ldots, x_n$ als Parameter zu betrachten. Wir haben dann das folgende [zu (19.14) analoge] Schema

$$\left.\begin{aligned}
&y = y(x_1, \ldots, x_k, \ldots, x_n)\,, && \psi = \psi(p_1, \ldots, p_k, x_{k+1}, \ldots, x_n)\,,\\
&p_i = \frac{\partial y}{\partial x_i}\,, && -x_i = \frac{\partial \psi}{\partial p_i} \quad (i \leqq k)\,,\\
&dy = \sum_{i=1}^{n} p_i\, dx_i\,, && p_j = \frac{\partial \psi}{\partial x_j} \quad (j > k)\,,\\
&\psi_k = y - \sum_{i=1}^{k} p_i\, x_i\,, && d\psi = -\sum_{i=1}^{k} x_i\, dp_i + \sum_{j=k+1}^{n} p_j\, dx_j\,,\\
& && y = \psi + \sum_{i=1}^{k} x_i\, p_i\,.
\end{aligned}\right\} \tag{19.15}$$

Eliminierung von y und $x_1, \ldots, x_k$ ergibt	Eliminierung von ψ und $p_1, \ldots, p_k$ ergibt
$\psi = \psi(p_1, \ldots, p_k, x_{k+1}, \ldots, x_n)$	$y = y(x_1, \ldots, x_k, \ldots, x_n)$.

In diesem allgemeinen Fall lautet die hinreichende Bedingung für die Existenz der Transformation

$$\frac{\partial(p_1, \ldots, p_k)}{\partial(x_1, \ldots, x_k)} = \left|\frac{\partial^2 y}{\partial x_i\, \partial x_j}\right| \neq 0 \qquad (i, j \leqq k)\,. \tag{19.16}$$

Die *Jakobi*sche *Determinante* der p_i und x_i muß also von Null verschieden sein.

b. *Homogene Funktionen und Eulerscher Satz.*

Definition

Wenn eine Funktion

$$\varphi = \varphi(x_1, \ldots, x_n) \tag{19.17}$$

die Gleichung

$$\varphi(\alpha\, x_1, \ldots, \alpha\, x_n) = \alpha^l\, \varphi(x_1, \ldots, x_n) \tag{19.18}$$

erfüllt, wo l eine positive ganze Zahl ist, wird sie homogen vom l-ten Grade genannt.

Eulerscher Satz

Für homogene Funktionen l-ten Grades gilt

$$l\, \varphi(x_1, \ldots, x_n) = \sum_{i=1}^{n} \frac{\partial\varphi}{\partial x_i}\, x_i\,. \tag{19.19}$$

Beweis

Differenziert man die Definitionsgleichung (19.18) nach α, so wird

$$\sum_{i=1}^{n} \frac{\partial\varphi}{\partial(\alpha\, x_i)}\, \frac{\partial(\alpha\, x_i)}{\partial\alpha} = l\, \alpha^{l-1}\, \varphi(x_1, \ldots, x_n)\,. \tag{19.20}$$

Diese Beziehung muß für jeden Wert von α gelten. Setzen wir $\alpha = 1$, so folgt unmittelbar die Gl. (19.19).

Im Rahmen der Thermodynamik hat nur der Fall der homogenen Funktionen ersten Grades, $l = 1$, Bedeutung.

§ 20 Die Fundamentalgleichung. Extensive und intensive Parameter. Zustandsgleichungen. Gibbs-Duhemsche Gleichung

Wir wollen jetzt die *Gibbs*sche *Fundamentalgleichung* (19.7) noch etwas näher erörtern. Der Einfachheit halber beschränken wir uns auf das Volumen als einzige Arbeitskoordinate. Den hier unwichtigen Phasenindex lassen wir fallen. Wir schreiben also die Fundamentalgleichung in der Form

$$dS = \frac{1}{T}\,dU + \frac{P}{T}\,dV - \sum_{i=1}^{m} \frac{\mu_i}{T}\,dn_i\,, \tag{20.1}$$

oder integriert

$$S = S(U, V, n_1, \ldots, n_m)\,. \tag{20.2}$$

Nun haben wir bereits für die Gleichgewichts- und Stabilitätsbedingungen (§§ 17 und 18) gezeigt, daß eine äquivalente Darstellung mit Hilfe der inneren Energie möglich ist. Wir bringen daher jetzt auch die Fundamentalgleichung in die entsprechende Form. Da definitionsgemäß (§ 10)

$$\left(\frac{\partial S}{\partial U}\right)_{V, n_1, \ldots, n_m} > 0 \tag{20.3}$$

ist, stellt bei Konstanz der übrigen Zustandsgrößen die Entropie eine eindeutige, stetige und differenzierbare Funktion der inneren Energie dar. Gl. (20.2) kann daher eindeutig nach U aufgelöst werden, und wir erhalten

$$U = U(S, V, n_1, \ldots, n_m) \tag{20.4}$$

oder in differentieller Form

$$dU = T\,dS - P\,dV + \sum_{i=1}^{m} \mu_i\,dn_i\,. \tag{20.5}$$

Diese Gleichung wird ebenfalls als *Gibbs*sche *Fundamentalgleichung* bezeichnet. Gl. (20.1) heißt die *Entropie-Darstellung*, Gl. (20.5) die *Energie-Darstellung*. In der Thermodynamik wird heute fast ausschließlich die Energie-Darstellung benutzt, während die Entropie-Darstellung vor allem für die Thermodynamik irreversibler Prozesse und die statistische Mechanik von Bedeutung ist. Im folgenden werden wir daher die Entropiedarstellung nur noch bei einigen allgemeinen Erörterungen berücksichtigen.

Die in der Fundamentalgleichung auftretenden Zustandsvariablen zerfallen nach ihrer Konstruktion in zwei Klassen. Für die Variablen der ersten Klasse ist charakteristisch, daß bei der Zusammensetzung von zwei Teilsystemen $'$ und $''$ zu einem (ungestrichenen) Gesamtsystem die Beziehung

$$X_i' + X_i'' = X_i \tag{20.6}$$

gilt. Diese Zustandsvariablen, zu denen (was unmittelbar evident ist) zunächst einmal das Volumen und die Molzahlen gehören, heißen *extensive Parameter*.

Die Variablen der zweiten Klasse werden, wie in § 15 ausführlich erörtert, durch Kontaktgleichgewichte definiert derart, daß im Gleichgewicht

$$P_i' = P_i'' \tag{20.7}$$

ist. Diese Variablen, für die Temperatur, Druck und chemische Potentiale Beispiele sind, werden *intensive Parameter* genannt. Aus den Hauptsätzen folgt nun [s. Gl. (8.8) und (10.26)], daß auch die innere Energie und die Entropie extensive Parameter sind. Damit sind wir in der Lage, die wichtigsten Eigenschaften der Fundamentalgleichung zu formulieren. Wir stellen dieselben zunächst zusammen und geben dann einige Erläuterungen.

Eigenschaften der Fundamentalgleichung

a. Die Fundamentalgleichung ist in der Entropie- wie in der Energiedarstellung eine Funktion, die nur von extensiven Parametern abhängt.

b. Die Fundamentalgleichung ist in der Entropie- wie in der Energiedarstellung eine homogene Funktion ersten Grades aller unabhängigen Variablen.

c. Die Fundamentalgleichung ist in der Entropie- wie in der Energiedarstellung eine *charakteristische Funktion*, d. h. sie enthält alle Aussagen, welche die Thermodynamik über das betreffende System machen kann.

d. Die Definition der intensiven Parameter ist in der Entropie-Darstellung

$$P_i^* = \frac{\partial S}{\partial X_i} \tag{20.8}$$

in der Energie-Darstellung

$$P_i = \frac{\partial U}{\partial X_i}. \tag{20.9}$$

e. Jeder intensive Parameter kann als Funktion der gleichen unabhängigen Variablen, welche in der zugehörigen Form der Fundamentalgleichung auftreten, dargestellt werden. Diese Gleichungen, welche die allgemeine Form

$$P_i = P_i(X_1, \ldots, X_n) \tag{20.10}$$

haben, heißen *Zustandsgleichungen.* Die Funktionen (20.10) sind homogen vom nullten Grade.

f. Die Zustandsgleichungen sind nicht unabhängig voneinander, da zwischen den intensiven Parametern eine zusätzliche Beziehung existiert, die in der differentiellen Form als *Gibbs-Duhemsche Gleichung* bezeichnet wird. Sie lautet in der Entropie-Darstellung

$$U\, d\left(\frac{1}{T}\right) + V\, d\left(\frac{P}{T}\right) - \sum_{i=1}^{m} n_i\, d\left(\frac{\mu_i}{T}\right) = 0\,, \tag{20.11}$$

in der Energie-Darstellung

$$S\, dT - V\, dP + \sum_{i=1}^{m} n_i\, d\mu_i = 0\,. \tag{20.12}$$

Erläuterungen und Beweise

Ad a. Diese Aussage folgt aus den Gl. (20.1) und (20.5) in Verbindung mit den Hauptsätzen und der Definition der extensiven Parameter.

Ad b. Nimmt man an, daß in Gl. (20.6) die Teilsysteme ′ und ″ gleich sind, so folgt die Aussage aus a. und der Definitionsgleichung (19.18).

Ad c. In dieser Aussage sind folgende Eigenschaften zusammengefaßt:

α. Wenn die Fundamentalgleichung für jedes homogene Teilgebiet eines Systems bekannt ist, läßt sich das thermodynamische Gleichgewicht des Gesamtsystems durch Einsetzen in (17.1) bzw. (17.2) vollständig explizit berechnen.

β. Aus (18.1)–(18.6) ergeben sich alle Aussagen über die Stabilität des Gleichgewichtes.

γ. Die partiellen ersten Ableitungen der Fundamentalgleichung liefern die intensiven Parameter. Im besonderen ist in der Energie-Darstellung

$$\left(\frac{\partial U}{\partial S}\right)_{V, n_1, \ldots, n_m} = T\,, \tag{20.13}$$

$$\left(\frac{\partial U}{\partial V}\right)_{S, n_1, \ldots, n_m} = -P\,, \tag{20.14}$$

$$\left(\frac{\partial U}{\partial n_i}\right)_{\substack{S, V, n_j \\ j \neq i}} = \mu_i\,. \tag{20.15}$$

δ. Die partiellen zweiten Ableitungen ergeben weitere meßbare Größen und auf Grund der allgemeinen Beziehung für ein totales Differential df

$$\frac{\partial^2 f}{\partial x\,\partial y} = \frac{\partial^2 f}{\partial y\,\partial x} \tag{20.16}$$

Gleichungen, welche diese Größen untereinander verknüpfen. Wir geben hier nur ein Beispiel für die Energie-Darstellung, da wir die zweiten Ableitungen ausführlich in § 24 und 25 behandeln. Es ist nach (20.5) und (20.13)

$$\frac{\partial^2 U}{\partial V\,\partial S} = \frac{\partial}{\partial V}\left(\frac{\partial U}{\partial S}\right) = \left(\frac{\partial T}{\partial V}\right)_{S,n}. \tag{20.17}$$

Diese Größe stellt die Zunahme der Temperatur pro Volumeneinheit bei quasi-statisch-adiabatischer Ausdehnung dar. Nach (20.5) und (20.14) ist

$$\frac{\partial^2 U}{\partial S\,\partial V} = \frac{\partial}{\partial S}\left(\frac{\partial U}{\partial V}\right) = -\left(\frac{\partial P}{\partial S}\right)_{V,n}. \tag{20.18}$$

Die rechts stehende Größe läßt sich auch in der Form $T(\partial P/\partial Q)_V$ schreiben. Sie bedeutet daher die Erhöhung des Druckes, wenn die Einheit der Wärmemenge bei konstantem Volumen zugeführt wird.

Nach (20.16) ist

$$\left(\frac{\partial T}{\partial V}\right)_{S,n} = -\left(\frac{\partial P}{\partial S}\right)_{V,n}. \tag{20.19}$$

Beziehungen von diesem Typ, wie wir in § 24 systematisch behandeln, werden als *Maxwell*sche *Relationen* bezeichnet.

Es ist wesentlich, daß die Eigenschaften der charakteristischen Funktion nicht der Entropie bzw. der inneren Energie als solcher, sondern nur dem jeweils in der Fundamentalgleichung gewählten Variablensatz zukommen. Man sieht dies leicht an einem Gegenbeispiel. Die innere Energie läßt sich etwa als Funktion der Variablen T, V, n (für ein Einkomponentensystem) darstellen. Man hat dann

$$dU = \left(\frac{\partial U}{\partial T}\right)_{V,n} dT + \left(\frac{\partial U}{\partial V}\right)_{T,n} dV + \left(\frac{\partial U}{\partial n}\right)_{V,T} dn\,. \tag{20.20}$$

Diese Gleichung ist völlig korrekt und nach dem I. Hauptsatz ist dU auch in dieser Darstellung ein totales Differential. Die Funktion

$$U = U(T, V, n) \tag{20.21}$$

ist aber *keine* charakteristische Funktion. Man kann daraus weder das thermodynamische Gleichgewicht berechnen noch durch Differentiation die intensiven Parameter P und μ erhalten. Der Grund dafür liegt in der Tatsache, daß in Gl. (20.21) die Entropie nicht eindeutig bestimmt ist. Tatsächlich zeigt der Vergleich mit Gl. (20.13), daß (20.21), von der Fundamentalgleichung aus gesehen, eine partielle Differentialgleichung erster Ordnung darstellt, deren Lösung willkürliche Funktionen enthält. Man kann also wohl aus der Fundamentalgleichung (20.4) die Gl. (20.21) gewinnen, aber der umgekehrte Prozeß ist nicht möglich. Das heißt mit anderen Worten, daß die Darstellungen (20.4) und (20.21) *nicht äquivalent* sind und (20.21) weniger Information enthält als (20.4). Die Darstellung (20.20) ist im Prinzip bereits aus § 8 bekannt. Sie ist, wie wir sehen werden, von erheblicher Bedeutung und liefert unmittelbar die Definition der *Molwärme für konstantes Volumen* C_v. Mit $u = U/n$ gilt

$$C_v = \left(\frac{\partial u}{\partial T}\right)_{V,n}. \tag{20.21a}$$

Ad d. Während die extensiven Parameter in der Entropie- und Energiedarstellung die gleichen sind und lediglich Entropie und Energie ihre Rollen vertauschen, ist die explizite Definition der intensiven Parameter, wie man aus (20.1) und (20.5) sieht, für die beiden Darstellungen verschieden. Der große Vorteil der Energie-Darstellung, der ihre Bevorzugung in der Thermodynamik erklärt, liegt darin, daß hier die intensiven Parameter $(T, -P, \mu_i)$ direkt meßbare Größen sind, während dies für die intensiven Parameter der Entropie-Darstellung $(1/T, P/T, -\mu_i/T)$ nicht zutrifft.

Ad e. Die *Zustandsgleichungen* lauten (für ein Einkomponentensystem) explizit

in der *Entropiedarstellung:*

$$\frac{1}{T} = \frac{1}{T}(U, V, n), \tag{20.22}$$

$$\frac{P}{T} = \frac{P}{T}(U, V, n) \,, \tag{20.23}$$

$$\frac{\mu}{T} = \frac{\mu}{T}(U, V, n) \,, \tag{20.24}$$

in der *Energie-Darstellung:*

$$T = T(S, V, n) \,, \tag{20.25}$$

$$P = P(S, V, n) \,, \tag{20.26}$$

$$\mu = \mu(S, V, n) \,. \tag{20.27}$$

In einer älteren, noch häufig verwendeten Terminologie wird die Gleichung

$$P = P(T, V, n) \tag{20.28}$$

als *thermische Zustandsgleichung*, die Gleichung

$$U = U(T, V, n) \tag{20.29}$$

als *calorische Zustandsgleichung* bezeichnet. Der Vergleich mit (20.22) und (20.23) zeigt, daß (20.28) und (20.29) zur Entropie-Darstellung gehören und einfach eine Umformung der systematisch klareren Schreibweise (20.22) und (20.23) darstellen. Die thermische Zustandsgleichung ist identisch mit der in § 7 eingeführten Gleichung der Isothermen [Gl. (7.7)]. In Gl. (20.28) ist lediglich die empirische Temperatur durch die absolute Temperatur ersetzt worden.

Daß die Zustandsgleichungen homogene Funktionen nullten Grades sind, folgt aus b. in Verbindung mit den Definitionen (19.18) und (20.8) bzw. (20.9).
Danach ist nämlich

$$\frac{\partial(\alpha\, S)}{\partial(\alpha\, X_i)} = \frac{\partial S}{\partial X_i} = P_i^* \,, \tag{20.30}$$

bzw.

$$\frac{\partial(\alpha\, U)}{\partial(\alpha\, X_i)} = \frac{\partial U}{\partial X_i} = P_i \,. \tag{20.31}$$

Es ist daher

$$P_i(\alpha\, X_1, \ldots, \alpha\, X_r) = P_i(X_1, \ldots, X_r) \,. \tag{20.32}$$

Durch eine einzelne Zustandsgleichung ist die Thermodynamik des Systems nicht vollständig bestimmt. Die Kenntnis aller Zustandsgleichungen andererseits ist äquivalent der Kenntnis der Fundamentalgleichung. Aus der Eigenschaft b. folgt jedoch, daß (im Falle eines Einkomponentensystems) bereits die Kenntnis von zwei Zustandsgleichungen die Thermodynamik des Systems vollständig bestimmt. Setzen wir nämlich in Gl. (20.32) (mit $r = 3$) $\alpha = X_3^{-1}$, so erhalten wir drei Zustandsgleichungen der Form

$$P_i = P_i\left(\frac{X_1}{X_3}, \frac{X_2}{X_3}, 1\right). \tag{20.33}$$

Aus diesen drei Gleichungen können die Variablen X_1/X_3 und X_2/X_3 eliminiert werden, was eine Gleichung zwischen den drei intensiven Parametern P_i liefert. Wenn zwei Zustandsgleichungen gegeben sind, kann somit der dritte intensive Parameter daraus berechnet werden.

Die in (20.33) auftretenden Variablen sind in der Entropiedarstellung die *molaren Größen*

$$u = \frac{U}{n}; \qquad v = \frac{V}{n}, \tag{20.34}$$

oder die *Dichten*

$$\frac{U}{V}; \qquad \varrho = \frac{n}{V}, \tag{20.35}$$

in der Energiedarstellung die *molaren Größen*

$$s = \frac{S}{n}; \qquad v = \frac{V}{n}, \tag{20.36}$$

oder die *Dichten*

$$\frac{S}{V}; \qquad \varrho = \frac{n}{V}. \tag{20.37}$$

Molare Größen und Dichten hängen nicht von der Größe des Systems ab, d. h. sie besitzen nicht die durch Gl. (20.6) definierte Eigenschaft der extensiven Parameter. Sie werden daher in der Literatur häufig als intensive Zustandsgrößen bezeichnet. Diese Terminologie ist irreführend und zu vermeiden. Molare Größen und Dichten besitzen nämlich nicht die durch Gl. (20.7) gegebene fundamentale Eigenschaft der intensiven Parameter, was man am einfachsten am Beispiel der molaren Dichte etwa für das Gleichgewicht Flüssigkeit—Dampf sieht.

Die vorstehende Überlegung läßt sich noch in etwas anderer Form durchführen. Nach b. und (19.18) gilt für die Fundamentalgleichung (20.4) (für Einkomponentensysteme)

$$\alpha\, U = U(\alpha\, S, \alpha\, V, \alpha\, n)\,. \tag{20.38}$$

Setzen wir wieder $\alpha = 1/n$ und benutzen die Definitionen (20.36), so wird

$$u = u(s, v, 1) \tag{20.39}$$

oder in differentieller Form

$$du = \frac{\partial u}{\partial s}\, ds + \frac{\partial u}{\partial v}\, dv\,. \tag{20.40}$$

Nach (20.31) ist aber

$$\frac{\partial u}{\partial s} = \frac{\partial U}{\partial S} = T\,, \qquad \frac{\partial u}{\partial v} = \frac{\partial U}{\partial V} = -\,P\,. \tag{20.41}$$

Damit wird aus (20.40)

$$du = T\, ds - P\, dv\,. \tag{20.42}$$

Die Gl. (20.39) und (20.42) werden als die auf das Mol bezogene Fundamentalgleichung bezeichnet. Sind nun die Zustandsgleichungen für T und P gegeben, so erhält man durch Einsetzen in (20.42) und Integration die explizite Fundamentalgleichung pro Mol. Eine entsprechende Überlegung gilt für die Entropie-Darstellung.

Ad f. Die zusätzliche Beziehung zwischen den intensiven Parametern, die eine Folgerung aus b. darstellt, läßt sich in differentieller Form explizit angeben. Aus b. folgt zunächst mit Benutzung des *Eulerschen Satzes* und der Gl. (20.13)—(20.15), daß die Fundamentalgleichung (20.4) geschrieben werden kann

$$U = T\, S - P\, V + \sum_{i=1}^{m} \mu_i\, n_i\,. \tag{20.43}$$

Daraus folgt durch Differentiation

$$dU = T\, dS + S\, dT - P\, dV - V\, dP + \sum_{i=1}^{m} \mu_i\, dn_i + \sum_{i=1}^{m} n_i\, d\mu_i\,. \tag{20.44}$$

Vergleich von (20.44) mit (20.5) ergibt

$$S\,dT - V\,dP + \sum_{i=1}^{m} n_i\,d\mu_i = 0\,. \tag{20.45}$$

Diese außerordentlich wichtige Beziehung wird als *Gibbs-Duhem*sche *Gleichung* bezeichnet.

In der Entropie-Darstellung lautet die *Gibbs-Duhem*sche *Gleichung*

$$U\,d\left(\frac{1}{T}\right) + V\,d\left(\frac{P}{T}\right) - \sum_{i=1}^{m} n_i\,d\left(\frac{\mu_i}{T}\right) = 0\,. \tag{20.46}$$

An Stelle der unter ad e. beschriebenen Methode kann auch die *Gibbs-Duhem*sche *Gleichung* dazu dienen, aus zwei Zustandsgleichungen die Fundamentalgleichung zu gewinnen. Am Beispiel des idealen Gases lassen sich die verschiedenen Methoden leicht explizit durchführen.

§ 21 Thermodynamische Potentiale

Wir haben gezeigt, daß die Fundamentalgleichung in der Entropie- oder Energie-Darstellung die maximale thermodynamische Information über ein System enthält. Die explizite Entwicklung dieser Information im Rahmen des in § 20 behandelten Formalismus stößt aber häufig auf außerordentliche Schwierigkeiten. Der Grund dafür liegt in der Tatsache, daß in der Fundamentalgleichung als unabhängige Variable nur extensive Parameter auftreten. Extensive Parameter sind aber häufig nur schwierig oder überhaupt nicht direkt meßbar und kontrollierbar. Beispielsweise existiert kein Instrument, mit dem man die Entropie direkt messen und keine Vorrichtung, mit der man sie konstant halten könnte, für kondensierte Phasen ist es praktisch unmöglich, das Volumen konstant zu halten usw. Andererseits sind, wie schon erwähnt, in der Energie-Darstellung die intensiven Parameter direkt meßbare Größen, die auch leicht experimentell zu kontrollieren sind. Letzten Endes beruht dieses naturgemäß auf der Tatsache, daß die intensiven Parameter durch Kontakt-Gleichgewichte definiert sind. Es entsteht daher das Problem einer Erweiterung des formalen Apparates der Thermodynamik, das sich folgendermaßen formulieren läßt.

Die Fundamentalgleichung soll transformiert werden in solcher Weise, daß ein oder mehrere intensive Parameter als unabhängige Variable eingeführt werden und dabei die volle Information der Fundamentalgleichung erhalten bleibt.

Die letztere Forderung besagt nichts anderes, als daß auch die transformierte Funktion die Eigenschaften einer charakteristischen Funktion besitzen muß. Man sieht sofort, daß dies die Fragestellung ist, von der wir rein formal in § 19 ausgegangen sind und daß das Problem durch *Legendre-Transformation* der Fundamentalgleichung gelöst wird.

Um die formale Entwicklung möglichst übersichtlich zu gestalten, werden wir im folgenden weitgehend die gelegentlich schon früher benutzten *generalisierten Zustandsgrößen* X_i und P_i verwenden. Der Vorteil dieser Schreibweise liegt darin begründet, daß für viele thermodynamische Beziehungen nur der Unterschied zwischen extensiven und intensiven Parametern wesentlich ist. Man kann daher auf diese Weise häufig zahlreiche gleichartige Beziehungen in einer einzigen Gleichung zusammenfassen. Es darf aber nicht übersehen werden, daß Energie und Entropie neben den allgemeinen Eigenschaften extensiver Parameter noch die aus den Hauptsätzen sich ergebenden individuellen Eigenschaften besitzen. Wenn es wünschenswert ist, werden wir daher in der Entropie-Darstellung die Energie, in der Energie-Darstellung die Entropie explizit notieren. In analoger Weise nehmen unter den intensiven Parametern die chemischen Potentiale eine Sonderstellung ein, die aus der Art ihrer Einführung (§15) verständlich wird. Während nämlich die Definitionen von T und P keine willkürliche Konstante enthalten, ist das chemische Potential, wie man aus Gl. (21.40) sofort erkennt, nur bis auf einen Term $a + b \cdot T$, wo a und b willkürliche Konstanten sind, definiert.

Die *Legendre-Transformation* kann sowohl auf die Entropie- wie auf die Energie-Darstellung der Fundamentalgleichung angewandt werden, was zu zwei Reihen von charakteristischen Funktionen führt. In diesem Paragraphen beschränken wir uns auf die *Energie-Darstellung*, die im Rahmen der Thermodynamik die weitaus größere Bedeutung besitzt.

Die Fundamentalgleichung lautet in generalisierten Zustandsgrößen

$$U = U(X_1, \ldots, X_r) \qquad (r \geqq m + 2)\,. \tag{21.1}$$

Die intensiven Parameter sind

$$P_i = \left(\frac{\partial U}{\partial X_i}\right)_{X_j} \qquad (j \neq i). \tag{21.2}$$

Die durch Gl. (21.2) verknüpften Größen X_i und P_i bezeichnen wir als konjugierte Parameter. In differentieller Form lautet dann die Fundamentalgleichung

$$dU = \sum_{i=1}^{r} P_i \, dX_i \,. \tag{21.3}$$

Die *Legendre-Transformierten* der Fundamentalgleichung in der Energie-Darstellung werden als *thermodynamische Potentiale* bezeichnet. Die allgemeine Definition der thermodynamischen Potentiale ist daher

$$\Psi_k = U - \sum_{i=1}^{k} P_i X_i \,. \tag{21.4}$$

Die hinreichende Bedingung für die Existenz dieser Transformation ist

$$|U_{ij}| \equiv \frac{\partial(P_1, \ldots, P_k)}{\partial(X_1, \ldots, X_k)} \neq 0 \,. \tag{21.5}$$

Durch Differentiation von (21.4) findet man mit Benutzung von (21.3)

$$d\Psi_k = - \sum_{i=1}^{k} X_i \, dP_i + \sum_{j=k+1}^{r} P_j \, dX_j \,. \tag{21.6}$$

Für $k < r$ sind alle thermodynamischen Potentiale nach ihrer Definition charakteristische Funktionen. Sie sind ferner homogene Funktionen ersten Grades der extensiven Parameter Die Gl. (20.43) lautet nämlich in generalisierten Zustandsgrößen

$$U = \sum_{i=1}^{r} P_i X_i \,. \tag{21.7}$$

Einsetzen in (21.4) ergibt

$$\Psi_k = \sum_{j=k+1}^{r} P_j X_j \,, \tag{21.8}$$

woraus nach dem *Euler*schen *Satz* die Behauptung folgt. Die partiellen Ableitungen eines thermodynamischen Potentials nach den intensiven Parametern P_i ergeben (mit negativen Vorzeichen) die konjugierten extensiven Parameter X_i. Es ist also

$$\frac{\partial \Psi_k}{\partial P_i} = - X_i \,. \tag{21.9}$$

Die partiellen Ableitungen nach den extensiven Parametern X_j liefern, wie bei der Fundamentalgleichung, die konjugierten intensiven Parameter P_j. Es ist somit

$$\frac{\partial \Psi_k}{\partial X_j} = P_j \,. \tag{21.10}$$

Eine Sonderstellung nimmt der Fall $k = r$ ein. Aus Gl. (21.4) und (21.7) erhält man dafür

$$\Psi_r = \sum_{i=1}^{r} P_i X_i - \sum_{i=1}^{r} P_i X_i = 0 \tag{21.11}$$

und somit nach (21.6)

$$d\Psi_r = \sum_{i=1}^{r} X_i \, dP_i = 0 \, . \tag{21.12}$$

Das ist aber nichts anderes als die *Gibbs-Duhem*sche *Gleichung* in generalisierten Zustandsgrößen. Die zunächst überraschende Tatsache, daß die vollständige (r-fache) *Legendre-Transformierte* der Fundamentalgleichung, d. h. das thermodynamische Potential Ψ_r identisch Null ist, beruht mathematisch, wie die Ableitung zeigt, darauf, daß die Fundamentalgleichung eine homogene Funktion ersten Grades ist. Physikalisch erklärt sie sich dadurch, daß man wenigstens einen extensiven Parameter zur Definition des Systems benötigt.

Wir betrachten nun die für die Thermodynamik wichtigen Spezialfälle der Gl. (21.4), wobei wir wieder die explizite Notierung der Zustandsgrößen benutzen.[1])

Das thermodynamische Potential

$$U = U(S, V, n_1, \ldots, n_m) \tag{21.13}$$

ist einfach die Fundamentalgleichung in der Energie-Darstellung, die wir in § 20 ausführlich erörtert haben. Wir werden diese Funktion im folgenden noch für gewisse allgemeine Überlegungen benutzen. Für die Behandlung spezieller Probleme im Zusammenhang mit experimentellen Daten ist sie aus den am Anfang dieses Paragraphen erwähnten Gründen unzweckmäßig.

Das thermodynamische Potential

$$H = H(S, P, n_1, \ldots, n_m) \tag{21.14}$$

wird als *Enthalpie* oder *Wärmeinhalt* bezeichnet.

Die Gl. (21.4) lautet für diesen Fall

$$H = U + P V \tag{21.15}$$

und die Gl. (21.6)

$$dH = T \, dS + V \, dP + \sum_{i=1}^{m} \mu_i \, dn_i \, . \tag{21.16}$$

1 Die Symbole für die Entropie und die wichtigsten thermodynamischen Potentiale sind durch internationale Konvention festgelegt.

Die partiellen Ableitungen sind somit

$$\left(\frac{\partial H}{\partial S}\right)_{P,n} = T \,; \qquad \left(\frac{\partial H}{\partial P}\right)_{S,n} = V \,; \qquad \left(\frac{\partial H}{\partial n_i}\right)_{S,P,n_j} = \mu_i \,. \tag{21.17}$$

Wir besprechen nun kurz die *physikalische Bedeutung* der *Enthalpie.* Es liegt in der Natur der Sache, daß jede anschaulich physikalische Interpretation nur einen bestimmten Aspekt herausgreift und keine für sich den vollen Inhalt des thermodynamischen Potentials repräsentiert. Man darf daher nicht eine solche Deutung mit der Funktion selbst identifizieren.

Wir erinnern zunächst an zwei Ergebnisse, die in Kap. I ausführlich erörtert worden sind. Bezeichnen wir die von einem System geleistete reversible Arbeit mit $W^* = -W$, so ist

$$-(dU)_{S,n} = dW^* \,. \tag{21.18}$$

Die von einem geschlossenen System bei konstanter Entropie, d. h. quasistatisch-adiabatisch geleistete Arbeit ist gleich der Abnahme der inneren Energie. Andererseits ist

$$(dU)_{V,n} = T\,dS = dQ \,. \tag{21.19}$$

Die einem geschlossenen System bei konstantem Volumen zugeführte Wärme ist gleich der Zunahme der inneren Energie.

Um analoge Aussagen für die Enthalpie zu gewinnen, denken wir uns das System mit einem Reservoir gekoppelt, welches im System konstanten Druck aufrecht erhält. Unter diesen Bedingungen kann zwar Volumenarbeit geleistet werden, aber diese dient lediglich der Aufrechterhaltung des konstanten Druckes und kann nicht nach außen abgegeben werden. Wenn man daher eine zu (21.18) analoge Aussage erhalten will, muß wenigstens noch *eine weitere Arbeitskoordinate* angenommen werden. Wir machen hier diese Annahme, die wir aber der Einfachheit halber nicht allgemein einführen und nehmen weiter noch adiabatische Isolierung für System und Reservoir (Index R) an. Die von System und Reservoir geleistete reversible Arbeit ist dann nach (21.18)

$$dW^* = -d(U + U_R) \,. \tag{21.20}$$

Nun ist aber, da zwischen System und Reservoir Druckgleichgewicht herrscht und überdies $P = \text{const.}$ ist

$$-dU_R = P\,dV_R = -P\,dV = -d(PV) \,. \tag{21.21}$$

Aus (21.15), (21.20) und (21.21) folgt

$$-(dH)_{S,P,n} = dW^* \,. \tag{21.22}$$

Die von einem geschlossenen System bei konstanter Entropie und konstantem Druck geleistete reversible Arbeit ist somit gleich der Abnahme der Enthalpie.

In Analogie zu (21.19) gilt

$$(dH)_{P,n} = dQ . \tag{21.23}$$

Die einem geschlossenen System bei konstantem Druck zugeführte Wärme ist gleich der Zunahme der Enthalpie. Da *Wärmetönungen* verschiedener Prozesse (Mischungsvorgänge, chemische Reaktionen) meistens bei konstantem Druck gemessen werden, ergibt sich aus (21.23) unmittelbar die Bedeutung der Enthalpie für die theoretische Interpretation solcher Messungen.

Eine bedeutsame Anwendung findet die Enthalpie in der Theorie des *Joule-Thomson-Effektes*, was sich dadurch erklärt, daß der betreffende Prozeß bei konstanter Enthalpie verläuft. Die Theorie dieses Effektes kann jedoch erst in § 24 entwickelt werden, da wir noch gewisse formale Hilfsmittel dazu benötigen.

Die Verwendung der Enthalpie als thermodynamisches Potential wird dadurch behindert, daß sie die Entropie als unabhängige Variable enthält. Als Zustandsfunktion kann auch die Enthalpie als Funktion jedes vollständigen Satzes von Zustandsvariablen dargestellt werden; sie ist aber dann kein thermodynamisches Potential mehr. Besondere Bedeutung hat die zu (20.20) und (20.21) analoge Darstellung

$$H = H(T, P, n_1, \ldots, n_m) \tag{21.24}$$

mit

$$dH = \left(\frac{\partial H}{\partial T}\right)_{P,n} dT + \left(\frac{\partial H}{\partial P}\right)_{T,n} dP + \sum_{i=1}^{m} \left(\frac{\partial H}{\partial n_i}\right)_{T,P,n_j} dn_i . \tag{21.25}$$

Der Grund für die Bevorzugung dieser Darstellung kann erst in § 24 erklärt werden. Wir bemerken hier nur noch, daß (21.25) unmittelbar die Definition der *Molwärme für konstanten Druck* C_p liefert. Mit $h = H/n$ (für Einkomponentensysteme) wird wegen (21.23)

$$C_p = \left(\frac{\partial h}{\partial T}\right)_{P,n} \tag{21.26}$$

Die Ableitung $(\partial H/\partial n_i)_{T,P,n_j}$ ist jedoch *kein* chemisches Potential.

Das thermodynamische Potential

$$F = F(T, V, n_1, \ldots, n_m) \tag{21.27}$$

wird als *freie Energie nach Helmholtz* bezeichnet.

Die Gl. (21.4) lautet jetzt

$$F = U - T\,S\,. \tag{21.28}$$

und die Gl. (21.6)

$$dF = -\,S\,dT - P\,dV + \sum_{i=1}^{m} \mu_i\,dn_i\,. \tag{21.29}$$

Die partiellen Ableitungen sind somit

$$\left(\frac{\partial F}{\partial T}\right)_{V,n} = -\,S\,; \qquad \left(\frac{\partial F}{\partial V}\right)_{T,n} = -\,P\,; \qquad \left(\frac{\partial F}{\partial n_i}\right)_{T,V,n_j} = \mu_i\,. \tag{21.30}$$

Unter gewissen Bedingungen läßt auch die freie Energie nach *Helmholtz* eine anschauliche Deutung zu. Wir betrachten ein System im thermischen Gleichgewicht mit einem Reservoir (Thermostat), das die Temperatur konstant hält. System und Reservoir zusammen seien adiabatisch isoliert. Die diathermane Wand zwischen System und Reservoir wird als starr angenommen, so daß in diesem Falle das Reservoir für sich keine Arbeit leistet. Die von dem System geleistete reversible Arbeit ist daher nach (21.18)

$$dW^* = -\,d\,(U + U_R)\,. \tag{21.31}$$

Da das Reservoir keine Arbeit leistet, ist die Abnahme seiner inneren Energie nur durch den zur Aufrechterhaltung konstanter Temperatur notwendigen Wärmeübergang zum System bedingt. Es ist daher wegen $T = \text{const.}$

$$-\,dU_R = -\,dQ_R = dQ = T\,dS = d(T\,S)\,. \tag{21.32}$$

Aus (21.28), (21.31) und (21.32) folgt

$$-\,(d\,F)_{T,n} = dW^*\,. \tag{21.33}$$

Die von einem geschlossenen System isotherme geleistete reversible Arbeit ist gleich der Abnahme der freien Energie nach *Helmholtz*. Auf diesen Zusammenhang gehen die irreführenden Bezeichnungen „work function“ und „maximale Arbeit“ (für $-\,F$) sowie das in der amerikanischen Literatur noch viel benutzte Symbol A zurück.

Als thermodynamisches Potential ist die freie Energie nach *Helmholtz* von Nutzen, wenn das Volumen ohne allzu große Schwierigkeiten kontrolliert werden kann. Das trifft im wesentlichen für die Gasphase zu. In diesem Zusammenhang ist von Interesse, daß die zweite der Gl. (21.30) die früher erwähnte thermische Zustandsgleichung (20.28) darstellt. In der älteren Literatur wird die freie Energie nach *Helmholtz* vielfach auch für Probleme kondensierter Phasen herangezogen. Die Erklärung dafür liegt in der Tatsache, daß man primär an der Abhängigkeit von der Temperatur interessiert war und im Hinblick auf die (in dem mit normalen Hilfsmitteln zugänglichen Druckbereich) sehr geringe Druckabhängigkeit den Unterschied zwischen konstantem Volumen und konstantem Druck vernachlässigte. Heute beruht die Bedeutung der freien Energie nach *Helmholtz* vor allem auf der Tatsache, daß dieses thermodynamische Potential besonders geeignet für eine explizite Berechnung nach den Methoden der statistischen Thermodynamik ist.

Das thermodynamische Potential

$$G = G(T, P, n_1, \ldots, n_m) \tag{21.34}$$

wird als *freie Energie* nach *Gibbs* bezeichnet.

Die Gl. (21.4) lautet hier

$$G = U - T\,S + P\,V = H - T\,S = F + P\,V\,, \tag{21.35}$$

und die Gl. (21.6)

$$dG = -\,S\,dT + V\,dP + \sum_{i=1}^{m} \mu_i\,dn_i\,. \tag{21.36}$$

Die partiellen Ableitungen sind somit

$$\left(\frac{\partial G}{\partial T}\right)_{P,\,n} = -\,S\,; \quad \left(\frac{\partial G}{\partial P}\right)_{T,\,n} = V\,; \quad \left(\frac{\partial G}{\partial n_i}\right)_{T,\,P,\,n_j} = \mu_i\,. \tag{21.37}$$

Die anschauliche Interpretation läßt sich in einer den früheren Fällen analogen Weise durchführen. Wir betrachten ein System, das mit zwei Reservoiren R und R' gekoppelt ist, von denen das eine (Thermostat) konstante Temperatur, das andere (Manostat) konstanten Druck aufrecht erhält. Wie im Falle der Enthalpie muß auch hier eine zusätzliche Arbeitskoordinate angenommen werden. Die von dem System geleistete reversible Arbeit ist dann

$$dW^* = -\,d\,(U + U_R + U_{R'})\,. \tag{21.38}$$

Nun ist aber dU_R durch Gl. (21.32), $dU_{R'}$ durch Gl. (21.21) gegeben. Mit Benutzung von (21.35) erhält man daher

$$-\,(dG)_{T,\,P,\,n} = dW^*\,. \tag{21.39}$$

Die von einem geschlossenen System isotherm-isobar geleistete reversible Arbeit ist gleich der Abnahme der freien Energie nach *Gibbs*.

Unter den thermodynamischen Potentialen ist die freie Energie nach *Gibbs* für die Anwendungen weitaus am wichtigsten. Diese Sonderstellung beruht darauf, daß hier als extensive Parameter nur die Molzahlen auftreten, die verhältnismäßig leicht zu messen und zu kontrollieren sind. Daraus folgt weiter, daß die freie Energie nach *Gibbs* sich vollständig aus den Molzahlen und den ebenfalls gut meßbaren chemischen Potentialen konstruieren läßt. Die Gl. (21.8) lautet nämlich für diesen Fall

$$G = \sum_{i=1}^{m} \mu_i n_i . \tag{21.40}$$

Diese Gleichung zeigt auch, daß für Einkomponentensysteme das chemische Potential identisch ist mit der molaren freien Energie nach *Gibbs*. Diese Koinzidenz darf aber nicht darüber hinwegtäuschen, daß tatsächlich das chemische Potential eine viel allgemeinere Bedeutung besitzt.

Das thermodynamische Potential

$$\Omega = \Omega(T, V, \mu_1, \ldots, \mu_m) \tag{21.41}$$

wird gelegentlich als *großes Potential* bezeichnet, doch sind weder Name noch Symbol einheitlich festgelegt. Die Gl. (21.4) lautet hier

$$\Omega = U - T S - \sum_{i=1}^{m} \mu_i n_i , \tag{21.42}$$

und die Gl. (21.6)

$$d\Omega = - S\, dT - P\, dV - \sum_{i=1}^{m} n_i\, d\mu_i . \tag{21.43}$$

Die partiellen Ableitungen sind

$$\left(\frac{\partial \Omega}{\partial T}\right)_{V,\mu} = - S ; \qquad \left(\frac{\partial \Omega}{\partial V}\right)_{T,\mu} = - P ; \qquad \left(\frac{\partial \Omega}{\partial \mu_i}\right)_{T,V,\mu_i} = - n_i . \tag{21.44}$$

Aus Gl. (21.28), (21.35), (21.40) und (21.42) findet man

$$\Omega = - P V . \tag{21.45}$$

An Stelle des großen Potentials wird daher häufig auch die Größe PV verwendet.

Im Rahmen der Thermodynamik wird das große Potential kaum benutzt. Es besitzt jedoch eine überragende Bedeutung für die statistische Thermodynamik, da es der expliziten Berechnung mit Hilfe der großen kanonischen Gesamtheit zugänglich ist. Der Name erklärt sich durch diesen Zusammenhang.

§ 22 Massieu-Plancksche Funktionen

Wir betrachten jetzt kurz die aus der *Entropie-Darstellung* der Fundamentalgleichung abgeleiteten charakteristischen Funktionen. In generalisierten Zustandsgrößen lautet die Fundamentalgleichung

$$S = S(X_1, \ldots, X_r) \qquad (r \geqq m + 2)\,. \tag{22.1}$$

Die intensiven Parameter sind jetzt

$$P_i^* = \left(\frac{\partial S}{\partial X_i}\right)_{X_j}, \qquad (j \neq i)\,. \tag{22.2}$$

Damit lautet die Fundamentalgleichung in differentieller Form

$$dS = \sum_{i=1}^{r} P_i^*\, dX_i\,. \tag{22.3}$$

Die Legendre-Transformierten der Fundamentalgleichung in der Entropie-Darstellung werden als *Massieu-Planck*sche *Funktionen* bezeichnet. Die allgemeine Definition der *Massieu-Planck*schen *Funktionen* ist daher

$$\Phi_k = S - \sum_{i=1}^{k} P_i^*\, X_i\,. \tag{22.4}$$

Die hinreichende Bedingung für die Existenz dieser Transformation ist

$$|S_{ij}| \equiv \frac{\partial(P_1^*, \ldots, P_k^*)}{\partial(X_1, \ldots, X_k)} \neq 0\,. \tag{22.5}$$

Aus (22.4) erhält man mit Benutzung von (22.3)

$$d\Phi_k = -\sum_{i=1}^{k} X_i\, dP_i^* + \sum_{j=k+1}^{r} P_j^*\, dX_j\,. \tag{22.6}$$

Die allgemeinen formalen Eigenschaften der *Massieu-Planck*schen *Funktionen* entsprechen völlig denen der thermodynamischen Potentiale. Wir können deshalb insoweit auf die Erörterung in § 21 verweisen und geben hier lediglich noch die expliziten Formeln für zwei Spezialfälle, die für die Thermodynamik ein gewisses Interesse besitzen.

Die *Massieu-Planck*sche *Funktion*

$$\Phi_1 = \Phi_1\left(\frac{1}{T}, V, n_1, \ldots, n_m\right) \tag{22.7}$$

ist, wie man sofort sieht, das Gegenstück der freien Energie nach *Helmholtz*. Nach einem Vorschlag von *Guggenheim* soll sie *Massieu*sche *Funktion* heißen. Die Gl. (22.4) lautet hier

$$\Phi_1 = S - \frac{1}{T}\, U\,, \tag{22.8}$$

und die Gl. (22.6)

$$d\Phi_1 = -U\,d\left(\frac{1}{T}\right) + \frac{P}{T}\,dV - \sum_{i=1}^{m} \frac{\mu_i}{T}\,dn_i\,. \tag{22.9}$$

Die partiellen Ableitungen sind daher

$$\left(\frac{\partial \Phi_1}{\partial(1/T)}\right)_{V,n} = -U\,;\quad \left(\frac{\partial \Phi_1}{\partial V}\right)_{1/T,n} = \frac{P}{T}\,;\quad \left(\frac{\partial \Phi_1}{\partial n_i}\right)_{1/T,V,n_j} = -\frac{\mu_i}{T}\,. \tag{22.10}$$

Entsprechend stellt die *Massieu-Planck*sche *Funktion*

$$\Phi_2 = \Phi_2\left(\frac{1}{T}, \frac{P}{T}, n_1, \ldots, n_m\right), \tag{22.11}$$

das Gegenstück der freien Energie nach *Gibbs* dar. *Guggenheim* nennt sie die *Planck*sche *Funktion.*

Gl. (22.4) lautet jetzt

$$\Phi_2 = S - \frac{1}{T}\,U - \frac{P}{T}\,V \tag{22.12}$$

und Gl. (22.6)

$$d\Phi_2 = -U\,d\left(\frac{1}{T}\right) - V\,d\left(\frac{P}{T}\right) - \sum_{i=1}^{m} \frac{\mu_i}{T}\,dn_i\,. \tag{22.13}$$

Die partiellen Ableitungen sind daher

$$\left.\begin{aligned} &\left(\frac{\partial \Phi_2}{\partial(1/T)}\right)_{P/T,n} = -U\,; \qquad \left(\frac{\partial \Phi_2}{\partial(P/T)}\right)_{1/T,n} = -V\,;\\ &\left(\frac{\partial \Phi_2}{\partial n_i}\right)_{1/T,P/T,n_j} = -\frac{\mu_i}{T}\,. \end{aligned}\right\} \tag{22.14}$$

Im Rahmen der Thermodynamik sind diese beiden Funktionen zunächst aus historischen Gründen von Interesse, weil sie die ersten charakteristischen Funktionen darstellen, die überhaupt eingeführt worden sind (*Massieu* 1865) und weil *Planck* in seinen Untersuchungen sich weitgehend der Funktion Φ_2 bedient hat. Ihre praktische Bedeutung beruht heute auf zwei Besonderheiten: Einmal erscheinen (was wir in vollem Umfang erst in § 24 zeigen können) in dieser Darstellung die calorischen Größen U und H explizit als Variable. Andererseits stehen Φ_1 und Φ_2 in sehr einfachem Zusammenhang mit den entsprechenden thermodynamischen Potentialen (was für die *Massieu-Planck*schen *Funktionen* nicht allgemein gilt). Der Vergleich von (22.8) mit (21.28) und von (22.12) mit (21.35) zeigt nämlich, daß

$$\Phi_1 = -\frac{F}{T}; \qquad \Phi_2 = -\frac{G}{T} \tag{22.15}$$

ist. Man kann daher in diesen Fällen leicht von thermodynamischen Potentialen zu *Massieu-Planck*schen *Funktionen* herüberwechseln, ohne letztere explizit einzuführen und damit die Vorteile beider Darstellungen nutzbar machen. Wir werden darauf in § 24 zurückkommen.

Eine sehr allgemeine Bedeutung besitzen die *Massieu-Planck*schen *Funktionen*, wie schon erwähnt, für die Thermodynamik irreversibler Prozesse und die statistische Thermodynamik. Auf diese Zusammenhänge kann hier nicht eingegangen werden.

§ 23 Transformation der Gleichgewichts- und Stabilitätsbedingungen

Da, wie wir gesehen haben, bei der *Legendre-Transformation* die physikalische Information voll erhalten bleibt, muß es möglich sein, die allgemeinen Gleichgewichts- und Stabilitätsbedingungen auch mit Hilfe der *Legendre-Transformierten* der Fundamentalgleichung, d. h. der thermodynamischen Potentiale oder der *Massieu-Plank*schen *Funktionen* zu formulieren. Wir führen diese Transformation für die thermodynamischen Potentiale durch und geben für die *Massieu-Planck*schen *Funktionen*, da der Beweis völlig analog verläuft, nur das Resultat an.

a. Gleichgewichtsbedingungen

In der Formulierung (17.2) sind die Nebenbedingungen des Extremalproblems durch die zur Energie-Darstellung gehörenden extensiven Parameter des Gesamtsystems ausgedrückt. Man kann daher erwarten, daß bei der Formulierung der Gleichgewichtsbedingung mit Hilfe der *Legendre-Transformierten* der inneren Energie eine oder mehrere Nebenbedingungen durch intensive Parameter des Gesamtsystems ausgedrückt werden. Diese Vermutung (deren Richtigkeit wir beweisen werden) zeigt sofort die Natur des Problems, das hier auftritt. Während nämlich für ein heterogenes System jeder extensive Parameter gleich der Summe der entsprechenden extensiven Parameter der Phasen ist, sind nach § 15 die intensiven Parameter zunächst nur für jede Phase, aber nicht für das Gesamtsystem definiert. Die Definition der extensiven Parameter für das Gesamtsystem beruht auf der fundamentalen Eigenschaft (20.6). In analoger Weise beruht die Definition der intensiven Parameter auf der fundamentalen Eigenschaft (20.7), d. h. sie impliziert die Annahme, daß der betreffende intensive Parameter für alle koexistierenden Phasen den gleichen Wert besitzt. Eine Formulierung der Gleichgewichtsbedingung mit Hilfe des thermodynamischen Potentials Ψ_k muß daher voraussetzen, daß jeder der k intensiven Parameter, die für Ψ_k unabhängige Variable sind, für alle Phasen des Systems den gleichen Wert hat. Beispielsweise wird bei Benutzung der freien Energie nach *Helmholtz* vorausgesetzt, daß alle Phasen die gleiche Temperatur haben, d. h. sich im thermischen Gleichgewicht befinden. Jede Formulierung der Gleichgewichtsbedingung mit Hilfe der *Legendre-Transformierten* der Fundamentalgleichung nimmt also notwendig gewisse Aussagen über das Gleichgewicht bereits vorweg. Wir werden auf diese Frage weiter unten noch einmal zurückkommen.

Die Ableitung der transformierten Gleichgewichtsbedingungen besteht aus zwei Schritten. Zunächst wird die Bedingung (17.2) in eine äquivalente Form gebracht, welche die Nebenbedingungen nicht mehr als solche enthält, sondern sie in die Formulierung des Extremalproblems hereinnimmt. Im zweiten Schritt werden aus dieser Formulierung mit Hilfe der *Legendre-Transformation* (21.4) die Gleichgewichtsbedingungen für die thermodynamischen Potentiale abgeleitet. Wir setzen zunächst voraus, daß zwischen den Parametern X_j $(j > k)$ keine zusätzlichen Beziehungen existieren.

Satz 1

Für das Gleichgewicht eines Systems, in dem die intensiven Parameter $P_1, \ldots, P_k$ fixiert und über das System konstant sind, ist notwendig und hinreichend, daß

$$\delta U - \sum_{i=1}^{k} P_i \, \delta X_i \geqq 0, \qquad (X_j = \text{const. für } j > k) \tag{23.1}$$

ist.

Beweis

Für den Fall des Gleichheitszeichens ist (23.1) eine unmittelbare Folge der Fundamentalgleichung. Der allgemeine Beweis wird in der Weise geführt, daß man unter den gemachten Voraussetzungen die Äquivalenz von (17.2) und (23.1) nachweist. Man benutzt dazu die aus der Fundamentalgleichung folgende Tatsache, daß man stets Zustandsänderungen herbeiführen kann, für die

$$\delta U - \sum_{i=1}^{k} P_i \, \delta X_i = 0\,, \qquad (X_j = \text{const. für } j > k) \tag{23.2}$$

ist. Der Einfachheit halber beschränken wir uns bei der expliziten Durchführung auf den Fall $k = 1$ und $X_1 = S$. (23.2) besagt dann, daß man (durch Zufuhr oder Entzug von Wärme) stets Zustandsänderungen herbeiführen kann, für die

$$\delta U - T\,\delta S = 0\,, \qquad (V, n = \text{const.}) \tag{23.3}$$

ist. Wir wollen mit Benutzung dieser Tatsache beweisen, daß für Systeme von gleichförmiger Temperatur die Bedingung

$$\delta U - T\,\delta S \geqq 0\,, \qquad (V, n = \text{const.}) \tag{23.4}$$

der Bedingung (17.2) äquivalent ist. Wir unterscheiden dazu die folgenden Fälle:

α. $\delta S = 0\,.$

In diesem Falle geht (23.4) unmittelbar in (17.2) über.

β. $\delta U = 0\,.$

(23.4) geht in (17.1) über, deren Äquivalenz mit (17.2) in § 17 bewiesen worden ist.

γ. $\delta U > 0\,; \quad \delta S > 0\,.$

Nach (23.4) muß dann $\delta U \geqq T\,\delta S$ sein. Durch Entzug von Wärme kann daher stets ein Zustand erreicht werden, für den, wenn er als Variation des Ausgangszustandes betrachtet wird, $\delta U \geqq 0$; $\delta S = 0$ ist. Damit ist aber die Bedingung (17.2) erfüllt.

δ. $\delta U < 0; \quad \delta S < 0\,.$

Nach (23.4) muß in diesem Falle $|\delta U| \leqq |T\,\delta S|$ sein. Durch Zufuhr von Wärme kann daher stets ein Zustand erreicht werden, für den, als Variation des Ausgangszustandes betrachtet, $\delta U = 0$; $\delta S \leqq 0$ gilt. Damit ist (17.1) und somit auch (17.2) erfüllt.

ε. $\delta U > 0; \quad \delta S < 0\,.$

Durch Entzug von Wärme kann ein Zustand erreicht werden, für den, wenn er als Variation des Ausgangszustandes betrachtet wird, gilt $\delta U = 0$; $\delta S < 0$.
Die Bedingung (17.1) und damit auch (17.2) ist daher erfüllt.

ζ. $\delta U < 0; \quad \delta S > 0\,.$

In diesem Falle ist (23.4) nicht erfüllbar. Durch Entzug von Wärme kann stets ein Zustand erreicht werden, für den, wenn er als Variation des Ausgangszustandes betrachtet wird, $\delta U < 0$; $\delta S = 0$ gilt. Daher ist in diesem Falle auch (17.2) nicht erfüllt.

In analoger Weise läßt sich allgemein zeigen, daß die Möglichkeit einer Variation, die (23.4) widerspricht, notwendig die Möglichkeit einer Variation, die (17.2) widerspricht, impliziert. Damit ist die Äquivalenz von (17.2) und (23.4) vollständig bewiesen. Für den allgemeinen Fall der Bedingung (23.1) wird der Beweis in analoger Weise geführt.

Obwohl die Bedingung (17.2) formal durch eine Spezialisierung (Fälle α. und β.) aus (23.1) bzw. (23.4) erhalten wird, stellt sie tatsächlich nicht einen Spezialfall, sondern (wie der Beweis zeigt) eine äquivalente Formulierung dar.

Satz 2

Für das Gleichgewicht eines Systems, in dem die intensiven Parameter $P_1, \ldots, P_k$ fixiert und über das System konstant sind, ist notwendig und hinreichend, daß

$$(\delta \Psi_k)_{P_1,\ldots,P_k,X_{k+1},\ldots,X_r} \geqq 0 \tag{23.5}$$

ist.

Beweis

Für den betrachteten Fall kann die Bedingung (23.1) geschrieben werden (da $X_{k+1}, \ldots, X_r$ konstant sind)

$$(\delta U)_{P_i,X_j} - \sum_{i=1}^{k} P_i (\delta X_i)_{P_i,X_j} \geqq 0\,, \qquad (i \leqq k\,,\ j > k)\,. \tag{23.6}$$

Aus Gl. (21.4) folgt aber

$$\delta U - \sum_{i=1}^{k} P_i\, \delta X_i = \delta \Psi_k + \sum_{i=1}^{k} X_i\, \delta P_i\,, \tag{23.7}$$

und weiter für $P_1, \ldots, P_k = \text{const.}$

$$(\delta U)_{P_i,X_j} - \sum_{i=1}^{k} P (\delta X_i)_{P_i,X_j} = (\delta \Psi_k)_{P_i,X_j}\,. \tag{23.8}$$

Durch Einsetzen von (23.8) in (23.6) unmittelbar die Behauptung.

Die wichtigsten Spezialfälle von (23.5) sind:

Gleichgewichtsbedingung für konstante Entropie, konstanten Druck und konstante Molzahlen

$$(\delta H)_{S,P,n} \geqq 0\,. \tag{23.9}$$

Gleichgewichtsbedingung für konstante Temperatur, konstantes Volumen und konstante Molzahlen

$$(\delta F)_{T,V,n} \geqq 0 \,. \tag{23.10}$$

Gleichgewichtsbedingung für konstante Temperatur, konstanten Druck und konstante Molzahlen

$$(\delta G)_{T,P,n} \geqq 0 \,. \tag{23.11}$$

Die Bedingung (23.5) ist insofern weniger allgemein als die Bedingungen (17.1), (17.2) und (23.1), als man aus der ersteren keine Aussagen über innere Gleichgewichte, welche durch die Parameter $P_1, \ldots, P_k$ beschrieben werden, erhalten kann. Man kann also beispielsweise aus (23.10) nicht die Bedingung für das thermische Gleichgewicht innerhalb eines Systems ableiten. Physikalisch erklärt sich dies dadurch, daß bei der Formulierung der Bedingung (23.5) inneres Gleichgewicht in bezug auf die Parameter $P_1, \ldots, P_k$ vorausgesetzt wird. Formal zeigt der Vergleich von (23.7) und (23.8), daß bei der Ableitung von (23.5) ein Teil der für (23.7) möglichen Variationen ausgeschlossen wird. Für die *Massieu-Planck*schen *Funktionen* erhält man in analoger Weise den

Satz 3

Für das Gleichgewicht eines Systems, in dem die intensiven Parameter $P_1^*, \ldots, P_k^*$ fixiert und über das System konstant sind, ist notwendig und hinreichend, daß

$$(\delta \Phi_k)_{P_1^*, \ldots, P_k^*, X_{k+1}, \ldots, X_r} \leqq 0 \tag{23.12}$$

ist.

Bisher haben wir vorausgesetzt, daß zwischen den Parametern $X_j\,(j > k)$ keine zusätzlichen Beziehungen existieren. Der wichtigste Fall, in dem diese Voraussetzung nicht erfüllt ist, ist eine chemische Reaktion, bei der zwischen den Variationen der Molzahlen die aus der Reaktionsgleichung folgenden stöchiometrischen Beziehungen bestehen. Formal analoge Beziehungen können auch zwischen anderen Zustandsvariablen auftreten. In allen derartigen Fällen kann man, wie in § 16 und 17 ausgeführt, zwei Wege einschlagen. Der erste besteht darin, daß man einen geeigneten inneren Parameter einführt. Die durch zusätzliche Beziehungen verknüpften extensiven Parameter erscheinen dann nicht mehr in den Nebenbedingungen, und wir haben ein Extremalproblem, bei dem die Variationen des inneren Parameters lediglich durch die noch verbleibenden Nebenbedingungen (beispielsweise im Falle einer chemischen

Reaktion Konstanz von Temperatur, Druck und der Molzahlen der Komponenten, die nicht an der Reaktion teilnehmen) beschränkt sind. Die andere Methode besteht darin, daß man die Zahl der Variablen nicht reduziert (also im Falle einer chemischen Reaktion die Molzahlen aller Reaktionsteilnehmer in der Fundamentalgleichung beläßt), für das Extremalproblem jedoch die aus den zusätzlichen Beziehungen folgenden neuen Nebenbedingungen einführt. Die obigen Ableitungen werden durch diese Verallgemeinerung nicht berührt. Da aber eine allgemeine Formulierung für solche Fälle unzweckmäßig ist, verweisen wir für die Behandlung chemischer Reaktionen auf § 33 und 36.

b. *Stabilitätsbedingungen*

Die Bedingungen (23.5) und (23.12) enthalten für den (praktisch wichtigsten) Fall des Gleichheitszeichens nur die Aussage, daß im Gleichgewicht das thermodynamische Potential Ψ_k bzw. die *Massieu-Planck*sche *Funktion* Φ_k für die jeweils angegebenen Nebenbedingungen einen stationären Wert annimmt. Aussagen über die Art dieses stationären Wertes erfordern Berücksichtigung der Variationen höherer Ordnung. Wie schon erwähnt, sind tatsächlich nur noch die Variationen zweiter Ordnung im Rahmen der Thermodynamik von Bedeutung. Wir verschieben die genauere Analyse dieses Problems auf Kap. VI und begnügen uns hier, ähnlich wie in § 18, mit der schematischen Feststellung, daß im *stabilen Gleichgewicht* der stationäre Wert für die *thermodynamischen Potentiale* ein *Minimum*, für die *Massieu-Planck*schen *Funktionen* ein *Maximum* ist.

Als Formel geschrieben

$$(\Delta\Psi_k)_{P,X} > 0 \tag{23.13}$$

$$(\Delta\Phi_k)_{P^*,X} < 0\,. \tag{23.14}$$

§ 24 Gibbs-Helmholtzsche Gleichungen und Maxwellsche Relationen

Bisher haben wir die thermodynamischen Potentiale als *Legendre-Transformierte* der inneren Energie betrachtet. Man kann aber naturgemäß auch durch *Legendre-Transformation* von einem thermodynamischen Potential Ψ_l zu einem anderen thermodynamischen Potential Ψ_k $(k > l)$ übergehen. Dann ist

$$\Psi_k = \Psi_l - \sum_{i=l+1}^{k} P_i X_i; \qquad (k > l)\,. \tag{24.1}$$

Nach (21.9) ist nun

$$\frac{\partial \Psi_k}{\partial P_i} = -X_i . \tag{24.2}$$

Damit wird

$$\Psi_k = \Psi_l + \sum_{i=l+1}^{k} P_i \frac{\partial \Psi_k}{\partial P_i} . \tag{24.3}$$

Für die Anwendungen kommt praktisch nur der Fall $k - l = 1$ in Betracht. Dann ist

$$\Psi_k = \Psi_l + P_k \frac{\partial \Psi_k}{\partial P_k} . \tag{24.4}$$

In dieser Form hängt zunächst noch Ψ_k explizit nicht von P_k, sondern von X_k ab. Aus Ψ_l erhält man jedoch die Zustandsgleichung

$$P_k = \frac{\partial \Psi_l}{\partial X_k} = P_k(P_1, \ldots, P_l, X_k, \ldots, X_r) \tag{24.5}$$

mit deren Hilfe X_k eliminiert werden kann.

Alle in (24.4) auftretenden Größen sind dann Funktionen von P_k, und wir haben eine lineare Differentialgleichung erster Ordnung, welche die Berechnung von $\Psi_k(P_k)$ ermöglicht, wenn $\Psi_l(P_k)$ gegeben ist. Für die freie Energie ist Gl. (24.4) zuerst von *Gibbs* und später unabhängig von *Helmholtz* abgeleitet worden. Sie wird daher als *Gibbs-Helmholtz*sche *Gleichung* bezeichnet.

Für die Thermodynamik sind vor allem die folgenden Spezialfälle von Bedeutung:

a. $$H = U + P \left(\frac{\partial H}{\partial P}\right)_{S,n} \tag{24.6}$$

Diese Gleichung ermöglicht die Berechnung der Enthalpie, wenn die innere Energie als Funktion des Druckes gegeben ist.

b. $$F = U + T \left(\frac{\partial F}{\partial T}\right)_{V,n} . \tag{24.7}$$

Diese Gleichung ermöglicht die Berechnung der freien Energie nach *Helmholtz* wenn die innere Energie als Funktion der Temperatur gegeben ist.

c. $$G = H + T \left(\frac{\partial G}{\partial T}\right)_{P,n} . \tag{24.8}$$

Diese Gleichung ermöglicht die Berechnung der freien Energie nach *Gibbs*, wenn die Enthalpie als Funktion der Temperatur gegeben ist.

d. $$G = F + P\left(\frac{\partial G}{\partial P}\right)_{T,n} \qquad (24.8\text{a})$$

Mit Hilfe dieser Gleichung kann die freie Energie nach *Gibbs* aus der freien Energie nach *Helmholtz* berechnet werden, wenn letztere als Funktion des Druckes gegeben ist.

Diese Gleichungen illustrieren zunächst die früheren Bemerkungen, daß auch die Darstellung von U und H in Variablensätzen, für die sie nicht thermodynamische Potentiale sind, von Bedeutung sein kann (vgl. § 20 und 21). Da von den angeführten Fällen c. weitaus am wichtigsten ist, werden wir die weiteren Erörterungen im wesentlichen darauf beschränken.

Die Sonderstellung von (24.8) beruht auf folgenden Eigenschaften:

α. Die Gleichung gilt für die experimentell meistens vorliegende Bedingung $P = \text{const.}$

β. Die Funktion $H(T)$ kann nach Gl. (21.26) durch Integration über die experimentell gut zugängliche Molwärme bei konstantem Druck erhalten werden.

γ. Die aus (24.8) zu berechnende Funktion G bestimmt nach (23.11) für $T = \text{const.}$, $P = \text{const.}$ vollständig alle stofflichen Gleichgewichte mit Einschluß der chemischen Gleichgewichte.

Die formale Lösung der Gl. (24.8) wird sofort erhalten, wenn man dieselbe in der Form

$$\left[\frac{\partial(G/T)}{\partial(1/T)}\right]_{P,n} = H \qquad (24.9)$$

schreibt. Dann wird nämlich

$$G = T\int H\,d\left(\frac{1}{T}\right), \qquad (24.10)$$

wobei die Integrationskonstante noch festzulegen ist. Man sieht leicht, daß die Formulierung eigentlich einen Übergang zu *Massieu-Planck*schen *Funktionen* bedeutet. Die Nebenbedingung der partiellen Differentiation und die Funktion H stammen jedoch aus dem Formalismus der thermodynamischen Potentiale. Das analoge Verfahren für Gl. (24.7) führt jedoch vollständig in den Formalismus der *Massieu-Planck*schen *Funktionen* und ergibt einfach die erste der Gl. (22.10).

Wir erwähnen schließlich noch ein Problem, das im Zusammenhang mit der statistischen Thermodynamik auftritt. Eine explizite statistische Berechnung der freien Energie nach *Gibbs* ist zwar im Prinzip möglich, stößt aber praktisch im allgemeinen auf unüberwindliche Schwierigkeiten. Man geht daher häufig so vor, daß man statistisch die freie Energie nach *Helmholtz* berechnet und den Übergang zur freien Energie nach *Gibbs* rein thermodynamisch durchführt. Man kann sich dazu der Gl. (24.8a) bedienen. Die Berechnung des zu (24.10) analogen Integrals

$$G = P \int F\, d\left(\frac{1}{P}\right) \tag{24.10a}$$

erfordert jedoch, daß in dem Ausdruck für die freie Energie nach *Helmholtz* V mit Hilfe der thermischen Zustandsgleichung eliminiert wird.

Die Integration läßt sich vermeiden, wenn man ein zu den *Gibbs-Helmholtz*schen *Gleichungen* paralleles Gleichungssystem benutzt. Wir beschränken uns auf den Fall $k - l = 1$. Dann folgt aus (24.1) und (24.5)

$$\Psi_k = \Psi_l - X_k \frac{\partial \Psi_l}{\partial X_k}, \tag{24.10b}$$

mit dem wichtigsten Spezialfall

$$G = F - V\left(\frac{\partial F}{\partial V}\right)_{T,n}. \tag{24.10c}$$

Wenn F aus der statistischen Rechnung bekannt ist, läßt sich die Ableitung auf der rechten Seite ohne weiteres angeben, und es bleibt lediglich die Eliminierung des Volumens durchzuführen.

Wir haben bereits bemerkt, daß man aus der Tatsache, daß die charakteristischen Funktionen notwendig Zustandsfunktionen (d. h. vollständige Differentiale der Zustandsgrößen) sind, Beziehungen zwischen ihren zweiten Ableitungen gewinnen kann (vgl. § 20). Wir führen dies nun allgemein für die thermodynamischen Potentiale durch. Aus Gl. (21.6) erhält man unmittelbar

$$\frac{\partial^2 \Psi_k}{\partial P_i\, \partial X_j} = -\frac{\partial X_i}{\partial X_j} = \frac{\partial P_j}{\partial P_i}, \tag{24.11}$$

$$\frac{\partial^2 \Psi_k}{\partial P_i\, \partial P_m} = -\frac{\partial X_i}{\partial P_m} = -\frac{\partial X_m}{\partial P_i}, \tag{24.12}$$

$$\frac{\partial^2 \Psi_k}{\partial X_j\, \partial X_n} = \frac{\partial P_j}{\partial X_n} = \frac{\partial P_n}{\partial X_j}; \qquad (i, m \leqq k;\; j, n > k). \tag{24.13}$$

Diese Gleichungen werden als *Maxwell*sche *Relationen* bezeichnet. Die wichtigsten Spezialfälle sind (für Einkomponentensysteme):

a. *Innere Energie* (hier tritt nur der Typ (24.13) auf)

$$\left(\frac{\partial T}{\partial V}\right)_{S,n} = -\left(\frac{\partial P}{\partial S}\right)_{V,n}, \tag{24.14}$$

$$\left(\frac{\partial T}{\partial n}\right)_{S,V} = \left(\frac{\partial \mu}{\partial S}\right)_{V,n}, \tag{24.15}$$

$$-\left(\frac{\partial P}{\partial n}\right)_{S,V} = \left(\frac{\partial \mu}{\partial V}\right)_{S,n}. \tag{24.16}$$

b. *Enthalpie* (es treten nur die Typen (24.11) und (24.13) auf)

$$\left(\frac{\partial V}{\partial S}\right)_{P,n} = \left(\frac{\partial T}{\partial P}\right)_{S,n}, \tag{24.17}$$

$$\left(\frac{\partial V}{\partial n}\right)_{S,P} = \left(\frac{\partial \mu}{\partial P}\right)_{S,n}, \tag{24.18}$$

$$\left(\frac{\partial T}{\partial n}\right)_{S,P} = \left(\frac{\partial \mu}{\partial S}\right)_{P,n}. \tag{24.19}$$

c. *Freie Energie nach Helmholtz* (ebenfalls nur (24.11) und (24.13))

$$\left(\frac{\partial S}{\partial V}\right)_{T,n} = \left(\frac{\partial P}{\partial T}\right)_{V,n}, \tag{24.20}$$

$$-\left(\frac{\partial S}{\partial n}\right)_{T,V} = \left(\frac{\partial \mu}{\partial T}\right)_{V,n}, \tag{24.21}$$

$$-\left(\frac{\partial P}{\partial n}\right)_{T,V} = \left(\frac{\partial \mu}{\partial V}\right)_{T,n}. \tag{24.22}$$

d. *Freie Energie nach Gibbs* (nur (24.11) und (24.12))

$$\left(\frac{\partial V}{\partial n}\right)_{T,P} = \left(\frac{\partial \mu}{\partial P}\right)_{T,n}, \tag{24.23}$$

$$-\left(\frac{\partial S}{\partial P}\right)_{T,n} = \left(\frac{\partial V}{\partial T}\right)_{P,n}, \tag{24.24}$$

$$-\left(\frac{\partial S}{\partial n}\right)_{T,P} = \left(\frac{\partial \mu}{\partial T}\right)_{P,n}. \tag{24.25}$$

§ 25 Umrechnung partieller Ableitungen. Methode der Jacobischen Determinanten. Der Joule-Thomson-Effekt

Bei der thermodynamischen Behandlung spezieller Probleme wird man häufig auf partielle Ableitungen geführt, die nicht direkt meßbar sind.

Für die Anwendungen der Thermodynamik spielt daher die Umrechnung solcher Ableitungen auf experimentell gut zugängliche Größen eine außerordentlich wichtige Rolle. Im folgenden besprechen wir einige dabei anwendbare Methoden unter Beschränkung auf *Einkomponentensysteme.*

Die Verallgemeinerung für Mehrkomponentensysteme macht formal keine Schwierigkeiten, benutzt aber Begriffe, die wir erst in § 28 einführen. Da, wie in § 20 gezeigt, für Einkomponentensysteme die Molzahl als Variable trivial ist, halten wir sie von vornherein konstant. Damit hängen alle Zustandsfunktionen nur von zwei unabhängigen Variablen ab.

Wir erläutern zunächst das Problem noch etwas näher. Wenn eine Zustandsfunktion

$$z = z(x, y) \tag{25.1}$$

gegeben ist, dann gilt

$$dz = \left(\frac{\partial z}{\partial x}\right)_y dx + \left(\frac{\partial z}{\partial y}\right)_x dy \tag{25.2}$$

und somit, wenn w eine weitere Zustandsvariable ist,

$$\left(\frac{\partial z}{\partial x}\right)_w = \left(\frac{\partial z}{\partial x}\right)_y + \left(\frac{\partial z}{\partial y}\right)_x \left(\frac{\partial y}{\partial x}\right)_w. \tag{25.3}$$

Durch Kombination der Gleichungen vom Typ (25.3) kann man eine beliebige partielle Ableitung stets durch (maximal) drei willkürlich gewählte andere partielle Ableitungen ausdrücken. Nun beträgt aber für 10 Zustandsvariable die Zahl der partiellen Ableitungen 720, und die Zahl der Relationen vom Typ (25.3) ist von der Größenordnung 10^{10}. Die Bedeutung rationeller Methoden für solche Rechnungen geht daraus unmittelbar hervor.

Die erste grundlegende Vereinfachung besteht darin, daß man alle partiellen Ableitungen durch den gleichen Standard-Satz von drei unabhängigen partiellen Ableitungen ausdrückt. Nach einem Vorschlag von *Bridgeman* wählt man dafür die experimentell gut zugänglichen Größen

Molwärme bei konstantem Druck

$$C_p = T\left(\frac{\partial s}{\partial T}\right)_P. \tag{25.4}$$

Thermischer Ausdehnungskoeffizient

$$\alpha = \frac{1}{V}\left(\frac{\partial V}{\partial T}\right)_P. \tag{25.5}$$

Isotherme Kompressibilität

$$\varkappa = -\frac{1}{V}\left(\frac{\partial V}{\partial P}\right)_T. \tag{25.6}$$

In den meisten Fällen genügt diese Reduktion für praktische Zwecke. Wenn andere Beziehungen benötigt werden, lassen sie sich ohne Schwierigkeit aus den Gleichungen für den Standard-Satz (25.4)–(25.6) ableiten.

a. *Methode von Bridgeman (Methode der schrittweisen Eliminierung)*

Die Methode von *Bridgeman* benutzt die folgenden, aus der Theorie der partiellen Differentiation bekannten Relationen:

$$\left(\frac{\partial x}{\partial y}\right)_z = \left(\frac{\partial y}{\partial x}\right)_z^{-1}, \tag{25.7}$$

$$\left(\frac{\partial x}{\partial y}\right)_z = \frac{(\partial x/\partial w)_z}{(\partial y/\partial w)_z}, \tag{25.8}$$

$$\left(\frac{\partial x}{\partial y}\right)_z = -\frac{(\partial z/\partial y)_x}{(\partial z/\partial x)_y}. \tag{25.9}$$

Bridgeman teilt nun die 720 partiellen Ableitungen nach dem konstanten Parameter z in zehn Klassen.

Nach Gl. (25.8) genügt für jede Klasse die Kenntnis der neun Größen $(\partial x/\partial w)_z$, um alle partiellen Ableitungen der Klasse zu konstruieren. Damit ist die Aufgabe auf die Ermittlung von 90 Gleichungen zurückgeführt. Benutzung der *Maxwell*schen *Relationen* (§ 24) vermindert diese Zahl nochmals auf die Hälfte, so daß schließlich 45 Grundgleichungen bleiben, die von *Bridgeman* tabelliert worden sind.

Wir zeigen nun kurz, wie man nach diesem Verfahren ohne Benutzung der Tabellen die Reduktion durchführen kann. Dabei geben wir in Form eines Rezeptes[1]) die einzelnen Schritte an und erläutern jeden Schritt durch ein kurzes Beispiel, ohne jedoch eine vollständige Rechnung durchzuführen.

α. Wenn die vorgelegte Ableitung thermodynamische Potentiale enthält, bringt man diese mit Hilfe von (25.7) oder (25.9) in den Zähler und eliminiert sie mit Hilfe der Gl. (21.6).

---

1 H. B. Callen, Thermodynamics, Wiley, New York 1960.

Beispiel

$$\left.\begin{aligned}\left(\frac{\partial P}{\partial U}\right)_G &= \left[\left(\frac{\partial U}{\partial P}\right)_G\right]^{-1} \qquad (\text{mit } 25.7)\,,\\ &= \left[T\left(\frac{\partial S}{\partial P}\right)_G - P\left(\frac{\partial V}{\partial P}\right)_G\right]^{-1} \qquad (\text{mit } 20.5)\,.\end{aligned}\right\} \tag{25.10}$$

usw.

Der resultierende Ausdruck enthält keine thermodynamischen Potentiale mehr. Die auftretenden Ableitungen werden nach den folgenden Vorschriften einzeln reduziert.

β. Wenn eine Ableitung das chemische Potential enthält, wird es in den Zähler gebracht und mit Hilfe der *Gibbs-Duhem*schen *Gleichung* (20.45) eliminiert.

Beispiel

$$\left(\frac{\partial \mu}{\partial V}\right)_S = -s\left(\frac{\partial T}{\partial V}\right)_S + v\left(\frac{\partial P}{\partial V}\right)_S. \tag{25.11}$$

γ. Wenn eine Ableitung die Entropie enthält, wird sie in den Zähler gebracht und entweder mit Hilfe der *Maxwell*schen *Relationen* eliminiert oder mit Hilfe von (25.8) (für $w = T$) auf die Standard-Ableitungen reduziert.

Beispiel

$$\left(\frac{\partial T}{\partial P}\right)_S = -\frac{(\partial S/\partial P)_T}{(\partial S/\partial T)_P} = \frac{(\partial V/\partial T)_P}{(n/T)\,C_p} \tag{25.12}$$

[mit (25.9)] [mit (24.24)].

Beispiel 2

$$\left(\frac{\partial S}{\partial V}\right)_P = \frac{(\partial S/\partial T)_P}{(\partial V/\partial T)_P} = \frac{(n/T)\,C_p}{(\partial V/\partial T)_P} \qquad [\text{mit } (25.8)] \tag{25.13}$$

In diesem Falle kann die Entropie nicht mit Hilfe der *Maxwell*schen *Relationen* eliminiert werden [vgl. (24.17)].

δ. Das Volumen wird in den Zähler gebracht.

Beispiel

$$\left(\frac{\partial T}{\partial P}\right)_V = -\frac{(\partial V/\partial P)_T}{(\partial V/\partial T)_P} = \frac{\varkappa}{\alpha} \qquad [\text{mit } (25.9)]. \tag{25.14}$$

Die Molwärme bei konstantem Volumen wird mit Hilfe der (weiter unten abzuleitenden) Gleichung

$$C_p - C_V = T \frac{v \alpha^2}{\varkappa} \tag{25.15}$$

eliminiert.

Damit ist die vorgelegte Ableitung auf die Standard-Ableitungen reduziert.

b. *Methode der Jacobischen Determinanten*

Allgemeiner und eleganter als die *Bridgeman*sche Methode ist die von *Shaw* entwickelte Methode der *Jacobi*schen *Determinanten.* Wir stellen zunächst ohne Beweis die im folgenden benötigten Eigenschaften der *Jacobi*schen Determinanten (unter Beschränkung auf zwei unabhängige Variable) zusammen.

Die *Jacobi*sche *Determinante* von x und y für die unabhängigen Variablen u und v ist definiert als

$$J(x, y) \equiv \frac{\partial(x, y)}{\partial(u, v)} \equiv \begin{vmatrix} \left(\frac{\partial x}{\partial u}\right)_v & \left(\frac{\partial x}{\partial v}\right)_u \\ \left(\frac{\partial y}{\partial u}\right)_v & \left(\frac{\partial y}{\partial v}\right)_u \end{vmatrix} = \left(\frac{\partial x}{\partial u}\right)_v \left(\frac{\partial y}{\partial v}\right)_u - \left(\frac{\partial x}{\partial v}\right)_u \left(\frac{\partial y}{\partial u}\right)_v . \tag{25.16}$$

Aus der Definition folgt

$$\left.\begin{aligned} &J(u, v) = -J(v, u) = 1 \,, \\ &J(x, x) = 0 \qquad J(k, x) = 0 \qquad (k = \text{const.}) \\ &J(x, y) = J(y, -x) = J(-y, x) = -J(y, x) \,. \end{aligned}\right\} \tag{25.17}$$

Es ist

$$\frac{\partial(x, y)}{\partial(z, w)} \frac{\partial(z, w)}{\partial(u, v)} = \frac{\partial(x, y)}{\partial(u, v)} . \tag{25.18}$$

Für $y = v$ folgt aus (25.16)

$$\frac{\partial(x, y)}{\partial(u, y)} = \left(\frac{\partial x}{\partial u}\right)_y . \tag{25.19}$$

Jede partielle Ableitung kann somit als *Jacobi*sche *Determinante* geschrieben werden.

Das Verfahren beruht nun auf folgender Überlegung.

Nach (25.19) kann Gl. (25.2) geschrieben werden

$$dz = \frac{\partial(z, y)}{\partial(x, y)} dx + \frac{\partial(z, x)}{\partial(y, x)} dy . \tag{25.20}$$

Führen wir neue unabhängige Variable r und s und die Abkürzung $J(z, y) = \partial(z, y)/\partial(r, s)$ ein, so wird aus (25.20) mit Benutzung von (25.18)

$$dz = \frac{J(z, y)}{J(x, y)}\, dx + \frac{J(z, x)}{J(y, x)}\, dy\,. \tag{25.21}$$

Multiplikation mit $J(x, y)$ ergibt mit Berücksichtigung von (25.17)

$$J(z, y)\, dx + J(x, z)\, dy + J(y, x)\, dz = 0\,. \tag{25.22}$$

Diese Beziehung stellt die *Grundgleichung* der Methode dar. Wir gehen hier nicht auf die allgemeine Formulierung (die sich auch in Tabellenform bringen läßt) ein und betrachten nur einen einfacheren Spezialfall, den wir durch Beispiele illustrieren. Setzt man in (25.22) $dy = 0$, so wird

$$J(z, y) + J(y, x)\left(\frac{\partial z}{\partial x}\right)_y = 0\,, \tag{25.23}$$

oder explizit mit Benutzung von (25.17)

$$\left(\frac{\partial z}{\partial x}\right)_y = \frac{\partial(y, z)/\partial(r, s)}{\partial(y, x)/\partial(r, s)}\,. \tag{25.24}$$

Diese Gleichung stellt eine Transformation von den unabhängigen Variablen x, y auf die Variablen r, s dar. Die Darstellung der partiellen Ableitungen durch die Standard-Ableitungen (25.4)—(25.6) bedeutet nun stets eine Transformation auf die unabhängigen Variablen der freien Energie nach *Gibbs*, d. h. auf T und P. In Gl. (25.24) ist dann stets $r = T$, $s = P$.

Beispiel 1

Wir behandeln das Beispiel (25.10) nach der Methode der *Jacobi*schen *Determinanten*. Es ist

$$\left(\frac{\partial P}{\partial U}\right)_G = \frac{\partial(G, P)/\partial(T, P)}{\partial(G, U)/\partial(T, P)} = \frac{(\partial G/\partial T)_P}{(\partial G/\partial T)_P\,(\partial U/\partial P)_T - (\partial G/\partial P)_T\,(\partial U/\partial T)_P}\,. \tag{25.25}$$

Es wird somit

$$\left(\frac{\partial P}{\partial U}\right)_G = \frac{S}{S(\partial U/\partial P)_T + V(\partial U/\partial T)_P}\,. \tag{25.26}$$

Der Ausdruck auf der rechten Seite läßt sich mit Benutzung von (25.3), (25.7)—(25.9) sowie der *Maxwell-Relation* (24.20) ohne Schwierigkeit auf die Standard-Ableitungen reduzieren.

Beispiel 2

Die Molwärme bei konstantem Volumen soll durch die Standard-Ableitungen ausgedrückt werden. Es ist nach (25.24)

$$C_V = T\left(\frac{\partial s}{\partial T}\right)_v = T\,\frac{\partial(v, s)/\partial(T, P)}{\partial(v, T)/\partial(T, P)}, \tag{25.27}$$

oder mit Benutzung von (25.19) und (25.6)

$$C_V = -\frac{T}{v\,\varkappa}\,\frac{\partial(s, v)}{\partial(T, P)}. \tag{25.28}$$

Entwicklung der Determinanten ergibt

$$\begin{aligned} C_V &= -\frac{T}{v\,\varkappa}\left[\left(\frac{\partial s}{\partial T}\right)_P\left(\frac{\partial v}{\partial P}\right)_T - \left(\frac{\partial s}{\partial P}\right)_T\left(\frac{\partial v}{\partial T}\right)_P\right] \\ &= -\frac{T}{v\,\varkappa}\left[-\frac{C_p}{T}\,v\,\varkappa + \left\{\left(\frac{\partial v}{\partial T}\right)_P\right\}^2\right], \end{aligned} \tag{25.29}$$

wobei wir wieder die *Maxwell*sche *Relation* (24.24) benutzt haben. Es wird somit

$$C_p - C_V = T\,\frac{v\,\alpha^2}{\varkappa}. \tag{25.30}$$

Diese Formel ist sehr wichtig und wird in den Anwendungen der Thermodynamik häufig benutzt.

c. *Der Joule-Thomson-Effekt*

Wir sind jetzt in der Lage, die Theorie des schon bei Besprechung der Enthalpie (§ 21) erwähnten *Joule-Thomson-Effektes* zu entwickeln. Dem Effekt liegt folgende experimentelle Anordnung zugrunde (Abb. 13):

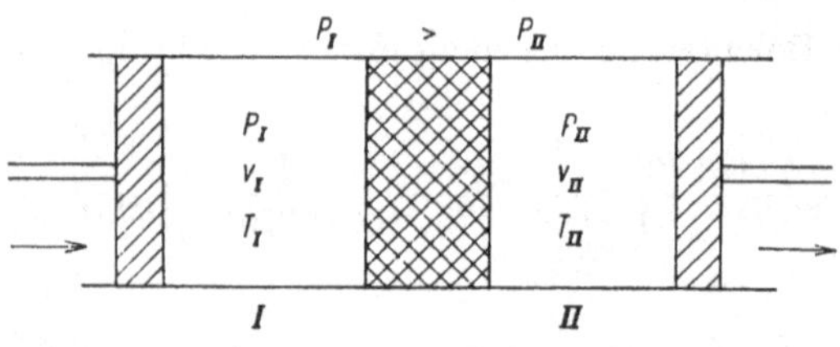

Abb. 13. Schema der experimentellen Anordnung beim *Joule-Thomson-Effekt*

Ein zylindrisches Rohr ist an den Enden durch bewegliche Kolben verschlossen und in der Mitte durch einen porösen Pfropfen in zwei Teilräume *I* und *II* geteilt. Der Pfropfen muß so beschaffen sein, daß er einen spontanen Druckausgleich zwischen I und II durch Konvektion oder Diffusion verhindert, aber einen Durchtritt des Gases erlaubt, wenn dasselbe durch Bewegen der Kolben aus dem Teilraum mit dem höheren Druck P_I in den mit dem niedrigeren Druck P_{II} gepreßt wird. Geeignete Materialien für einen solchen Pfropfen sind z. B. Watte oder Glaswolle. Die ganze Apparatur soll adiabatisch isoliert sein.

Wir nehmen an, daß sich in I ein Mol eines Gases befindet, während in II der Kolben am Pfropfen anliegt. Wir betrachten die Überführung dieser Gasmenge von I nach II, wobei die Drucke P_I und P_{II} konstant bleiben sollen. Da der Prozeß adiabatisch verläuft, ist nach dem I. Hauptsatz [Gl. (8.1)]

$$u_{II} = u_I + P_I v_I - P_{II} v_{II} \tag{25.31}$$

oder mit Benutzung von (25.15)

$$h_I = h_{II} \,. \tag{25.32}$$

Bei dem Prozeß bleibt also die Enthalpie konstant. Man bezeichnet ihn deshalb auch als *isenthalpische Entspannung*. Es ist zu beachten, daß das Gas zwar in I und in II im Gleichgewicht ist, im Innern des Pfropfens aber Nichtgleichgewichtszustände durchläuft. Wie besonders am Schluß von § 15 erörtert, ist diese Tatsache bedeutungslos, wenn man sich auf die Betrachtung von Anfangs- und Endzustand beschränkt und diese durch die thermodynamischen Zustandsvariablen beschrieben werden.

Als *Joule-Thomson-Effekt* bezeichnet man die Tatsache, daß bei dem beschriebenen Versuch im allgemeinen $T_I \neq T_{II}$ ist, und zwar kann $T_I \gtrless T_{II}$ sein. Die Aufgabe der Theorie besteht daher in der Berechnung dieser Temperaturänderung aus der vorgegebenen Druckänderung.

Nehmen wir letztere als infinitesimal an, so lautet wegen (25.32) die Ausgangsgleichung

$$dT = \left(\frac{\partial T}{\partial P}\right)_H dP \,. \tag{25.33}$$

Die partielle Ableitung transformieren wir mit Hilfe von (25.24) von den Variablen P, H auf die Standard-Variablen T, P. Man erhält dann

$$dT = -\frac{(\partial H/\partial P)_T}{(\partial H/\partial T)_P}\, dP \,. \tag{25.34}$$

Mit Benutzung von (21.16) wird daraus (da die Molzahl konstant gehalten wird)

$$dT = -\frac{T(\partial S/\partial P)_T + V}{T(\partial S/\partial T)_P}\, dP \,. \tag{25.35}$$

Mit Hilfe der *Maxwell*schen *Relation* (24.24) und der Definitionen (25.4) und (25.5) erhält man schließlich

$$dT = \frac{v}{C_p}(T\alpha - 1)\,dP\,. \qquad (25.36)^{1)}$$

Diese Gleichung zeigt zunächst, daß für das ideale Gas (da hier $\alpha = 1/T$ ist) $dT = 0$ wird. Der *Joule-Thomson-Effekt* ist also an die Abweichungen vom idealen Gaszustand gebunden. Man kann daher Messungen des *Joule-Thomson-Effektes* benutzen, um die empirische Temperatur des realen Gasthermometers (§ 7) auf die absolute Temperatur umzurechnen. Die genauere Diskussion zeigt, daß dT bei hohen Temperaturen positiv, bei tiefen negativ ist. Die Inversionstemperatur ist durch die Gleichung

$$T\alpha = 1 \qquad (25.37)$$

bestimmt, deren Auflösung nach T die Kenntnis der thermischen Zustandsgleichung des Gases erfordert.

Der *Joule-Thomson-Effekt* bei tiefen Temperaturen ist eines der wichtigsten Hilfsmittel der Kältetechnik. Die technische Ausnutzung erfordert einerseits, daß der oben beschriebene Versuch zu einem kontinuierlichen Prozeß umgestaltet wird, andererseits muß das betreffende Gas gegebenenfalls zunächst durch Vorkühlung auf eine unterhalb der Inversionstemperatur gelegene Temperatur gebracht werden.[2]) Der *Joule-Thomson-Effekt* kann dann bis herab zur Verflüssigungstemperatur des Gases benutzt werden.

§ 26 Mittlere molare und partielle molare Größen.

In § 21 haben wir bereits erwähnt, daß von allen charakteristischen Funktionen die freie Energie nach *Gibbs* für die Anwendungen der Thermodynamik weitaus am wichtigsten ist. Im folgenden entwickeln wir noch einige Begriffe und Zusammenhänge, welche bei der Anwendung dieser Funktion auf Mehrkomponentensysteme von Nutzen sind.

Wir knüpfen an die Überlegungen in § 20 (ad e.) an. Die Definition der Dichten läßt sich ohne weiteres auf Mehrkomponentensysteme aus-

---

1 Gl. (25.36) beschreibt den sog. *differentiellen Joule-Thomson-Effekt.* Die Größe $\delta \equiv (\partial T/\partial P)_H$ wird als *Joule-Thomson-Koeffizient* bezeichnet.

2 Für die meisten Gase ist eine Vorkühlung nicht notwendig, da die Inversionstemperaturen T_i weit oberhalb der Raumtemperaturen liegen (z. B. $T_i = 621\,°K$ für N_2). Sie ist erforderlich in den für die Tieftemperatur-Physik besonders wichtigen Fällen von H_2 ($T_i = 195\,°K$) und He ($T_i = 23{,}6\,°K$).

dehnen, ist aber in der Gleichgewichts-Thermodynamik wenig gebräuchlich. Der Begriff der molaren Größen läßt sich dagegen nicht ohne weiteres verallgemeinern, denn es hat offenbar keinen Sinn, die Zustandsfunktionen auf ein Mol einer Komponente zu beziehen.

Man führt daher einen neuen Begriff ein in folgender Weise. Nach Gl. (21.40) und dem *Euler*schen *Satz* ist

$$\alpha G = G(T, P, \alpha n_1, \ldots, \alpha n_m) . \tag{26.1}$$

Man setzt nun $\alpha = 1 \Big/ \sum\limits_{i=1}^{m} n_i$ und schreibt

$$G^* = G^*(T, P, x_1, \ldots, x_{m-1}) . \tag{26.2}$$

Die Größen

$$x_i = \frac{n_i}{\sum\limits_{i=1}^{m} n_i} , \tag{26.3}$$

werden als *Molenbrüche* bezeichnet. Es ist

$$\sum_{i=1}^{m} x_i = 1 , \tag{26.4}$$

so daß nur $m-1$ Molenbrüche unabhängige Variable sind. Die durch Gl. (26.2) definierte Funktion G^* heißt *mittlere molare freie Energie nach Gibbs*.

Aus Gl. (21.37) und (24.8) sieht man nun, daß im Rahmen der Darstellung durch die freie Energie nach *Gibbs* auch die extensiven Zustandsgrößen S, V und H als Funktionen von T, P und den n_i erscheinen. Es liegt daher nahe, die obige Begriffsbildung entsprechend zu verallgemeinern. Sei also Z eine extensive Zustandsfunktion der unabhängigen Variablen $T, P, n_1, \ldots, n_m$. Dann wird

$$Z^* = \frac{Z}{\sum\limits_{i=1}^{m} n_i} \tag{26.5}$$

allgemein als *mittlere molare Zustandsgröße* bezeichnet. Die zuerst von *Lewis* eingeführten Größen

$$z_i = \left(\frac{\partial Z}{\partial n_i}\right)_{T, P, n_j} \tag{26.6}$$

werden als *partielle molare Größen* der Komponente i bezeichnet. Sie spielen eine wichtige Rolle in der Thermodynamik der Mehrkomponentensysteme[1]). Der Vergleich von (21.37) mit der Definition (26.6) zeigt, daß das chemische Potential formal als partielle molare freie Energie nach *Gibbs* betrachtet werden kann. Diese an sich korrekte Aussage ist häufig als Definition des chemischen Potentials betrachtet worden und hat damit dessen viel allgemeinere Bedeutung, die sich aus der Fundamentalgleichung und ihren *Legendre-Transformierten* ergibt, verdunkelt.

Aus (21.37) und den Definitionen (26.2), (26.3) und (26.5) folgt nun

$$\left(\frac{\partial G^*}{\partial T}\right)_{P,x} = -S^*; \quad \left(\frac{\partial G^*}{\partial P}\right)_{T,x} = V^*. \tag{26.7}$$

Wir erhalten daher aus (26.2)

$$dG^* = -S^*\,dT + V^*\,dP + \sum_{i=1}^{m-1}\left(\frac{\partial G^*}{\partial x_i}\right)_{T,P,x_j} dx_i. \tag{26.8}$$

Die Ableitungen von G^* nach den Molenbrüchen sind somit *nicht* die chemischen Potentiale. Damit ergeben sich unmittelbar die Fragen

a. Welches ist die Bedeutung der Ableitungen $(\partial Z^*/\partial x_i)_{T,P,x_j}$?

b. Welches ist der Zusammenhang zwischen mittleren molaren und partiellen molaren Größen?

Beide Fragen sind eng miteinander verknüpft, und wir wollen sie im folgenden kurz untersuchen.

Definitionsgemäß haben wir

$$dZ = \left(\frac{\partial Z}{\partial T}\right)_{P,n} dT + \left(\frac{\partial Z}{\partial P}\right)_{T,n} dP + \sum_{i=1}^{m}\left(\frac{\partial Z}{\partial n_i}\right)_{T,P,n_j} dn_i. \tag{26.9}$$

Nach der Definition der extensiven Parameter ist Z homogen vom ersten Grade in den Molzahlen. Der *Euler*sche *Satz* ergibt daher in Verbindung mit der Definition (26.6)

$$Z = \sum_{i=1}^{m} z_i\, n_i. \tag{26.10}$$

Durch Differentiation von (26.10) und Vergleich mit (26.9) erhält man

$$\sum_{i=1}^{m} n_i\, dz_i - \left(\frac{\partial Z}{\partial T}\right)_{P,n} dT - \left(\frac{\partial Z}{\partial P}\right)_{T,n} dP = 0. \tag{26.11}$$

Diese formal mit (20.43) identische Beziehung wird als *verallgemeinerte Gibbs-Duhem*sche *Gleichung* bezeichnet. Die Verallgemeinerung beruht

---

1 Für Einkomponentensysteme reduzieren sich sowohl mittlere molare wie partielle molare Größen auf molare Größen, die wir bisher (Gl. (20.34) und (20.36)) mit kleinen Buchstaben bezeichnet haben. Von jetzt ab werden wir gelegentlich für molare Größen auch das Symbol Z^* verwenden.

auf der Tatsache, daß die *Gibbs-Duhem*sche *Gleichung* selbst lediglich aus der Tatsache folgt, daß die Fundamentalgleichung eine homogene Funktion ersten Grades ist. Mit Benutzung von (26.3) und (26.5) läßt sich (26.11) schreiben

$$\sum_{i=1}^{m} x_i\, dz_i - \left(\frac{\partial Z^*}{\partial T}\right)_{P,x} dT - \left(\frac{\partial Z^*}{\partial P}\right)_{T,x} dP = 0\,. \tag{26.12}$$

Ein besonders wichtiger Spezialfall dieser Gleichung sind die isotherm-isobaren Zustandsänderungen ($dT = 0$, $dP = 0$). Dafür gilt

$$\sum_{i=1}^{m} x_i\, dz_i = 0\,; \qquad (dT = 0\,,\; dP = 0)\,. \tag{26.13}$$

Nun ist für $dT = dP = 0$

$$dz_i = \sum_{j=1}^{m-1} \left(\frac{\partial z_i}{\partial x_j}\right)_{T,P,x_k} dx_j\,, \tag{26.14}$$

und somit

$$\sum_{i=1}^{m} x_i dz_i = \sum_{i=1}^{m} x_i \left[\sum_{j=1}^{m-1} \left(\frac{\partial z_i}{\partial x_j}\right)_{T,P,x_k} dx_j\right] = \sum_{j=1}^{m-1} \left[\sum_{i=1}^{m} x_i \left(\frac{\partial z_i}{\partial x_j}\right)_{T,P,x_k}\right] dx_j = 0. \tag{26.15}$$

Nach Gl. (26.4) sind aber die $m - 1$ dx_j voneinander unabhängig. Gl. (26.15) kann daher nur erfüllt sein, wenn

$$\sum_{i=1}^{m} x_i \left(\frac{\partial z_i}{\partial x_j}\right)_{T,P,x_k} = 0 \tag{26.16}$$

ist. Diese Form der *Gibbs-Duhem*schen *Gleichung* wird bei der Untersuchung isotherm-isobarer Probleme häufig verwendet.

Schreiben wir auch die Gl. (26.10) für mittlere molare Größen, so wird

$$Z^* = \sum_{i=1}^{m} z_i\, x_i\,. \tag{26.17}$$

Nach Gl. (26.4) ist nun

$$\frac{\partial x_m}{\partial x_j} = -1\,. \tag{26.18}$$

Partielle Differentiation von (26.17) nach x_j ergibt daher

$$\frac{\partial Z^*}{\partial x_j} = \sum_{i=1}^{m} x_i \frac{\partial z_i}{\partial x_j} + z_j - z_m\,, \tag{26.19}$$

oder wegen (26.16)

$$\frac{\partial Z^*}{\partial x_j} = z_j - z_m \qquad (j = 1, \ldots, m-1)\,. \tag{26.20}$$

Diese Gleichung beantwortet die obige Frage a. nach der Bedeutung der Ableitungen $(\partial Z^*/\partial x_i)_{T,P,x_j}$. Zum Teil beantwortet sie auch schon die Frage b. Wir werden aber noch eine weitere Beziehung ableiten, welche eine partielle molare Größe durch die Ableitungen $(\partial Z^*/\partial x_i)_{T,P,x_j}$ ausdrückt.

Wir lösen zunächst (26.20) nach z_j auf und substituieren diesen Wert in Gl. (26.17). Dann wird

$$Z^* = \sum_{i=1}^{m-1} x_i \frac{\partial Z^*}{\partial x_i} + \sum_{i=1}^{m-1} x_i z_m + x_m z_m . \tag{26.21}$$

Berücksichtigung von (26.4) ergibt

$$z_m = Z^* - \sum_{i=1}^{m-1} x_i \frac{\partial Z^*}{\partial x_i} . \tag{26.22}$$

Damit ist auch Frage b. vollständig beantwortet. Der wichtigste Spezialfall der Gl. (26.22) ist $m = 2$ (binäre Systeme). Dafür hat man

$$z_1 = Z^* - x_2 \frac{\partial Z^*}{\partial x_2} . \tag{26.23}$$

$$z_2 = Z^* - x_1 \frac{\partial Z^*}{\partial x_1} . \tag{26.24}$$

Mit Hilfe dieser Gleichungen lassen sich die partiellen molaren Größen aus den mittleren molaren Größen berechnen. Diese Möglichkeit ist für die Anwendungen von großer Bedeutung, da in manchen Fällen (z. B. Volumen, Enthalpie) die mittleren molaren Größen experimentell besser zugänglich sind als die partiellen molaren Größen. Man bedient sich dazu gewöhnlich der sog. *Tangentenmethode* (Abb. 14).

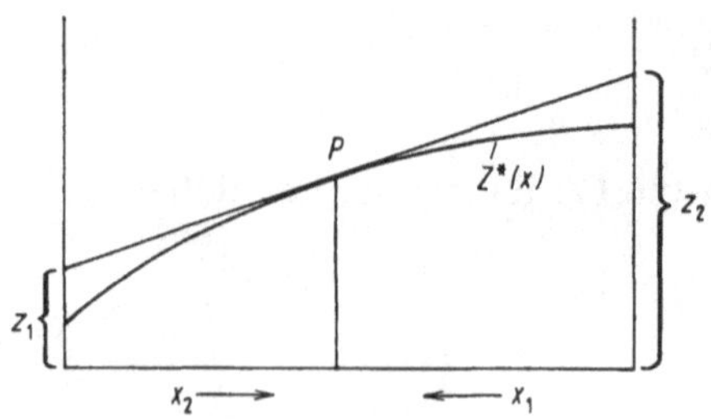

Abb. 14. Zur Erläuterung der Tangentenmethode

Die Gleichung der Tangente an eine Kurve im Punkte x, y mit der Neigung dy/dx lautet

$$\eta = y + (\xi - x)\,\frac{dy}{dx}\,. \tag{26.25}$$

Für $\xi = 0$ erhält man daraus den Schnittpunkt mit der Ordinate. Der Vergleich mit (26.23) und (26.24) zeigt, daß bei der dargestellten Konstruktion die Ordinatenschnitte die partiellen molaren Größen für den Punkt P liefern.

Wir stellen noch einige spezielle Beziehungen für die freie Energie nach *Gibbs* zusammen, die bei den Anwendungen häufig benötigt werden. Nach (26.6) haben wir zunächst definitionsgemäß für die partiellen molaren Größen

$$\left.\begin{aligned} \left(\frac{\partial G}{\partial n_i}\right)_{T,P,n_j} &= \mu_i\,; & \left(\frac{\partial S}{\partial n_i}\right)_{T,P,n_j} &= s_i\,; \\ \left(\frac{\partial H}{\partial n_i}\right)_{T,P,n_j} &= h_i\,; & \left(\frac{\partial V}{\partial n_i}\right)_{T,P,n_j} &= v_i\,. \end{aligned}\right\} \tag{26.26}$$

Mit Benutzung von (21.36) folgt daraus

$$\left(\frac{\partial \mu_i}{\partial T}\right)_{P,n} = -\,s_i\,; \qquad \left(\frac{\partial \mu_i}{\partial P}\right)_{T,n} = v_i\,. \tag{26.27}$$

Ferner ist nach (21.35) und (26.26)

$$\mu_i = h_i - T\,s_i\,. \tag{26.28}$$

Aus (26.27) und (26.28) folgt schließlich das Analogon der *Gibbs-Helmholtz*schen *Gleichung*

$$\mu_i = h_i + T\left(\frac{\partial \mu_i}{\partial T}\right)_{P,n}. \tag{26.29}$$

Ist in einem flüssigen Mehrkomponentensystem eine Komponente, die auch im reinen Zustand flüssig ist, im Überschuß vorhanden, so wird dieselbe häufig das *Lösungsmittel* genannt. Es ist üblich, die auf das Lösungsmittel bezogenen Größen mit dem Index 1 zu bezeichnen. Die Größe

$$\Delta\mu_1 \equiv \mu_1 - \mu_{10}\,, \tag{26.30}$$

wo μ_{10} das chemische Potential des reinen Lösungsmittels bei der gleichen Temperatur und dem gleichen Druck ist, wird als *freie Energie der Verdünnung* bezeichnet. In analoger Weise sind die *Verdünnungswärme* Δh_1

und die *Verdünnungsentropie* Δs_1 definiert. Aus den Gl. (26.27)–(26.29) erhält man dann sofort die häufig verwendeten Beziehungen

$$\Delta\mu_1 = \Delta h_1 - T\,\Delta s_1\,. \tag{26.31}$$

$$\left(\frac{\partial \Delta\mu_1}{\partial T}\right)_{P,n} = -\,\Delta s_1\,; \qquad \frac{\partial(\Delta\mu_1/T)}{\partial(1/T)} = \Delta h_1\,, \tag{26.32}$$

$$\Delta\mu_1 = \Delta h_1 - T\left(\frac{\partial \Delta\mu_1}{\partial T}\right)_{P,n}. \tag{26.33}$$

Die große Bedeutung der freien Energie der Verdünnung für die Thermodynamik der Lösungen beruht auf der Tatsache, daß diese Größe (und damit auch Δs_1 und Δh_1) nach verschiedenen Methoden experimentell gut zugänglich ist. Im besonderen ist für binäre Lösungen die Thermodynamik des Systems vollständig bestimmt, wenn $\Delta\mu_1$ als Funktion des Molenbruches x_2 über den ganzen Konzentrationsbereich bekannt ist. Aus der isotherm-isobaren Form der *Gibbs-Duhem*schen *Gleichung* (26.16) folgt nämlich

$$(1 - x_2)\,\frac{\partial\mu_1}{\partial x_2} + x_2\,\frac{\partial\mu_2}{\partial x_2} = 0\,, \qquad (T = \text{const.},\ P = \text{const.}) \tag{26.34}$$

und somit

$$\Delta\mu_2 = \int\limits_{x_2}^{1} \frac{1 - x_2}{x_2}\, d(\Delta\mu_1) \tag{26.35}$$

oder, nach partieller Integration

$$\Delta\mu_2 = \int\limits_{0}^{x_1} \frac{\Delta\mu_1}{1 - x_1}\, dx_1 - \frac{x_1\,\Delta\mu_1}{1 - x_1}\,. \tag{26.36}$$

Die auf die reinen Komponenten bezogene mittlere molare freie Energie nach *Gibbs* (die auch als freie Energie der Mischung bezeichnet wird) ist dann nach (26.17)

$$\Delta G^* = x_1\,\Delta\mu_1 + x_2\,\Delta\mu_2\,. \tag{26.37}$$

IV. Kapitel

Heterogene Gleichgewichte ohne chemische Reaktionen

§ 27 Die allgemeinen Gleichgewichtsbedingungen für heterogene Systeme

Wir betrachten ein geschlossenes System mit fixierten Arbeitskoordinaten, das aus m Komponenten und σ Phasen aufgebaut ist. Die Phasen unterscheiden wir durch kleine griechische Buchstaben, wobei wir α gleichzeitig als laufenden Index verwenden. Äußere Felder, Grenzflächeneffekte, Elektrolytlösungen und chemische Reaktionen schließen wir aus. Soweit die Phasen Festkörper sind, setzen wir voraus, daß auf dieselben nur ein allseitiger hydrostatischer Druck wirkt und somit keine einachsigen Normalspannungen oder Tangentialspannungen auftreten. Das Volumen stellt daher die einzige Arbeitskoordinate dar. Die Phasen sollen sich im inneren Gleichgewicht befinden und gegeneinander völlig offen sein, so daß für jede Phase Entropie, Volumen und alle Molzahlen variiert werden können. Für die Gleichgewichtsbedingungen und die Nebenbedingungen nehmen wir im Hinblick auf die Erörterungen in § 17 an, daß sie in Form von Gleichungen gegeben sind.

Unter diesen Voraussetzungen ergibt die Anwendung der Fundamentalgleichung (20.5) auf jede Phase

$$\left.\begin{aligned} \delta U^{(\alpha)} &= T^{(\alpha)}\,\delta S^{(\alpha)} - P^{(\sigma)}\,\delta V^{(\alpha)} + \sum_{i=1}^{m} \mu_i^{(\alpha)}\,\delta n_i^{(\alpha)}\,, \\ &\cdots\cdots\cdots\cdots\cdots\cdots \\ \delta U^{(\sigma)} &= T^{(\sigma)}\,\delta S^{(\sigma)} - P^{(\sigma)}\,\delta V^{(\sigma)} + \sum_{i=1}^{m} \mu_i^{(\sigma)}\,\delta n_i^{(\sigma)}\,. \end{aligned}\right\} \tag{27.1}$$

Nach der allgemeinen Gleichgewichtsbedingung (17.2) muß

$$\sum_{\alpha=1}^{\sigma} \delta U^{(\alpha)} = 0 \tag{27.2}$$

sein mit den Nebenbedingungen

$$\sum_{\alpha=1}^{\sigma} \delta S^{(\alpha)} = 0\,, \tag{27.3}$$

$$\sum_{\alpha=1}^{\sigma} \delta V^{(\alpha)} = 0\,, \tag{27.4}$$

$$\sum_{\alpha=1}^{\sigma} \delta n_i^{(\alpha)} = 0 \qquad (i = 1, \ldots, m)\,. \tag{27.5}$$

Ein solches Extramalproblem mit Nebenbedingungen läßt sich nach der *Lagrange*schen *Methode der unbestimmten Multiplikatoren* behandeln. Wir multiplizieren die Nebenbedingung (27.3) mit einem zunächst unbestimmten, aber festen Faktor λ_1, (27.4) mit λ_2 und (27.5) mit λ_{3i}. Dann subtrahieren wir diese Gleichungen von (27.2). Mit Benutzung von (27.1) wird dann

$$\sum_{\alpha} (T^{(\alpha)} - \lambda_1)\, \delta S^{(\alpha)} + \sum_{\alpha} (P^{(\alpha)} - \lambda_2)\, \delta V^{(\alpha)} +$$

$$+ \sum_{i=1}^{m} \sum_{\alpha} (\mu_i^{(\alpha)} - \lambda_{3\,i})\, \delta n_i^{(\alpha)} = 0\,. \tag{27.5a}$$

Die Multiplikatoren denken wir uns nun so bestimmt, daß in den Summen über α jeweils eine Klammer verschwindet. Dann sind die noch verbleibenden Variationen frei, und Gl. (27.5a) kann nur erfüllt sein, wenn alle übrigen Klammern ebenfalls verschwinden. Es gilt daher für jedes α und jedes i

$$T^{(\alpha)} = \lambda_1\,; \qquad P^{(\alpha)} = \lambda_2\,; \qquad \mu_i^{(\alpha)} = \lambda_{3\,i}\,. \tag{27.5b}$$

Daraus folgt

$$T^{(\alpha)} = T^{(\beta)} = \cdots = T^{(\sigma)}\,. \tag{27.6}$$

$$P^{(\alpha)} = P^{(\beta)} = \cdots = P^{(\sigma)}\,. \tag{27.7}$$

$$\mu_i^{(\alpha)} = \mu_i^{(\beta)} = \cdots = \mu_i^{(\sigma)}\,, \tag{27.8}$$

$$(i = 1, \ldots, m)\,.$$

Unter den angegebenen Voraussetzungen müssen also im thermodynamischen Gleichgewicht alle Phasen eines heterogenen Systems gleiche Temperatur und gleichen Druck besitzen, und das chemische Potential jeder Komponente muß in allen Phasen den gleichen Wert haben. Gl. (27.6) enthält die Bedingung des thermischen Gleichgewichtes, (27.7) die des mechanischen Gleichgewichtes und (27.8) die des stofflichen Gleichgewichtes.

Durch die Gl. (27.6)—(27.8) ist der Zustand des Systems vollständig bestimmt. Aus der Fundamentalgleichung folgt nämlich in Verbindung mit (15.8), daß der Zustand durch die $(m + 2)\,\sigma$ unabhängigen Variablen $S^{(\alpha)}$, $V^{(\alpha)}$, $n_i^{(\alpha)}$ festgelegt wird. Als Zustandsgleichungen im Sinne von § 20 (ad e.) aufgefaßt, ergeben (27.6)—(27.8) $(m + 2)(\sigma - 1)$ Gleichungen.

Die Nebenbedingungen (27.3)—(27.5) liefern weitere $(m + 2)$ Gleichungen, so daß wir ebensoviel Gleichungen wie Unbekannte haben. Tatsächlich haben wir die Bedingungen (27.6)—(27.8) bereits in Kapitel I bei der Entwicklung der Hauptsätze als Erfahrungstatsachen eingeführt. In der Ableitung aus der allgemeinen *Gibbs*schen *Gleichgewichtsbedingung* drückt sich der axiomatische Aspekt der letzteren aus, den wir bereits in § 17 erwähnt haben.

Die Gleichgewichtsbedingungen (27.8) lassen sich auch mit Hilfe der *mittleren molaren freien Energien* nach *Gibbs* formulieren. Beschränken wir uns der Einfachheit halber auf zwei Phasen α und β, so folgt durch Einsetzen von (26.20) und (26.22) in (27.8)

$$\left(\frac{\partial G^*}{\partial x_i}\right)^{(\alpha)} = \left(\frac{\partial G^*}{\partial x_i}\right)^{(\beta)} \qquad (i = 1, \ldots, m-1)\,, \tag{27.9}$$

$$\left(G^* - \sum_{i=1}^{m-1} x_i \frac{\partial G^*}{\partial x_i}\right)^{(\alpha)} = \left(G^* - \sum_{i=1}^{m-1} x_i \frac{\partial G^*}{\partial x_i}\right)^{(\beta)} \tag{27.10}$$

§ 28 Membrangleichgewichte. Der osmotische Druck

Die Fruchtbarkeit der in § 17 formulierten Extremalprinzipien zeigt sich erst bei der Anwendung auf kompliziertere Fälle. Wir geben dafür ein Beispiel, das von erheblicher Bedeutung für die Theorie der flüssigen Gemische ist. Wir betrachten wieder ein geschlossenes System mit fixierten Arbeitskoordinaten, das aus m Komponenten und σ Phasen aufgebaut ist. Wir machen zunächst die gleichen Voraussetzungen wie in § 27, nehmen aber jetzt (im Gegensatz dazu) an, daß alle Phasen voneinander durch starre semipermeable Membranen getrennt sind, die nur für s Komponenten $(s < m)$ durchlässig sind. Damit wird zunächst das Volumen jeder Phase festgelegt. Ferner verschwinden für sämtliche Phasen die Variationen von $m - s$ Molzahlen. Die Nebenbedingungen für das Extremalproblem (27.2) lauten daher jetzt

$$\sum_{\alpha=1}^{\sigma} \delta S^{(\alpha)} = 0\,. \tag{28.1}$$

$$\delta V^{(\alpha)} = 0; \quad \delta V^{(\beta)} = 0 \ldots; \quad \delta V^{(\sigma)} = 0\,. \tag{28.2}$$

$$\sum_{\alpha=1}^{\sigma} \delta n_i^{(\alpha)} = 0 \qquad (i = 1, \ldots, s)\,. \tag{28.3}$$

$$\delta n_j^{(\alpha)} = 0; \quad \delta n_j^{(\beta)} = 0 \ldots; \quad \delta n_j^{(\sigma)} = 0 \qquad (j = s+1, \ldots, m)\,. \tag{28.4}$$

In Verbindung mit (27.1) und (27.2) ergeben sich daraus die Gleichgewichtsbedingungen

$$T^{(\alpha)} = T^{(\beta)} = \cdots = T^{(\sigma)}\,, \tag{28.5}$$

$$\mu_i^{(\alpha)} = \mu_i^{(\beta)} = \cdots = \mu_i^{(\sigma)}\,, \qquad (i = 1, \ldots, s)\,. \tag{28.6}$$

Die Einführung starrer semipermeabler Membranen hat somit zur Folge, daß koexistierende Phasen unter verschiedenen Drucken stehen können und daß Gleichheit der chemischen Potentiale nur für die s Komponenten, welche die Membranen passieren können, gefordert wird.

Das einfachste und wichtigste Beispiel für die Anwendung dieser Überlegungen bietet das *osmotische Gleichgewicht* (Abb. 15).

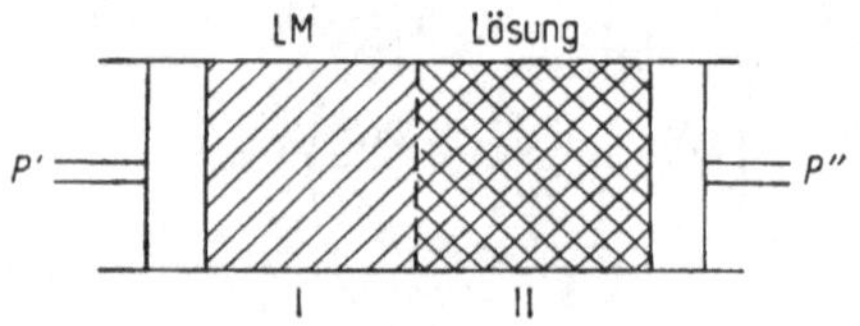

Abb. 15. Osmotisches Gleichgewicht

In diesem Falle ist $\sigma = 2$. Die eine Phase besteht aus reinem Lösungsmittel (Komponente 1), die zweite Phase aus einer Lösung, die wir der Einfachheit halber als binär annehmen. Die Membran ist somit nur für das Lösungsmittel durchlässig. Die Gleichgewichtsbedingungen (28.5) und (28.6) lauten für diesen Fall

$$T' = T'' = T\,. \tag{28.7}$$

$$\mu_1'(T, P') = \mu_1''(T, P'', x_1)\,. \tag{28.8}$$

Da die beiden Phasen bei Abwesenheit der Membran nicht im Gleichgewicht sind, also $\mu_1(T, P, 1) \neq \mu_1(T, P, x_1)$ ist, kann (28.8) nur erfüllt sein, wenn

$$P'' \neq P' \tag{28.9}$$

ist. Die Gleichgewichtsbedingungen ermöglichen jedoch keine Aussage darüber, ob $P' < P''$ oder $P' > P''$ ist. Diese Frage läßt sich mit Hilfe der Stabilitätsbedingungen beantworten, deren Bedeutung für die Thermodynamik sich an diesem einfachen Beispiel veranschaulichen läßt. Wie später (Kapitel VI) gezeigt wird, folgt aus den Stabilitätsbedingungen

$$\left(\frac{\partial \mu_1}{\partial x_1}\right)_{T,P} > 0\,. \tag{28.10}$$

Ferner gilt für das reine Lösungsmittel nach (26.27)

$$\left(\frac{\partial \mu_1}{\partial P}\right)_T' = v_1' > 0 \,. \tag{28.11}$$

Da nach (28.10) für $P' = P''$ $\mu_1' > \mu_1''$ ist, kann nach (28.11) die Bedingung (28.8) nur erfüllt sein, wenn $P'' > P'$ ist. Der Überdruck,

$$\Pi = P'' - P' \tag{28.12}$$

unter dem die Lösung im osmotischen Gleichgewicht steht, wird als *osmotischer Druck* bezeichnet.

Der osmotische Druck steht in einfachem Zusammenhang mit der durch Gl. (26.30) definierten freien Energie der Verdünnung. Aus Gl. (28.11) folgt nämlich (wenn wir P' mit dem Normaldruck P_0 identifizieren)

$$\mu_1(P_0 + \Pi, x_2) = \mu_1(P_0, x_2) + \int_{P_0}^{P_0+\Pi} v_1 \, dP \,. \tag{28.13}$$

Wegen (26.30) und (28.8) wird daher

$$\Delta\mu_1 = -\int_{P_0}^{P_0+\Pi} v_1 \, dP \,, \tag{28.14}$$

oder

$$\Pi = -\frac{\Delta\mu_1}{\bar{v}_1} \tag{28.15}$$

wo $\bar{v}_1$ das mittlere partielle Molvolumen zwischen den Drucken P_0 und $P_0 + \Pi$ ist. Der osmotische Druck ist somit im wesentlichen ein Maß für die freie Energie der Verdünnung.

Osmotische Messungen haben selbständige Bedeutung nur für sehr verdünnte Lösungen. Die Größenordnung von Π ist in diesem Gebiet für niedrigmolekulare Lösungen (bei denen solche Messungen wegen der Schwierigkeit, eine semipermeable Membran zu finden, nur in Ausnahmefällen durchführbar sind) 1—10 atm, für makromolekulare Lösungen 10^{-4}—10^{-3} atm. Wegen der geringen Kompressibilität der Flüssigkeiten kann daher die Abhängigkeit des partiellen Molvolumens vom Druck praktisch meistens vernachlässigt werden.

§ 29 Die Phasenregel

Wir betrachten ein System aus m Komponenten und σ Phasen im thermodynamischen Gleichgewicht. Die Bedingungen für das Gleichgewicht sind in den Gl. (27.6)—(27.8) enthalten. Wir untersuchen jetzt die Frage, welche Änderungen der Zustandsgrößen möglich sind, wenn gefordert wird, daß das ursprünglich gegebene heterogene Gleichgewicht erhalten bleibt. Im besonderen soll also die Zahl der koexistierenden Phasen konstant bleiben. Die Fragestellung läßt sich übersichtlich gliedern, wenn zunächst geklärt wird, *wieviel Zustandsvariable* für gegebene Werte von m und σ im obigen Sinne unabhängig variiert werden können.

Als unabhängige Variable wählen wir Temperatur, Druck und chemische Potentiale. Aus den Gleichgewichtsbedingungen folgt, daß bei den betrachteten Änderungen für jede Phase gelten muß

$$dT^{(\alpha)} = dT; \quad dP^{(\alpha)} = dP; \quad d\mu_i^{(\alpha)} = d\mu_i \qquad (\text{alle } \alpha, \text{ alle } i)\,. \qquad (29.1)$$

Wie in § 20 gezeigt, impliziert die Gültigkeit der Fundamentalgleichung die der *Gibbs-Duhem*schen *Gleichung* für jede Phase. Wir schreiben dieselbe zweckmäßig in der Form (26.12) und haben dann mit Benutzung von (29.1) das Gleichungssystem

$$\left.\begin{array}{l} S^{*(\alpha)}\,dT - V^{*(\alpha)}\,dP + \sum\limits_{i=1}^{m} x_i^{(\alpha)}\,d\mu_i = 0 \\ \dots\dots\dots\dots\dots\dots\dots\dots \\ S^{*(\sigma)}\,dT - V^{*(\sigma)}\,dP + \sum\limits_{i=1}^{m} x_i^{(\sigma)}\,d\mu_i = 0\,. \end{array}\right\} \qquad (29.2)$$

Wir haben somit $m + 2$ unabhängige Variable, deren Variationen durch die σ Gleichungen (29.2) beschränkt sind. Die Zahl der frei beweglichen Variablen f ist daher

$$f = m + 2 - \sigma\,. \qquad (29.3)$$

Diese Gleichung stellt die *Gibbs*sche *Phasenregel* dar. f wird als Zahl der *thermodynamischen Freiheitsgrade* bezeichnet.

Nach dem Wert von f unterscheidet man *nonvariante, univariante, bivariante* und *multivariante Gleichgewichte.*

Allgemein folgt aus (29.3), daß die Zahl der thermodynamischen Freiheitsgrade um 1 vermindert wird, wenn die Zahl der koexistierenden Phasen um 1 vermehrt wird.

Wie die Ableitung zeigt, ist die Phasenregel in der Form der Gl. (29.3) an die in § 27 gemachten Voraussetzungen gebunden. Wir stellen dieselben hier nochmals zusammen, da unzulässige Anwendung der Gl. (29.3) zu scheinbaren Widersprüchen zwischen Theorie und Experiment führt.

Die folgenden Annahmen liegen der Gl. (29.3) zugrunde:

a. Grenzflächeneffekte sind vernachlässigbar.
b. Es finden keine chemischen Reaktionen statt.
c. Die einzige Arbeitskoordinate ist das Volumen.
d. Die Grenzflächen zwischen den Phasen sind wärmeleitend, deformierbar und für alle Komponenten durchlässig. Das heißt, für jede Phase sind Entropie, Volumen und Molzahlen in dem durch die Nebenbedingungen (27.3)—(27.5) gegebenen Rahmen frei variierbar.

§ 30 Phasenreaktionen

In § 27 haben wir gezeigt, daß der Zustand eines heterogenen Systems durch die Gleichgewichtsbedingungen (27.6)—(27.8) in Verbindung mit den Nebenbedingungen (27.3)—(27.5) vollständig bestimmt ist. Man kann nun fragen, ob und unter welchen Bedingungen Zustandsänderungen möglich sind, bei denen nur die Gl. (27.5)—(27.8) fixiert sind, während Entropien und Volumina der Phasen wie des Gesamtsystems sich ändern. Da die chemischen Potentiale nach Gl. (26.2), (26.20) und (26.22) als Funktionen von T, P und den x_i darstellbar sind, bedeutet diese Frage, ob und unter welchen Bedingungen Zustandsänderungen möglich sind, bei denen Temperatur, Druck und Molenbrüche der Phasen konstant bleiben und somit lediglich die Masse gewisser Phasen auf Kosten der Masse anderer Phasen, unter Erhaltung der Gesamtmasse jeder Komponente, zunimmt. Eine Zustandsänderung dieser Art wird als *Phasenreaktion* bezeihnet. Sie ist stets reversibel, da das heterogene Gleichgewicht dabei in jedem Augenblick erhalten bleibt.

Daß Phsenreaktionen überhaupt möglich sind, sieht man etwa am Verdampfungsgleichgewicht eines Einkomponentensystems. Bei konstantem T und P läßt sich durch Zufuhr oder Entzug von Wärme unter gleichzeitiger Änderung des Volumens beliebig Flüssigkeit in Dampf und Dampf in Flüssigkeit verwandeln. Daß aber Phasenreaktionen nicht unter allen Umständen möglich sind, zeigt das in der Abb. 16 dargestellte Verdampfungsgleichgewicht eines binären Systems, das für $P = \text{const.}$, also als Siedediagramm gezeichnet ist. Hier besitzt die Komponente 1 in der Flüssigkeit stets eine höhere Konzentration als in dem koexistierenden Dampf. Wenn daher Dampf kondensiert wird, so nimmt die Konzentration von 1 in der Dampfphase ab und gleichzeitig ändert sich die Gleichgewichtstemperatur, wie man unmittelbar aus dem Diagramm abliest. Eine Phasenreaktion kann somit *nicht* stattfinden.

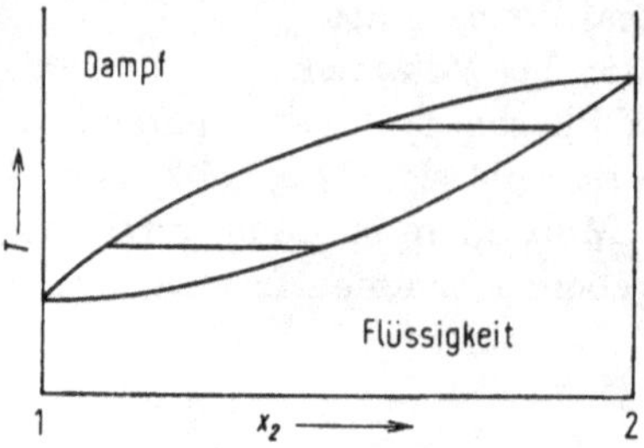

Abb. 16. Einfaches Siedediagramm eines binären flüssigen Gemisches

Um die Bedingungen für eine Phasenreaktion in allgemeiner Form abzuleiten, betrachten wir ein geschlossenes System aus m Komponenten und σ Phasen im Gleichgewicht. Temperatur, Druck und die Molenbrüche der Phasen sollen fixiert sein. Im Ausgangszustand seien die Gesamtmolzahlen der einzelnen Phasen

$$n^{(\alpha)} = \sum_i n_i^{(\alpha)} . \tag{30.1}$$

Durch Phasenreaktion werde ein Zustand erreicht, in dem, bei gleichen Werten für T, P, $x_i^{(\alpha)}$, die Molzahlen der Phasen

$$n^{(\alpha)} + \nu^{(\alpha)} = \sum_i n_i^{(\alpha)} + \sum_i \nu_i^{(\alpha)} \tag{30.2}$$

sind. $\nu^{(\alpha)}$ ist somit die Änderung der Molzahl der Phase α bei der Phasenreaktion. Da die Molenbrüche der Phase konstant bleiben, muß

$$\frac{n_i^{(\alpha)}}{n^{(\alpha)}} = \frac{n_i^{(\alpha)} + \nu_i^{(\alpha)}}{n^{(\alpha)} + \nu^{(\alpha)}} \tag{30.3}$$

sein. Die Lösung dieser Gleichung ist

$$\nu_i^{(\alpha)} = x_i^{(\alpha)} \nu^{(\alpha)} . \tag{30.3a}$$

Da bei der Phasenreaktion definitionsgemäß die Gesamtmenge jeder Komponente im System konstant bleibt, erhalten wir mit (30.3a) das Gleichungssystem

$$\left.\begin{array}{l} \sum_{\alpha=1}^{\sigma} x_1^{(\alpha)} \nu^{(\alpha)} = 0 \\ \dots\dots\dots\dots \\ \sum_{\alpha=1}^{\sigma} x_m^{(\alpha)} \nu^{(\alpha)} = 0 . \end{array}\right\} \tag{30.4}$$

Eine Phasenreaktion ist daher dann und nur dann möglich, wenn das homogene lineare Gleichungssystem (30.4) für die $\nu^{(\alpha)}$ als Unbekannte eine nicht verschwindende Lösung besitzt.

Formal unterscheiden wir zunächst folgende Fälle:

a. $m < \sigma$.

Die Zahl der Gleichungen ist kleiner als die der Unbekannten. Es existiert daher stets eine von Null verschiedene Lösung.

b. $m = \sigma$.

Wir haben ebensoviel Gleichungen wie Unbekannte. Eine von Null verschiedene Lösung existiert dann und nur dann, wenn für die Koeffizientendeterminante

$$|x_i^{(\alpha)}| = 0 \tag{30.5}$$

gilt.

c. $m > \sigma$.

Die Zahl der Gleichungen ist größer als die der Unbekannten. Das System ist daher überbestimmt und besitzt eine von Null verschiedene Lösung nur, wenn alle Gleichungen miteinander konsistent sind. Das ist dann der Fall, wenn jede aus der Koeffizientenmatrix gebildete Determinante vom Grade σ verschwindet. Da die Zahl dieser Determinanten $1 + m - \sigma$ ist, gibt $1 + m - \sigma$ Bedingungsgleichungen für die Lösbarkeit des Systems (30.4).

Aus diesen rein mathematischen Tatsachen ergeben sich die folgenden physikalischen Aussagen:

a'. $m < \sigma$.

Nach (29.3) liegt ein nonvariantes oder ein univariantes Gleichgewicht vor. In beiden Fällen sind Phasenreaktionen unbeschränkt möglich.

b'. $m = \sigma$.

Nach (29.3) liegt ein bivariantes Gleichgewicht vor. Eine Phasenreaktion kann nur für die speziellen Zusammensetzungen der Phasen stattfinden, bei denen Gl. (30.5) erfüllt ist, d. h. die aus den Molenbrüchen gebildete Determinante verschwindet.

c'. $m > \sigma$.

Nach (29.3) liegt ein multivariantes Gleichgewicht vor. Phasenreaktionen sind nur für solche Zusammensetzungen möglich, bei denen die $1 + m - \sigma$ aus den Molenbrüchen gebildeten Determinanten vom Grade σ verschwinden.

Die in b. und c. erwähnten Bedingungsgleichungen werden in der Thermodynamik auch als *Indifferenzbedingungen* bezeichnet. Wir betrachten zwei einfache Beispiele:

a″. Zweiphasengleichgewicht eines Systems von m Komponenten. Die $m - 1$ Indifferenzbedingungen lauten

$$\begin{vmatrix} x_i^{(\alpha)} & x_i^{(\beta)} \\ x_j^{(\alpha)} & x_j^{(\beta)} \end{vmatrix} = 0 \qquad (i, j = 1, 2, \ldots, m;\ i \neq j)\,. \tag{30.6}$$

Diese Bedingungen sind nur erfüllbar, wenn

$$x_1^{(\alpha)} = x_1^{(\beta)}\,, \ldots, x_m^{(\alpha)} = x_m^{(\beta)} \tag{30.7}$$

ist. Eine Phasenreaktion kann daher dann und nur dann ablaufen, wenn beide Phasen die gleiche Zusammensetzung besitzen. Man spricht dann von *azeotropen Gemischen.*

b″. Dreiphasengleichgewicht eines ternären Systems.
Es liegt ein bivariantes Gleichgewicht vor, und wir haben nach b′ als einzige Indifferenzbedingung

$$\begin{vmatrix} x_1^{(\alpha)} & x_1^{(\beta)} & x_1^{(\gamma)} \\ x_2^{(\alpha)} & x_2^{(\beta)} & x_2^{(\gamma)} \\ x_3^{(\alpha)} & x_3^{(\beta)} & x_3^{(\gamma)} \end{vmatrix} = 0\,. \tag{30.8}$$

Diese Gleichung bedeutet geometrisch, daß bei Darstellung in *Möbius*schen *Dreieckskoordinaten* die Zusammensetzungen der Phasen auf einer Graden liegen müssen (Abb. 17).

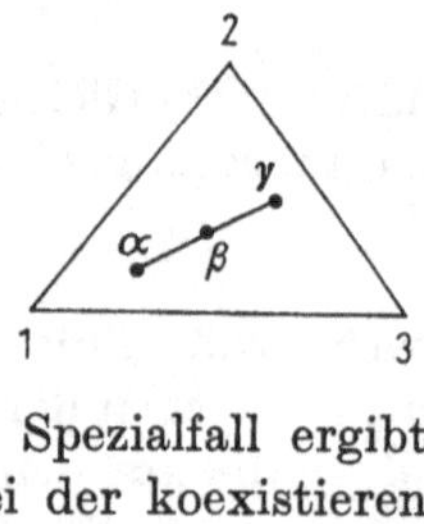

Abb. 17. Darstellung der Indifferenzbedingung für das Dreiphasen-Gleichgewicht eines ternären Systems

Als Spezialfall ergibt sich daraus, daß Gl. (30.7) erfüllt ist, wenn zwei der koexistierenden Phasen die gleiche Zusammensetzung besitzen (Zusammenfallen von zwei Punkten in der geometrischen Darstellung).

c″. Aus den Beispielen gewinnt man leicht den folgenden allgemeinen *Satz*:
Bei bi- und multivarianten Gleichgewichten ist für eine Phasenreaktion gleiche Zusammensetzung von zwei koexistierenden Phasen stets eine hinreichende, im Fall der Koexistenz von nur zwei Phasen auch eine notwendige Bedingung.

Aus der Definition des nonvarianten Gleichgewichtes folgt, daß hier eine Phasenreaktion nur an dem betreffenden Punkt im Phasendiagramm ablaufen kann. Da bei univarianten Gleichgewichten Phasenreaktionen keiner Beschränkung unterliegen, können sie überall auf einer $P(T)$-Kurve ablaufen. Eine solche Kurve wird als *indifferente Kurve* bezeichnet.

Bei bi- und multivarianten Gleichgewichten sind die $m + 2 - \sigma$ Freiheitsgrade für Phasenreaktionen durch $1 + m - \sigma$ Indifferenzbedingungen beschränkt. Es bleibt daher für Phasenreaktionen noch ein Freiheitsgrad, und die entsprechende $P(T)$-Kurve ist, wie bei univarianten Gleichgewichten, eine indifferente Kurve. Im besonderen ist bei Zweiphasengleichgewichten die Kurve, auf der die azeotropen Gemische liegen, die sog. azeotrope Kurve, eine indifferente Kurve.

§ 31 Nonvariante und univariante Gleichgewichte

Wenn im Gleichgewicht $m + 2$ Phasen koexistieren, ist nach (29.3) $f = 0$. Ein solches Gleichgewicht ist daher nur für einen speziellen Wertesatz von T, P und μ_i möglich, es wird im $m + 1$-dimensionalen Phasendiagramm durch einen Punkt dargestellt. Man spricht dann von *nonvarianten Gleichgewichten*.

Bei *Einkomponentensystemen* werden die nonvarianten Gleichgewichte als *Tripelpunkte* bezeichnet. Bekannte Beispiele sind der Tripelpunkt Eis–Wasser–Wasserdampf, der Tripelpunkt Eis I–Eis II–Wasser oder die drei Tripelpunkte monokliner–flüssiger–dampfförmiger Schwefel, rhombischer–monokliner–flüssiger Schwefel, rhombischer–monokliner–dampfförmiger Schwefel.

In binären Systemen hat man bei nonvarianten Gleichgewichten Koexistenz von vier Phasen. Diese Gleichgewichte werden daher als *Quadrupelpunkte* bezeichnet. Bekannte Beispiele dafür liefern die Systeme Salz, Salzhydrat, wäßrige Lösung, Wasserdampf, bei denen Gasphase, Schmelze und zwei feste Phasen miteinander im Gleichgewicht stehen.

Die in § 30 erwähnte unbeschränkte Möglichkeit von Phasenreaktionen bei nonvarianten Gleichgewichten ist an den Beispielen unmittelbar anschaulich.

Ein heterogenes Gleichgewicht, bei dem $m + 1$ Phasen koexistieren, besitzt nach (29.3) einen Freiheitsgrad und wird daher als univariantes Gleichgewicht bezeichnet. Als einfachstes Beispiel betrachten wir zunächst *Zweiphasengleichgewichte* eines *Einkomponentensystems*, wie sie schematisch in Abb. 18 dargestellt sind.

Da auf den Kurven jeweils zwei Phasen koexistieren, werden sie als *Koexistenzkurven* bezeichnet.

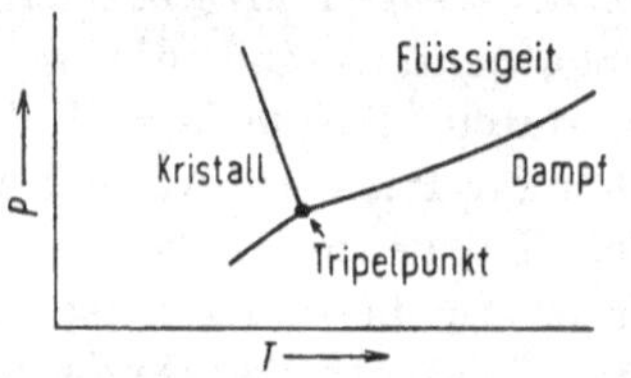

Abb. 18. Zweiphasen-Gleichgewichte eines Einkomponentensystems (schematisch)

Wir wollen die Differentialgleichung dieser Koexistenzkurven ableiten. Beim Fortschreiten entlang der Koexistenzkurve gilt nach (27.8) bzw. (29.1)

$$d\mu^{(\alpha)} = d\mu^{(\beta)} \, . \tag{31.1}$$

Da bei Einkomponentensystemen chemisches Potential und mittlere molare freie Energie nach *Gibbs* zusammenfallen, schreiben wir (31.1)

$$dG^{*(\alpha)} = dG^{*(\beta)} \, . \tag{31.2}$$

Mit Benutzung von (26.8), (27.6) und (27.7) wird daraus

$$- S^{*(\alpha)} \, dT + V^{*(\alpha)} \, dP = - S^{*(\beta)} \, dT + V^{*(\beta)} \, dP \tag{31.3}$$

oder

$$\frac{dP}{dT} = \frac{S^{*(\alpha)} - S^{*(\beta)}}{V^{*(\alpha)} - V^{*(\beta)}} \, . \tag{31.4}$$

Aus (27.8) folgt aber mit (21.35)

$$H^{*(\alpha)} - T \, S^{*(\alpha)} = H^{*(\beta)} - T \, S^{*(\beta)} \, . \tag{31.5}$$

Einsetzen in (31.4) ergibt

$$\frac{dP}{dT} = \frac{H^{*(\alpha)} - H^{*(\beta)}}{T \, (V^{*(\alpha)} - V^{*(\beta)})} \, . \tag{31.6}$$

Diese Beziehung wird als *Clausius-Clapeyron*sche *Gleichung* bezeichnet. Sie stellt die Differentialgleichung der Koexistenzkurve für Zweiphasengleichgewichte von Einkomponentensystemen dar. Die auf der rechten Seite im Zähler erscheinende Enthalpiedifferenz ist nach Gl. (21.23) die bei der Phasenreaktion pro Mol zugeführte Wärme. Man bezeichnet zweckmäßig mit α die Phase mit der größeren molaren Enthalpie und setzt

$$L = H^{*(\alpha)} - H^{*(\beta)} . \tag{31.7}$$

Die Größe L wird *molare Umwandlungswärme*, im besonderen *molare Verdampfungswärme, molare Schmelzwärme* usw. genannt. Schreibt man noch

$$\Delta V^* = V^{*(\alpha)} - V^{*(\beta)} , \tag{31.8}$$

so erscheint die *Clausius-Clapeyron*sche *Gleichung* in der übersichtlichen Form

$$\frac{dP}{dT} = \frac{L}{T \Delta V^*} . \tag{31.9}$$

Da definitionsgemäß $L > 0$ ist, hat die Steigung der $P(T)$-Kurve das gleiche Vorzeichen wie die Volumendifferenz ΔV^*.

Wir betrachten nun den allgemeinen Fall eines univarianten Gleichgewichtes. Nach (29.3) ist dann $\sigma = m + 1$ und nach § 30 ist die $P(T)$-Kurve eine indifferente Kurve. Um die Differentialgleichung dieser Kurve abzuleiten, gehen wir aus von dem Gleichungssystem (29.2), das wir jetzt schreiben

$$\left.\begin{array}{l} V^{*(\alpha)} \dfrac{dP}{dT} - \displaystyle\sum_{i=1}^{m} x_i^{(\alpha)} \dfrac{d\mu_i}{dT} = S^{*(\alpha)} \\ \dots\dots\dots\dots\dots\dots\dots\dots\dots \\ V^{*(m+1)} \dfrac{dP}{dT} - \displaystyle\sum_{i=1}^{m} x_i^{(m+1)} \dfrac{d\mu_i}{dT} = S^{*(m+1)} , \end{array}\right\} \tag{31.10}$$

wobei alle Ableitungen entlang der Gleichgewichtskurve zu nehmen sind. (31.10) ist ein inhomogenes lineares Gleichungssystem für die $m + 1$ Unbekannten dP/dT, $d\mu_1/dT, \dots, d\mu_m/dT$. Die Lösung für dP/dT lautet

$$\frac{dP}{dT} = \frac{D_S}{D_V} \tag{31.11}$$

mit

$$D_S = \begin{vmatrix} S^{*(\alpha)} & x_1^{(\alpha)} & \ldots & x_m^{(\alpha)} \\ \cdots & \cdots & \cdots & \cdots \\ \cdots & \cdots & \cdots & \cdots \\ S^{*(m+1)} & x_1^{(m+1)} & \ldots & x_m^{(m+1)} \end{vmatrix} \tag{31.12}$$

$$D_V = \begin{vmatrix} V^{*(\alpha)} & x_1^{(\alpha)} & \ldots & x_m^{(\alpha)} \\ \cdots & \cdots & \cdots & \cdots \\ \cdots & \cdots & \cdots & \cdots \\ V^{*(m+1)} & x_1^{(m+1)} & \ldots & x_m^{(m+1)} \end{vmatrix} . \tag{31.13}$$

*Laplace*sche *Entwicklung* der beiden Determinanten nach den Elementen der ersten Spalte ergibt, wenn wir die (in beiden Fällen gleichen) Cofaktoren mit $D^{(\alpha)}$ bezeichnen[1]),

$$D_S = \sum_\alpha D^{(\alpha)} S^{*(\alpha)} , \tag{31.14}$$

$$D_V = \sum_\alpha D^{(\alpha)} V^{*(\alpha)} . \tag{31.15}$$

Wir schreiben jetzt das allgemeine Gleichungssystem (30.4) für unser spezielles Problem in der Form

$$\left.\begin{array}{l} \sum_{\alpha=1}^{m} x_1^{(\alpha)} \nu^{(\alpha)} = -x_1^{(m+1)} \nu_1^{(m+1)} , \\ \cdots\cdots\cdots\cdots\cdots\cdots \\ \sum_{\alpha=1}^{m} x_m^{(\alpha)} \nu^{(\alpha)} = -x_m^{(m+1)} \nu^{(m+1)} . \end{array}\right\} \tag{31.16}$$

Bei Vorgabe von $\nu^{(m+1)}$ stellt (31.16) ein inhomogenes lineares Gleichungssystem für die m Unbekannten $\nu^{(\alpha)}$ dar. Benutzen wir die oben eingeführten Determinanten $D^{(\alpha)}$ (d. h. die entsprechenden Cofaktoren der Elemente $S^{*(\alpha)}$ und $V^{*(\alpha)}$ von D_S und D_V), so lautet die Lösung von (31.16)

$$\nu^{(\alpha)} = -\nu^{(m+1)} \frac{D^{(\alpha)}}{D^{(m+1)}} . \tag{31.17}$$ [2])

---

1 Die im folgenden benutzten Vorzeichenregeln für die $D^{(\alpha)}$ sind: $D^{(\alpha)}$ positiv für ungerade α, negativ für gerade α. $D^{(m+1)}$ positiv für gerade m, negativ für ungerade m. $\frac{D^{(\alpha)}}{D^{(m+1)}}$ negativ, wenn α und m beide gerade oder beide ungerade sind, sonst positiv.

2 Die Zahl der Vertauschungen, welche die ursprünglich im Zähler stehende Determinante in $D^{(\alpha)}$ überführt, ist ungerade, wenn α und m beide gerade oder beide ungerade sind, sonst ist sie gerade.

Bilden wir nun den Ausdruck

$$\frac{D_S}{D_V} = \frac{\sum\limits_{\alpha} D^{(\alpha)} S^{*(\alpha)}}{\sum\limits_{\alpha} D^{(\alpha)} V^{*(\alpha)}}, \tag{31.18}$$

und dividieren rechts Zähler und Nenner durch $- D^{(m+1)}$, so wird mit (31.17)

$$\frac{D_S}{D_V} = \frac{\sum\limits_{\alpha} \nu^{(\alpha)} S^{*(\alpha)}}{\sum\limits_{\alpha} \nu^{(\alpha)} V^{*(\alpha)}}. \tag{31.19}$$

Nach der Definition der $\nu^{(\alpha)}$ stellt rechts der Zähler die Entropieänderung ΔS, der Nenner die Volumenänderung ΔV bei der betrachteten Phasenreaktion dar. Damit wird aus Gl. (31.11)

$$\frac{dP}{dT} = \frac{\Delta S}{\Delta V}. \tag{31.20}$$

Die Enthalpieänderung bei der Phasenreaktion ist

$$L = \Delta H = \sum \nu^{(\alpha)} H^{*(\alpha)}. \tag{31.21}$$

Wegen $dT = 0$, $dP = 0$, $dn_i = 0$ ist bei der Phasenreaktion

$$\Delta G = \Delta H - T\,\Delta S = L - T\,\Delta S = 0. \tag{31.22}$$

Damit wird schließlich

$$\frac{dP}{dT} = \frac{L}{T\,\Delta V}. \tag{31.23}$$

Diese Beziehung, die zuerst von *Gibbs* abgeleitet wurde, stellt die *Verallgemeinerung der Clausius-Clapeyron*schen *Gleichung* für beliebige univariante Gleichgewichte dar. Für $m = 1$, $\sigma = 2$ reduzieren sich (31.20) und (31.23) auf (31.4) und (31.9), die gewöhnliche *Clausius-Clapeyron*sche *Gleichung*.

Gl. (31.23) hat eine besonders anschauliche Bedeutung bei Verdampfungsgleichgewichten von Mehrkomponentensystemen. Wenn ein System aus m Komponenten besteht und es befinden sich m flüssige Phasen im Gleichgewicht mit dem Dampf, so stellt Gl. (31.23) die Temperaturabhängigkeit des totalen Dampfdruckes bzw. die Druckabhängigkeit des Siedepunktes dar.

Wichtige Spezialfälle univarianter Gleichgewichte sind die sog. *eutektischen Gemische*, bei denen zwei feste Phasen mit einer flüssigen Phase im Gleichgewicht stehen.

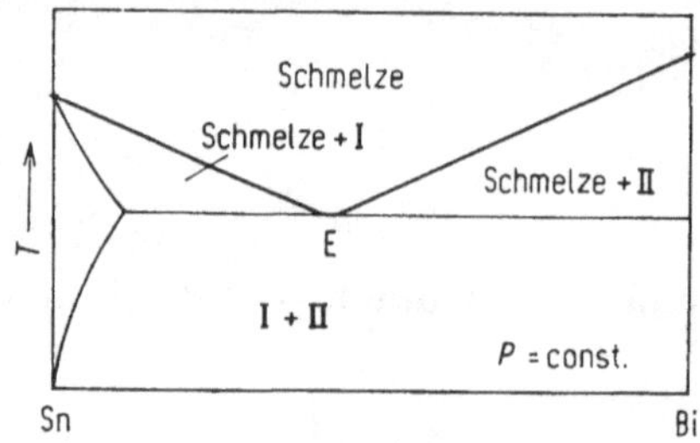

Abb. 19. Phasendiagramm des Systems Sn—Bi (schematisch). E = *eutektischer Punkt*

Abb. 19 zeigt ein solches Gleichgewicht in isobarer Darstellung[1,2]. Die Druckabhängigkeit der eutektischen Temperatur ist durch Gl. (31.23) gegeben.

§ 32 Bi- und multivariante Gleichgewichte

Nach § 30 kommen bei bi- und multivairanten Gleichgewichten als wesentlich neues Moment die Indifferenzbedingungen hinzu. Das interessierende Problem ist jetzt die Ableitung der Differentialgleichung für die indifferente Kurve $P(T)$, auf der Phasenreaktionen ablaufen können.

Wir gehen wieder aus von dem Gleichungssystem (29.2), das wir jetzt zweckmäßig schreiben (für $m \geqq \sigma$)

$$\left.\begin{array}{l} V^{*(\alpha)}\, dP - \sum\limits_{i=1}^{\sigma-1} x_i^{(\alpha)}\, d\mu_i = S^{*(\alpha)}\, dT + \sum\limits_{i=\sigma}^{m} x_i^{(\alpha)}\, d\mu_i\,, \\ \dots\dots\dots\dots\dots\dots\dots\dots\dots\dots \\ V^{*(\sigma)}\, dP - \sum\limits_{i=1}^{\sigma-1} x_i^{(\sigma)}\, d\mu_i = S^{*(\sigma)}\, dT + \sum\limits_{i=\sigma}^{m} x_i^{(\sigma)}\, d\mu_i\,. \end{array}\right\} \qquad (31.1)$$

Wir betrachten (32.1) als inhomogenes lineares Gleichungssystem für die σ Unbekannten $dP, d\mu_1, \dots, d\mu_{\sigma-1}$. Wir benutzen wieder die Defi-

1 Die Phase II besteht in Wirklichkeit nicht aus reinem Bi, sondern sie enthält im Gebiet der eutektischen Temperaturen ca. 0,1—0,2 Atom-% Sn. Das Existenzgebiet dieser Phase ist mit Rücksicht auf den Maßstab der Figur nicht eingezeichnet worden.

2 Bei der Diskussion der isobaren Phasendiagramme von Legierungen kann im allgemeinen die Gasphase außer Betracht bleiben, da der konstante Druck mit Hilfe eines inerten Gases (z. B. Argon) aufrecht erhalten wird, während der Dampfdruck der Metalle meistens zu vernachlässigen ist. Die Berücksichtigung der Gasphase würde daher die Zahl der thermodynamischen Freiheitsgrade nicht ändern.

nitionen (31.12) und (31.13), wobei lediglich die Indizes $m + 1$ und m durch σ und $\sigma - 1$ ersetzt werden. Ferner definieren wir noch

$$D_i = \begin{vmatrix} x_i^{(\alpha)} & x_1^{(\alpha)} & \dots & x_{\sigma-1}^{(\alpha)} \\ \cdot & \cdot & \cdot & \cdot \\ \cdot & \cdot & \cdot & \cdot \\ x_i^{(\sigma)} & x_1^{(\sigma)} & \dots & x_{\sigma-1}^{(\sigma)} \end{vmatrix} . \tag{32.2}$$

Diese Determinanten sind, bis auf das hier unwesentliche Vorzeichen, identisch mit den in § 30 c. erwähnten Determinanten vom Grade σ, die aus der Koeffizientenmatrix von (30.4) gebildet werden können. Mit Benutzung der Formel

$$\begin{vmatrix} A_{11} + B_{11} & A_{12} \\ A_{21} + B_{21} & A_{23} \end{vmatrix} = \begin{vmatrix} A_{11} & A_{12} \\ A_{21} & A_{22} \end{vmatrix} + \begin{vmatrix} B_{11} & A_{12} \\ B_{21} & A_{22} \end{vmatrix} \tag{32.3}$$

lautet dann die Lösung von (32.1) für dP

$$D_V\, dP = D_S\, dT + \sum_{i=\sigma}^{m} D_i\, d\mu_i\, . \tag{32.4}$$

Nach § 30 c. ist eine Phasenreaktion nur möglich, wenn die D_i verschwinden. Da, wie sich aus Gl. (31.19) ergibt, D_V und D_S aus physikalischen Gründen nicht unendlich und im allgemeinen auch nicht Null werden können, ergibt sich als hinreichende und notwendige Bedingung für eine Phasenreaktion im Falle $m \geqq \sigma$

$$\left(\frac{\partial P}{\partial \mu_i}\right)_{T,\,\mu_j} = 0 \qquad (i, j = \sigma, \sigma + 1, \dots, m;\; i \neq j) \tag{32.5}$$

oder

$$\left(\frac{\partial T}{\partial \mu_i}\right)_{P,\,\mu_j} = 0 \qquad (i, j = \sigma, \sigma + 1, \dots, m;\; i \neq j)\, . \tag{32.6}$$

Der Gleichgewichtsdruck im isothermen Fall bzw. die Gleichgewichtstemperatur im isobaren Fall stellt nach (29.3) eine Funktion von $m + 1 - \sigma$ unabhängigen Variablen dar, für die wir die $m + 1 - \sigma$ chemischen Potentiale wählen können. Damit ergibt sich aus (32.5) und (32.6) der *Satz*:

Bei bi- und multivarianten Gleichgewichten hat für konstanten Druck die Gleichgewichtstemperatur und für konstante Temperatur der Gleichgewichtsdruck einen stationären Wert, wenn eine Phasenreaktion ablaufen kann.

Dieser Satz ist für Spezialfälle von *Gibbs* und *Konowalow* gefunden worden und wird daher als verallgemeinerter *Gibbs-Konowalow*scher *Satz* bezeichnet. In voller Allgemeinheit ist er zuerst von *Saurel* bewiesen worden.

Die Differentialgleichung der indifferenten Kurve wird nun nach (32.4)

$$\frac{dP}{dT} = \frac{D_S}{D_V} \,. \tag{32.7}$$

Die explizite Berechnung der rechten Seite läßt sich daher in der gleichen Weise wie in § 31 durchführen. Man hat lediglich an Stelle von (31.16) die $(\sigma - 1)$ ersten Gleichungen aus dem System (30.4) einzusetzen. Es ergibt sich dann wieder

$$\frac{dP}{dT} = \frac{\Delta S}{\Delta V} \tag{32.8}$$

und

$$\frac{dP}{dT} = \frac{L}{T\,\Delta V} \,. \tag{32.9}$$

Dieses ist die *verallgemeinerte Clausius-Clapeyron*sche *Gleichung* für die indifferente Kurve von bi- und multivarianten Gleichgewichten.

Die einfachsten Beispiele für die hier entwickelten allgemeinen Gesetzmäßigkeiten liefern Verdampfungsgleichgewichte binärer Flüssigkeitsgemische. Abb. 20 zeigt schematisch das isobare (Siede-)Diagramm des Systems Benzol–Äthylalkohol.

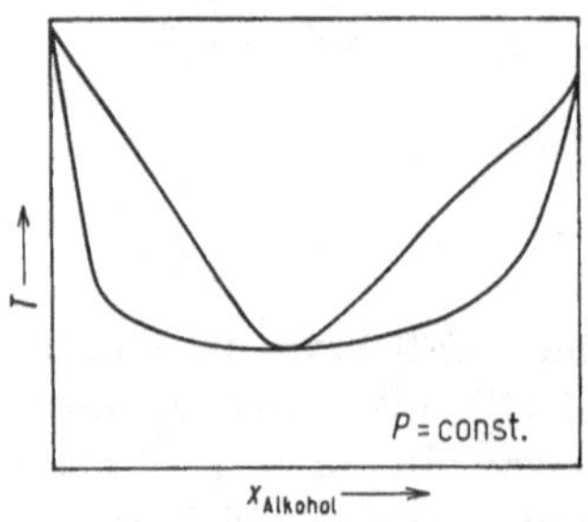

Abb. 20. Siedediagramm des Systems Benzol — Äthylalkohol (schematisch)

Als unabhängige Variable ist der Molenbruch des Äthylalkohols gewählt worden. Der stationäre Punkt, bei dem nach dem verallgemeinerten *Gibbs-Konowalow*schen *Satz* eine Phasenreaktion ablaufen kann und nach § 30 Satz c″ die beiden koexistierenden Phasen gleiche Zusammensetzung besitzen, wird (wie schon in § 30 erwähnt) als *azeotroper Punkt* bezeichnet.

Gl. (32.9) stellt die Differentialgleichung der azeotropen Kurve dar. An dem Diagramm verifiziert man sofort die folgenden, als *Konowalow*sche *Sätze* bezeichneten Gesetzmäßigkeiten für Siedegleichgewichte binärer Flüssigkeitsgemische:

I. Bei konstantem Druck besitzt die Siedetemperatur als Funktion der Zusammensetzung dann und nur dann einen stationären Punkt, wenn Flüssigkeit und Dampf gleiche Zusammensetzung haben.

II. Bei konstantem Druck steigt die Siedetemperatur durch Zusatz derjenigen Komponente, deren Konzentration im Dampf kleiner als in der Flüssigkeit ist.

III. Bei Änderung der Siedetemperatur unter konstantem Druck ändern sich Zusammensetzung von Flüssigkeit und koexistierendem Dampf in gleichem Sinne.

Diese Sätze lassen sich auch analytisch beweisen. Satz I ist einfach ein Spezialfall des verallgemeinerten *Gibbs-Konowalow*schen *Satzes*. Für die isotherme Darstellung gelten analoge Sätze.

Technisch wichtig für die Gewinnung von reinem Äthylalkohol ist das ternäre Dreiphasengleichgewicht Äthanol–Benzol–Wasser, das in der Abb. 21 schematisch dargestellt ist. Die Zusammensetzungen der drei

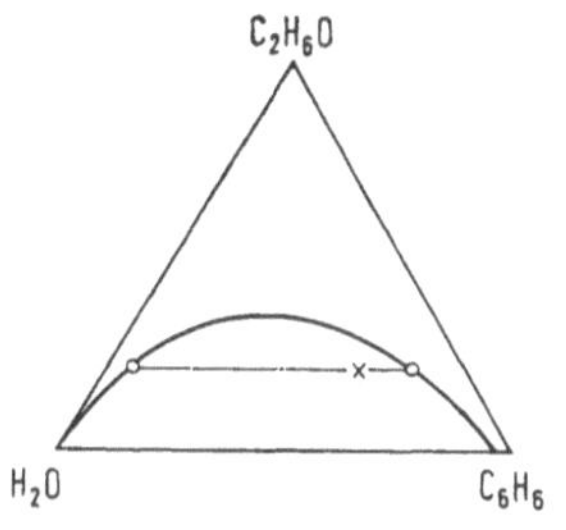

Abb. 21. Dreiphasen-Gleichgewicht des ternären Systems Äthanol — Benzol — Wasser (schematisch). × = Dampfphase

koexistierenden Phasen liegen, wie es nach § 30 sein muß, auf einer Graden, und der Dampfdruck hat für konstante Temperatur ein Maximum, das gleichzeitig den höchsten Dampfdruck auf der gesamten Dampfdruckfläche des Systems darstellt.

V. Kapitel

Chemische Gleichgewichte

§ 33 Allgemeine Gleichgewichtsbedingungen

In Kapitel IV haben wir chemische Reaktionen ausgeschlossen. Nun ist aber das chemische Gleichgewicht ein Spezialfall des inneren Gleichgewichtes, da es sich auch in einem homogenen System einstellt. Da wir in § 27 für jede Phase inneres Gleichgewicht vorausgesetzt haben, können wir zunächst innerhalb der Phasen chemische Reaktionen zulassen, wenn vollständiges chemisches Gleichgewicht vorausgesetzt wird und in die Gleichgewichtsbedingungen nur die Molzahlen der unabhängigen Komponenten im Sinne der Definition des § 2 eingeführt werden. Die früheren Ergebnisse bleiben dann unverändert, aber man erhält naturgemäß keine Aussage über die Bedingungen des chemischen Gleichgewichtes. Reaktionen zwischen den Phasen (heterogene Reaktionen) können unter Voraussetzung des Gleichgewichtes und bei Beschränkung auf unabhängige Komponenten zugelassen werden,

a. wenn die Reaktionsgleichung in die Diskussion des Problems nicht eingeht,

b. wenn eine Phasenreaktion mit einer chemischen Reaktion identisch ist.

Ein Beispiel für a. liefern die sog. *dystektischen Punkte*, d. h. Maxima der isobaren Schmelzkurve, bei denen die binäre Schmelze die gleiche Zusammensetzung wie eine feste chemische Verbindung hat, die mit den reinen Komponenten nicht mischbar ist. Wie Abb. 22 zeigt, müssen in

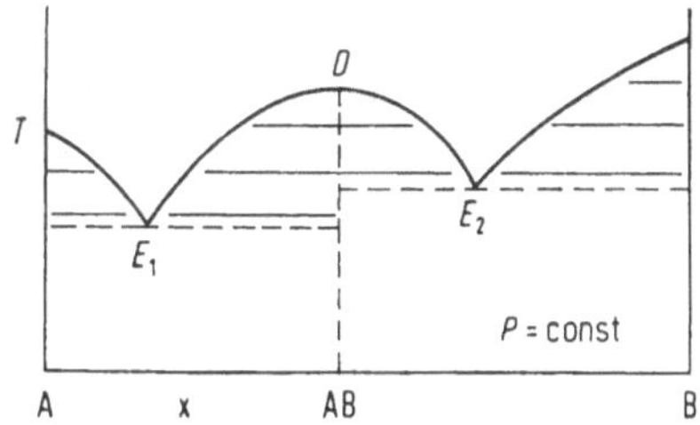

Abb. 22. Phasendiagramm eines binären Systems mit einem *dystektischen Punkt D* und zwei eutektischen Punkten E_1 und E_2

dem Diagramm dann zwei eutektische Punkte E_1 und E_2 auftreten. Die Frage, ob bei dem Übergang der Verbindung AB von der festen in die flüssige Phase eine chemische Reaktion stattfindet, geht in die Diskussion ebenso wenig ein wie die Reaktion zwischen den drei festen Phasen (die im allgemeinen wegen Hemmung nicht ablaufen kann). Ein dystektischer Punkt tritt beispielsweise im System Sn–Mg auf. Die feste intermetallische Verbindung ist hier $SnMg_2$.

Ein Beispiel für b. liefert die Zersetzung des Calciumcarbonats nach

$$CaCO_3 \rightleftharpoons CO_2 + CaO\,. \tag{33.1}$$

In diesem Falle haben wir zwei unabhängige Komponenten und drei Phasen, somit nach (29.3) ein univariantes Gleichgewicht. In rein physikalischer Betrachtungsweise sind CO_2 und CaO die unabhängigen Komponenten, während $CaCO_3$ als Mischphase erscheint, die mit den beiden anderen Phasen koexistiert. Nach § 30 a′ sind dann Phasenreaktionen ohne Beschränkung möglich, und Gl. (33.1) stellt einfach die Phasenreaktion, wie sie sich aus der Erhaltung der Gesamtmenge jeder Komponente ergibt, in chemischer Schreibweise dar. Der Gleichgewichtsdruck des CO_2 („Zersetzungsdruck") ist daher durch die *verallgemeinerte Clausius-Clapeyron*sche *Gleichung* (31.22) gegeben.

In analoger Weise läßt sich auch die Reaktion

$$2\,NiO \rightleftharpoons O_2 + 2\,Ni \tag{33.2}$$

behandeln.

Liegt aber das Nickel in Form einer Ni–Pt-Legierung vor, so haben wir drei unabhängige Komponenten und drei Phasen und somit ein bivariantes Gleichgewicht. Die chemische Reaktion kann daher nicht mit einer Phasenreaktion (die nach § 30 und 32 nur für spezielle Zusammensetzungen möglich ist) identifiziert werden. Die Methoden von Kapitel IV sind daher auf dieses Problem nicht anwendbar.

Um die Bedingungen für das chemische Gleichgewicht in voller Allgemeinheit abzuleiten, müssen wir die Molzahlen aller Stoffe, die in den interessierenden chemischen Reaktionsgleichungen vorkommen als unabhängige Variable in die Fundamentalgleichung einführen. Die m Molzahlen einer Phase sind also jetzt nicht mehr alle unabhängig voneinander im Sinne des § 2. Der Einfachheit halber nehmen wir zunächst an, daß nur eine einzige Reaktion

$$a\,A + b\,B \rightleftharpoons y\,Y \tag{33.3}$$

auftritt, wobei es gleichgültig ist, ob dieselbe innerhalb einer Phase oder zwischen verschiedenen Phasen abspielt oder ob beides der Fall ist. Mit den vorstehenden Festsetzungen können die Fundamentalgleichungen (27.1) und die Gleichgewichtsbedingung (27.2) einfach übernommen werden. Wir fassen beide zusammen in der Gleichung

$$\sum_\alpha T^{(\alpha)}\,\delta S^{(\alpha)} - \sum_\alpha P^{(\alpha)}\,\delta V^{(\alpha)} + \sum_\alpha \left[\sum_{i=1}^{m} \mu_i^{(\alpha)}\,\delta n_i^{(\alpha)}\right] = 0\,. \tag{33.4}$$

Auch hier gelten wieder die Nebenbedingungen

$$\sum_\alpha \delta S^{(\alpha)} = 0\,, \tag{33.5}$$

$$\sum_\alpha \delta V^{(\alpha)} = 0\,. \tag{33.6}$$

Ferner gilt ohne Einschränkung

$$\sum_\alpha \delta n_i^{(\alpha)} = 0 \qquad (i \neq \mathrm{A, B, Y})\,, \tag{33.7}$$

Weil aber A, B und Y durch die Reaktionsgleichung (33.3) zusammenhängen, gilt nicht mehr notwendig

$$\sum_\alpha \delta n_\mathrm{A}^{(\alpha)} = 0\,; \qquad \sum_\alpha \delta n_\mathrm{B}^{(\alpha)} = 0\,; \qquad \sum_\alpha \delta n_\mathrm{Y}^{(\alpha)} = 0\,. \tag{33.8}$$

An die Stelle dieser Nebenbedingungen treten jetzt die Gleichungen

$$\left.\begin{aligned} \sum_\alpha \delta n_\mathrm{A}^{(\alpha)} + \frac{\mathrm{a}}{\mathrm{y}} \sum_\alpha \delta n_\mathrm{Y}^{(\alpha)} = 0\,, \\ \sum_\alpha \delta n_\mathrm{B}^{(\alpha)} + \frac{\mathrm{b}}{\mathrm{y}} \sum_\alpha \delta n_\mathrm{Y}^{(\alpha)} = 0\,. \end{aligned}\right\} \tag{33.9}$$

Diese Bedingungen besagen, daß die über alle Phasen summierten Variationen der Molzahlen von A, B, Y, wenn nicht jede gemäß (33.8) für sich verschwindet (was einfach einer Verschiebung der Stoffe zwischen den Phasen entspricht), in dem durch die Reaktionsgleichung (33.3) gegebenen stöchiometrischen Verhältnis stehen müssen. Die Bedingungen (33.8) stellen jetzt somit einen Spezialfall dar, der in den allgemeineren Bedingungen (33.9) mit enthalten ist. Die nach (33.8) möglichen Variationen befriedigen daher auch (33.9). Fassen wir zunächst nur diese Variationen ins Auge, so folgt, daß die früher abgeleiteten Gleichgewichtsbedingungen (27.6)—(27.9) auch jetzt notwendig sind. Durch die Möglichkeit der chemischen Reaktion (33.3) kommt aber noch eine neue Bedingung hinzu. Setzen wir nämlich (27.6)–(27.8) in (33.4) ein, so wird mit Berücksichtigung von (33.5)–(33.7)

$$\mu_A \sum_\alpha \delta n_A^{(\alpha)} + \mu_B \sum_\alpha \delta n_B^{(\alpha)} + \mu_Y \sum_\alpha \delta n_Y^{(\alpha)} = 0 \,. \tag{33.10}$$

Eliminiert man mit Hilfe von (33.9) δn_A und δn_B, so erhält man

$$- \mathrm{a}\, \mu_A \sum_\alpha \delta n_Y^{(\alpha)} - \mathrm{b}\, \mu_B \sum_\alpha \delta n_Y^{(\alpha)} + \mathrm{y}\, \mu_Y \sum_\alpha \delta n_Y^{(\alpha)} = 0 \,. \tag{33.11}$$

Da die Variationen $\delta n_Y^{(\alpha)}$ ganz beliebig sind, d. h. $\delta n_Y^{(\alpha)} \gtrless 0$ sein kann (vgl. § 17), kann (33.11) nur erfüllt sein, wenn gilt

$$\mathrm{a}\, \mu_A + \mathrm{b}\, \mu_B = \mathrm{y}\, \mu_Y \,. \tag{33.12}$$

In analoger Weise zeigt man, daß für jede beliebige chemische Reaktion

$$\mathrm{a\,A} + \mathrm{b\,B} + \mathrm{c\,C} + \cdots \rightleftharpoons \mathrm{y\,Y} + \mathrm{z\,Z} + \cdots \tag{33.13}$$

im thermodynamischen Gleichgewicht die Bedingung

$$\mathrm{a}\, \mu_A + \mathrm{b}\, \mu_B + \mathrm{c}\, \mu_C + \cdots = \mathrm{y}\, \mu_Y + \mathrm{z}\, \mu_Z + \cdots \tag{33.14}$$

erfüllt sein muß. Gl. (33.14) stellt die allgemeine Bedingung des chemischen Gleichgewichts dar, die sowohl für homogene wie für heterogene Reaktionen gilt. In kompakter Notierung schreibt man die Reaktion (33.13) zweckmäßig

$$\sum \nu_i X_i = 0 \,, \tag{33.15}$$

wobei die entstehenden Produkte positiv gerechnet werden. Der entsprechende Ausdruck für die Gleichgewichtsbedingung ist dann

$$\sum \nu_i \mu_i = 0 \,. \tag{33.16}$$

§ 34 Homogene Reaktionen. Das Massenwirkungsgesetz

Wir betrachten in diesem Paragraphen chemische Reaktionen, die innerhalb einer Phase (bzw. eines homogenen Systems) ablaufen.

a. *Homogene Gasreaktionen*

Der *Partialdruck* der Komponente i in einer Gasmischung wird durch die Gleichung

$$p_i = x_i P \tag{34.1}$$

definiert. Für eine ideale Gasmischung ist

$$p_i = \frac{n_i}{V} R T \tag{34.2}$$

(*Dalton*sches *Gesetz*). Das chemische Potential der Komponente i einer idealen Gasmischung ist

$$\mu_i = R T \ln p_i + \mu_i^0(T) , \tag{34.3}$$

wo $\mu_i^0(T)$ einen Bezugs- oder Standardwert, nämlich das chemische Potential für $p_i = 1$ bezeichnet. Mit (34.1) kann (34.3) geschrieben werden

$$\mu_i = R T \ln x_i + R T \ln P + \mu_i^0(T) . \tag{34.4}$$

Wir nehmen nun an, daß in der idealen Gasmischung die Reaktion (33.13) abläuft. Einsetzen von (34.3) in die Gleichgewichtsbedingung (33.14) ergibt dann

$$\frac{p_{\mathrm{Y}}^{\mathrm{y}}\, p_{\mathrm{Z}}^{\mathrm{z}} \cdots}{p_{\mathrm{A}}^{\mathrm{a}}\, p_{\mathrm{B}}^{\mathrm{b}}\, p_{\mathrm{C}}^{\mathrm{c}} \cdots} = K_p(T) , \tag{34.5}$$

während Einsetzen von (34.4) in (33.14)

$$\frac{x_{\mathrm{Y}}^{\mathrm{y}}\, x_{\mathrm{Z}}^{\mathrm{z}} \cdots}{x_{\mathrm{A}}^{\mathrm{a}}\, x_{\mathrm{B}}^{\mathrm{b}}\, x_{\mathrm{C}}^{\mathrm{c}} \cdots} = K_x(T, P) \tag{34.6}$$

liefert. Gl. (34.5) bzw. (34.6) stellt das *Massenwirkungsgesetz* (MWG) dar, das zuerst durch kinetische Überlegungen von *Guldberg* und *Waage* abgeleitet wurde. Die beiden *Gleichgewichtskonstanten* K_p und K_x hängen zusammen durch die Beziehung

$$K_x(T, P) = P^{\mathrm{a}+\mathrm{b}+\mathrm{c}\ldots-\mathrm{y}-\mathrm{z}\ldots}\, K_p(T) . \tag{34.7}$$

Man kann schließlich das MWG noch in der Weise formulieren, daß man mit Hilfe von (34.2) die Größen $c_i = n_i/V$ als Konzentrationsvariable einführt. Dann wird

$$\frac{c_{\mathrm{Y}}^{\mathrm{y}}\, c_{\mathrm{Z}}^{\mathrm{z}} \cdots}{c_{\mathrm{A}}^{\mathrm{a}}\, c_{\mathrm{B}}^{\mathrm{b}}\, c_{\mathrm{C}}^{\mathrm{c}} \cdots} = K_c(T) \tag{34.8}$$

und

$$K_c = (R T)^{\mathrm{a}+\mathrm{b}+\mathrm{c}\ldots-\mathrm{y}-\mathrm{z}\ldots}\, K_p . \tag{34.9}$$

Die *Gleichgewichtskonstante* K_c hängt somit ebenfalls nur von T, nicht aber von P ab.

Wir haben das ideale Gasgemisch nicht nur aus historischen Gründen, sondern vor allem deshalb betrachtet, weil die obigen Formeln für praktische Zwecke meistens eine ausreichende Näherung liefern, wenn der Gesamtdruck einige atm nicht überschreitet.

Wenn die Abweichungen vom idealen Gaszustand berücksichtigt werden müssen, kann man eine analoge Formulierung durch Einführung der ***Fugazitäten*** an Stelle der Partialdrucke erhalten. Die Fugazitäten p_i^* sind definiert durch die Gleichung

$$\mu_i = R\,T \ln p_i^* + \mu_i^*(T)\,, \tag{34.10}$$

und es gilt

$$\lim_{P \to 0} \frac{P_i^*}{x_i P} = \lim_{P \to 0} \frac{p_i^*}{p_i} = 1 \tag{34.11}$$

(*Gibbs-Dalton*sches *Gesetz*). Man hat dann

$$\frac{p_{\mathrm{Y}}^{*\,\mathrm{y}}\, p_{\mathrm{Z}}^{*\,\mathrm{z}} \cdots}{p_{\mathrm{A}}^{*\,\mathrm{a}}\, p_{\mathrm{B}}^{*\,\mathrm{b}}\, p_{\mathrm{C}}^{*\,\mathrm{c}} \cdots} = K_p^*(T)\,. \tag{34.12}$$

Es ist aber zu beachten, daß hier zwar rechts wieder eine reine Temperaturfunktion steht, daß aber die Fugazitäten keine reinen Konzentrationsvariablen, sondern grundsätzlich Funktionen aller Zustandsvariablen sind.

Der besseren Übersicht halber schreiben wir die verschiedenen Formen des MWG noch einmal in der kompakten Notierung der Gl. (33.15) und (33.16), die wir von jetzt ab ausschließlich benutzen werden. Wir haben

$$\left.\begin{aligned} \Pi\, p_i^{\nu_i} &= K_p(T)\,, \\ \Pi\, x_i^{\nu_i} &= K_x(T, P)\,, \\ \Pi\, c_i^{\nu_i} &= K_c(T) \end{aligned}\right\} \tag{34.13}$$

und für reale Gase

$$\Pi\, p_i^{*\,\nu_i} = K_p^*(T)\,. \tag{34.14}$$

Wir haben jetzt noch die Gleichgewichtskonstanten zu untersuchen. Um möglichst allgemeine Ergebnisse zu erhalten, zeigen wir zunächst, daß die in den Gl. (34.4) und (34.10) auftretenden Standardwerte der chemischen Potentiale identisch sind. Nach Gl. (26.27) und (34.10) ist

$$\left(\frac{\partial \mu_i}{\partial P}\right)_{T,x} = v_i = R\,T \left(\frac{\partial \ln p_i^*}{\partial P}\right)_{T,x}. \tag{34.15}$$

Wegen

$$R\,T\left(\frac{\partial \ln (P\,x_i)}{\partial P}\right)_{T,x} = \frac{R\,T}{P} \tag{34.16}$$

kann (34.15) geschrieben werden

$$R\,T\left[\frac{\partial \ln (p_i^*/P\,x_i)}{\partial P}\right]_{T,x} = v_i - \frac{R\,T}{P}\,. \tag{34.17}$$

Integriert man diese Gleichung für konstante Temperatur und Zusammensetzung, so folgt

$$\ln \frac{p_i^*}{P\,x_i} = \frac{1}{R\,T}\int\limits_0^P \left(v_i - \frac{R\,T}{P}\right) dP + \lim_{P\to 0} \ln \frac{p_i^*}{P\,x_i}\,. \tag{34.18}$$

Wir machen nun von der Erfahrungstatsache Gebrauch, daß für verschwindenden Druck alle realen Gasgemische sich wie ideale Gase verhalten. Dann ist nach (34.16)

$$\lim_{P\to 0} \frac{P\,v_i}{R\,T} = 1 \tag{34.19}$$

womit die Existenz des Integrals gesichert ist. Weiter folgt aus der Erfahrungstatsache in Verbindung mit (34.2) die Gl. (34.11), nach der der letzte Term in (34.18) verschwindet. Die Gl. (34.10) kann daher mit Benutzung von (34.18) geschrieben werden

$$\mu_i = R\,T \ln (P\,x_i) + \int\limits_0^P \left(v_i - \frac{R\,T}{P}\right) dP + \mu^*(T)\,. \tag{34.20}$$

Daraus folgtf ür den Standardwert

$$\mu_i^*(T) = \lim_{P\to 0} \left[\mu_i - R\,T \ln (P\,x_i)\right]. \tag{34.21}$$

Der Grenzwert des ersten Terms ist aber nach dem obigen Erfahrungssatz durch Gl. (34.4) gegeben. Es folgt somit

$$\mu_i^0(T) = \mu_i^*(T)\,. \tag{34.22}$$

Aus der Ableitung der Gl. (34.13) und (34.14) folgt nun mit (34.22)

$$K_p(T) = K_p^*(T) \tag{34.23}$$

und

$$R\,T \ln K_p = -\sum \nu_i\,\mu_i^0 \equiv -\Delta G^0 \tag{34.24}$$

oder

$$K_p = e^{-(\Delta G^0/RT)}, \tag{34.25}$$

wobei wir Gl. (21.40) benutzt haben. Definitionsgemäß ist ΔG^0 die Änderung der freien Energie nach *Gibbs* bei einem Formelumsatz, wenn alle Reaktionsteilnehmer sich im Standardzustand befinden.

Wir betrachten nun die Abhängigkeit der Gleichgewichtskonstanten von der Temperatur und vom Druck.

Differentiation von (34.24) nach der Temperatur ergibt

$$\frac{d \ln K_p}{dT} = - \sum_i \frac{\nu_i}{R} \frac{d(\mu_i^0/T)}{dT}. \tag{34.26}$$

Mit Benutzung von Gl. (26.29) wird daraus

$$\frac{d \ln K_p}{dT} = \sum \frac{\nu_i h_i^0}{R T^2}. \tag{34.27}$$

Definieren wir die Reaktionsenthalpie für den Standardzustand ΔH^0 durch die Gleichung

$$\Delta H^0 = \sum_i \nu_i h_i^0, \tag{34.28}$$

so wird aus (34.27)

$$\frac{d \ln K_p}{dT} = \frac{\Delta H^0}{R T^2}. \tag{34.29}$$

Diese Beziehung wird als *van't Hoff*sche *Gleichung* bezeichnet. Für ideale Gase gibt sie unmittelbar die Temperaturabhängigkeit des chemischen Gleichgewichtes. Da in diesem Falle die partiellen molaren Enthalpien nicht von der Zusammensetzung abhängen und somit mit den Standardwerten identisch sind, stellt hier ΔH^0 die wahre (gemessene) Reaktionsenthalpie dar. Für reale Gase liegen die Verhältnisse komplizierter und können hier nicht erörtert werden.

Für die übrigen Gleichgewichtskonstanten lassen sich analoge Beziehungen ableiten. Wir beschränken uns dabei auf *ideale Gase.*[1]) Setzen wir zur Abkürzung $\sum \nu_i = \nu$, so ist die isotherm-isobare Volumenänderung bei einem Formelumsatz

$$P \Delta V = \nu R T. \tag{34.30}$$

1 Wir lassen daher den Index ^{0}, der zu Mißverständnissen führen kann, im folgenden weg.

Für die Reaktionsenthalpie gilt

$$\begin{aligned} \Delta H &= (\Delta U)_{T,P} + P(\Delta V)_{T,P} \\ &= (\Delta U)_{T,V} + P(\Delta V)_{T,P} = \Delta U + P\,\Delta V \end{aligned} \tag{34.31}$$

wobei wir benutzt haben, daß die innere Energie einer idealen Gasmischung vom Volumen und vom Druck unabhängig ist. Nach Gl. (21.19) stellt ΔU die Reaktionswärme bei konstantem Volumen dar. Schließlich haben wir nach Gl. (34.9)

$$\ln K_c = \ln K_p - \nu \ln R\,T\,. \tag{34.32}$$

Aus Gl. (34.29)—(34.32) folgt

$$\frac{d \ln K_c}{dT} = \frac{\Delta U}{R\,T^2}\,. \tag{34.33}$$

Diese Gleichung wird ebenfalls als *van't Hoff*sche *Gleichung* oder als *Reaktionsisochore* bezeichnet.

Aus (34.6) und (34.29) erhält man

$$\left(\frac{\partial \ln K_x}{\partial T}\right)_P = \frac{\Delta H}{R\,T^2}\,. \tag{34.34}$$

Aus Gl. (34.6) und (34.30) folgt

$$\left(\frac{\partial \ln K_x}{\partial P}\right)_T = -\frac{\Delta V}{R\,T}\,. \tag{34.35}$$

Diese Beziehung ist zuerst von *Planck* und *van Laar* angegeben worden. Sie zeigt [ebenso wie Gl. (34.6)], daß die Gleichgewichtskonstante K_x nur dann vom Druck abhängt, wenn $\nu \neq 0$ ist.

b. *Homogene Lösungsreaktionen in Flüssigkeiten.*

Homogene Reaktionen in flüssigen Phasen lassen sich im wesentlichen nach den gleichen Methoden behandeln wie homogene Gasreaktionen. Man wird auch hier wieder auf das MWG und die Gleichungen für die Abhängigkeit der Gleichgewichtskonstanten von Temperatur und Druck geführt. Wir können uns daher jetzt erheblich kürzer fassen. Die wesentlichen Unterschiede gegenüber den Gasreaktionen liegen in der Wahl der Konzentrationsvariablen und des Standardzustandes. Für theoretische Betrachtungen ist hier die zweckmäßigste Konzentrationsvariable der Molenbruch.[1]) Man setzt daher für das chemische

---

1 In der experimentellen Thermodynamik werden daneben als Konzentrationsvariable häufig benutzt die Molzahl pro 1000 g Lösungsmittel (*molality*) und die Molzahl pro Liter der Lösung (*molarity*). Die letztere Größe hat den Nachteil, daß ihr Zahlenwert sich mit der Temperatur ändert.

Potential der Komponente i

$$\mu_i = R\,T \ln (f_i\, x_i) + \mu_i^0(T, P)\,, \tag{34.36}$$

wo die Größe $f_i(T, P, x_1, \ldots, x_{m-1})$ als *Aktivitätskoeffizient* bezeichnet wird. Für den Standardzustand sind zwei Festsetzungen gebräuchlich

$$\alpha. \quad \mu_i^0 = \mu_{i0}(T, P) \quad (i = 1, \ldots, m) \tag{34.37}$$

wo μ_{i0} das chemische Potential der reinen Komponente i ist.

$$\beta. \quad \left.\begin{aligned} &\mu_1^0(T, P) = \mu_{10}(T, P)\,, \\ &\mu_i^0(T, P) = \lim_{x_1 \to 1} (\mu_i - R\,T \ln x_i) \qquad (i = 2, \ldots, m)\,. \end{aligned}\right\} \tag{34.38}$$

Die Komponente 1 wird als das Lösungsmittel bezeichnet (vgl. § 26). Die Festsetzung α. hat den Vorteil der völligen Symmetrie in bezug auf die Komponenten.

Die Festsetzung β. schließt eng an die Gastheorie an. Sie muß benutzt werden, wenn man eine zur Gastheorie analoge Formulierung des MWG erhalten will. Die Wahl des Standardzustandes impliziert eine entsprechende Normierung der Aktivitätskoeffizienten. Man hat für α:

$$\lim_{x_i = 1} f_i = 1\,, \tag{34.39}$$

für β:

$$\lim_{x_1 \to 1} f_1 = 1\,; \qquad \lim_{x_1 = 1} f_i = 1 \qquad (i = 2, \ldots, m)\,. \tag{34.40}$$

Einsetzen von (34.36) in (33.16) ergibt, wenn wir die *Aktivitäten*

$$a_i = f_i\, x_i \tag{34.41}$$

einführen

$$\Pi\, a_i^{\nu_i} = K(T, P) \tag{34.42}$$

mit

$$R\,T \ln K = -\sum \nu_i\, \mu_i^0 = -\,\Delta G^0\,. \tag{34.43}$$

Mit der Normierung β. wird für eine ideal verdünnte Lösung[1])

$$\Pi\, x_i^{\nu_i} = K(T, P)\,. \tag{33.44}$$

---

1 Wir verstehen darunter eine Lösung, für welche die aus (34.36) in Verbindung mit (34.38) und (34.40) für $x_1 \to 1$ folgenden Gleichungen gelten. Formal handelt es sich dabei um Grenzgesetze, deren Anwendbarkeit auf reale Systeme von der Natur des Systems und der Meßgenauigkeit abhängt.

Für die Abhängigkeit der Gleichgewichtskonstanten von Temperatur und Druck ergibt sich jetzt

$$\left(\frac{\partial \ln K}{\partial T}\right)_P = \frac{\Delta H^0}{R\,T^2} \tag{34.45}$$

und mit Benutzung von (26.27)

$$\left(\frac{\partial \ln K}{\partial P}\right)_T = -\frac{\Delta V^0}{R\,T} \tag{34.46}$$

mit

$$\Delta V^0 = \sum \nu_i v_i^0 \,. \tag{34.47}$$

Die in diesem Abschnitt erläuterte Festlegung der Standard-Zustände für die chemischen Potentiale ist von allgemeiner Bedeutung für die Thermodynamik der flüssigen Gemische. Sie liegt, wie man leicht feststellt, auch der Definition der freien Energie der Verdünnung (§ 26) zugrunde.

Für feste Mischphasen wird im wesentlichen der gleiche Formalismus benutzt. Hier verwendet man jedoch durchweg die Normierung α., so daß für reine Festkörper stets $a_i = 1, f_i = 1$ ist.

§ 35 Heterogene Reaktionen

Die allgemeine Gleichgewichtsbedingung (33.16) ist, wie schon erwähnt, sowohl für homogene wie für heterogene Reaktionen gültig. Die weiteren Überlegungen des § 34 lassen sich jedoch in dieser Allgemeinheit für heterogene Reaktionen nicht durchführen. Wir begnügen uns daher mit einigen Bemerkungen, welche die Natur der hier auftretenden Probleme verdeutlichen.

Wir betrachten wieder die Reaktion (33.15), nehmen aber jetzt an, daß alle Reaktionsteilnehmer nicht nur in der Gasphase, sondern auch in einer (oder mehreren) kondensierten Phasen auftreten. Die chemische Reaktion im Gasraum läßt sich wieder in der gleichen Weise wie in § 34 a. behandeln. Unter der Voraussetzung des idealen Gaszustandes gelangt man daher formal wieder zu den Gl. (34.13). Unter den angegebenen Bedingungen stellt sich aber für jede Komponente nicht nur das chemische Gleichgewicht, sondern auch das Verdampfungsgleichgewicht ein. Während beim MWG die links stehenden Quotienten Funktionen von T bzw. T und P sind, ist jetzt jeder einzelne Partialdruck p_i eine Funktion von T und P, die durch das Verdampfungsgleichgewicht festgelegt ist. Nun besteht der Vorteil des MWG für homogene Reaktionen einmal darin, daß der Wert der Gleichgewichtskonstanten ein Maß für das Fortschreiten der Reaktion bei gegebenen Anfangsbedingungen ist, zum anderen darin, daß man durch Änderung der Anfangskonzentrationen einzelner Komponenten den Ablauf der Reaktion beeinflussen kann. Für den letzteren Sachverhalt ist ein bekanntes Beispiel die Hemmung der Dissoziation von HJ nach

$$2\,HJ \rightleftharpoons H_2 + J_2 \tag{35.1}$$

durch Zugabe von J_2. Zahlreiche weitere Beispiele finden sich in den Methoden der chemischen Analyse. Die beiden erwähnten Vorteile fallen fort, wenn die in dem Quotienten des MWG auftretenden Partialdrucke Gleichgewichtsdampfdrucke sind. Der Formalismus des MWG wird dann wertlos und man muß auf die allgemeinen Gleichgewichtsbedingungen (33.16) zurückgreifen.

Etwas anders liegen die Verhältnisse, wenn in dem betrachteten Zustandsgebiet gwisse Reaktionsteilnehmer nur in der Gasphase auftreten. Als Beispiel betrachten wir das *Boudouard*sche *Gleichgewicht*

$$C_{(\text{FEST})} + CO_{2(\text{GAS})} \rightleftharpoons 2\,CO_{(\text{GAS})} \,. \tag{35.2}$$

Hier kann man (da μ_c praktisch nur von der Temperatur abhängt) ein MWG konstruieren (unter der Voraussetzung des idealen Gaszustandes) in der Form

$$\frac{p_{CO}^2}{p_{CO_2}} = K_p(T)\,. \tag{35.3}$$

Für die Gleichgewichtskonstante gilt aber nicht mehr Gl. (34.24), sondern (in dem betrachteten Falle)

$$R\,T \ln K_p = \mu_C + \mu_{CO_2}^0 - 2\,\mu_{CO}^0\,. \tag{35.4}$$

Eine analoge Betrachtung kann man durchführen, wenn der Kohlenstoff in (festem oder flüssigem) Eisen gelöst ist. Mit Benutzung von (34.36) und der Normierung α. erhält man

$$\frac{p_{CO}^2}{p_{CO_2}\, x_C\, f_C} = K_p(T) \tag{35.5}$$

wo K_p wieder durch Gl. (35.4) definiert ist. Aus Gl. (35.3) und (35.5) folgt

$$x_C\, f_C = \frac{(p_{CO}^2/p_{CO_2})_{\text{LEGIERUNG}}}{(p_{CO}^2/p_{CO_2})_{\text{GRAPHIT}}}\,. \tag{35.6}$$

In ähnlicher Weise kann die in § 33 erwähnte Oxydation von Nickel behandelt werden. Für die Oxydation von reinem Nickel hat man

$$p_{O_2} = K_p(T) \tag{35.7}$$

mit

$$R\,T \ln K_p = 2\,\mu_{NiO} - \mu^0_{O_2} - 2\,\mu_{Ni}\,. \tag{35.8}$$

Liegt aber das Nickel in Form einer Ni–Pt-Legierung vor, so erhält man mit (34.36) und der Normierung α.

$$\frac{p_{O_2}}{x^2_{Ni}\,f^2_{Ni}} = K_p(T)\,, \tag{35.9}$$

wo K_p wieder durch Gl. (35.7) gegeben ist. Aus (35.6) und (35.8) erhält man

$$x^2_{Ni}\,f^2_{Ni} = \frac{p_{O_2(LEG.)}}{p_{O_2(NICKEL)}}\,. \tag{35.10}$$

Die Gl. (35.6) und (35.10) zeigen, wie Aktivitätskoeffizienten kondensierter Mischphasen aus Messungen heterogener Gleichgewichte ermittelt werden können.

Wenn heterogene Gleichgewichte über ein größeres Zustandsgebiet untersucht werden, können zwei Fälle auftreten:

a. Für eine zunächst nur gasförmige Komponente wird ein Partialdruck erreicht, bei dem unter den betreffenden Bedingungen Kondensation einsetzt.

b. Für eine zunächst in kondensierter Phase vorliegende Komponente wird der Gleichgewichtsdampfdruck unterschritten, so daß die kondensierte Phase verschwindet.

In beiden Fällen ist eine Darstellung des gesamten Zustandsgebietes mit Hilfe des MWG nicht möglich, und man muß auf die allgemeinen Gleichgewichtsbedingungen (33.16) zurückgehen.

Wir machen zum Schluß noch eine Bemerkung über die Phasenregel für den Fall chemischer Reaktionen. Das Abzählverfahren ist im Prinzip das Gleiche wie in § 29. Wir haben also wieder σ *Gibbs-Duhem*sche *Gleichungen*. Die Summen sind aber jetzt über alle Stoffe (Teilchenarten) zu erstrecken. Dafür haben wir zusätzlich r Reaktionsgleichungen vom Typ (33.15) und eventuell noch b weitere Bedingungsgleichungen. Die Zahl der thermodynamischen Freiheitsgrade ist daher

$$f = m + 2 - \sigma - r - b\,. \tag{38.1}$$

Der Vergleich mit der Definition der unabhängigen Komponenten Gl. (2.1) zeigt, daß Gl. (38.1) in die übliche Form der Phasenregel (29.3) übergeht, wenn man unter m die unabhängigen Komponenten versteht.

Wenn eine Reaktion bis zum Verbrauch einer Komponente vollständig abläuft, vermindert sich m um Eins und auch r um Eins, da die betreffende Reaktionsgleichung nicht mehr berücksichtigt zu werden braucht. Die Zahl der Freiheitsgrade bleibt daher ungeändert. Lediglich bei den singulären Zusammensetzungen, welche stöchiometrischen Verhältnissen entsprechen, kann m stärker als r abnehmen und damit f vermindert werden.

§ 36 Reaktionslaufzahl. Affinität

Wir besprechen hier kurz eine von der Methode des § 33 formal etwas verschiedene Behandlung chemischer Gleichgewichte, die den zweiten der beiden in § 16, 17 und 23 erörterten Wege darstellt. Ausnahmsweise machen wir hier noch einmal von der allgemeineren Form der Gleichgewichtsbedingung

$$(\delta U)_{S,V,n} \geqq 0 \tag{36.1}$$

Gebrauch.

Wir betrachten ein geschlossenes homogenes System, in dem die Reaktion

$$\sum_i \nu_i X_i = 0 \tag{36.2}$$

ablaufen kann. Gemäß der Vorzeichenkonvention von § 33 sind die entstehenden Stoffe positiv zu rechnen. Die Gleichgewichtsbedingung lautet zunächst

$$T\,\delta S - P\,\delta V + \sum_{i=1}^{m} \mu_i\,\delta n_i \geqq 0 \tag{36.3}$$

mit den Nebenbedingungen

$$\delta S = 0\,, \qquad \delta V = 0\,, \qquad \delta n_i = 0 \tag{36.4}$$

für alle i, die nicht in (36.2) auftreten.

Es können daher nur die Variationen der Molzahlen der Reaktionsteilnehmer von Null verschieden sein. Von diesen ist aber, wie in § 33 gezeigt, nur eine unabhängig. Man kann daher, wie schon in § 14 erwähnt, eine neue unabhängige Variable einführen durch die Gleichung

$$dn_i = \nu_i\,d\xi\,. \tag{36.5}$$

Die Größe ξ wird als *Reaktionslaufzahl* bezeichnet. Damit wird die Gleichgewichtsbedingung

$$\left(\sum_i \nu_i \mu_i\right) \delta\xi \geqq 0\,. \tag{36.6}$$

Wenn alle Reaktionsteilnehmer im System anwesend sind, kann $\delta\xi \gtrless 0$ sein. Nach § 17 gilt daher das Gleichheitszeichen, und es folgt

$$\sum_i \nu_i \mu_i = 0 \qquad \text{(alle Reaktionsteilnehmer anwesend)} \tag{36.7}$$

in Übereinstimmung mit Gl. (33.16). Sind keine Reaktionsprodukte anwesend, so muß $\delta\xi > 0$ sein. Dann folgt aus (36.6)

$$\sum_i \nu_i \mu_i \geqq 0 \qquad \text{(keine Reaktionsprodukte anwesend).} \tag{36.8}$$

Sind umgekehrt nur Reaktionsprodukte anwesend, so muß $\delta\xi < 0$ sein, und es folgt

$$\sum_i \nu_i \mu_i \leqq 0 \qquad \text{(nur Reaktionsprodukte anwesend).} \tag{36.9}$$ [1]

Die Größe

$$A = -\sum_i \nu_i \mu_i = -\Delta G \tag{3.10}$$

wird nach *de Donder* als *Affinität* der Reaktion bezeichnet. Wenn alle Reaktionsteilnehmer anwesend sind, lautet dann die Gleichgewichtsbedingung einfach

$$A = 0\,. \tag{36.11}$$

Die vorstehenden Überlegungen lassen sich ohne Schwierigkeit für heterogene Systeme verallgemeinern. Es ist zu beachten, daß ξ ein innerer Parameter im Sinne des § 16 und keine thermodynamische Zustandsvariable ist.

§ 37 Thermodynamische Berechnung chemischer Reaktionen

Konkrete thermodynamische Aussagen über chemische Reaktionen erfordern naturgemäß explizite Kenntnis der betreffenden thermodynamischen Funktionen. Diese liegen heute für die meisten einheitlichen Stoffe in Tabellenform vor. Die zu ihrer Bestimmung benutzten Methoden können hier nicht erörtert werden. Wir begnügen uns daher mit einigen allgemeinen Bemerkungen.

---

1 Die anschauliche Deutung der Bedingungen (36.7)—(36.9) ergibt sich aus (37.3).

Grundsätzlich kann die Thermodynamik zweierlei Aussagen über chemische Reaktionen machen.

a. Für eine gegebene Reaktion läßt sich nach Gl. (33.16) angeben, für welche Werte der Zustandsgrößen chemisches Gleichgewicht besteht.
b. Da nach § 23 G für $T = \text{const.}$, $P = \text{const.}$ im Gleichgewicht ein Minimum wird, läßt sich für gegebene Werte der Zustandsgrößen angeben, ob eine Reaktion grundsätzlich (d. h. wenn von evtl. Hemmungen abgesehen wird) ablaufen kann.

Die Möglichkeit b. ist von besonderer Bedeutung für die zahlreichen Fälle, in denen chemische Reaktionen überhaupt nicht zu einem Gleichgewicht zwischen sämtlichen Reaktionsteilnehmern führen, sondern bis zum Verschwinden einer Komponente vollständig ablaufen. In erster Linie gehören dazu Reaktionen zwischen reinen kondensierten Phasen, z. B.

$$2\,\mathrm{Ag} + \mathrm{Hg_2Cl_2} \rightarrow 2\,\mathrm{AgCl} + 2\,\mathrm{Hg} \tag{37.1}$$

und ein großer Teil der Reaktionen organischer Verbindungen. Aber auch bei heterogenen Reaktionen, an denen die Gasphase beteiligt ist, kommen solche Fälle vor, z. B.

$$\mathrm{TiC} + \mathrm{O_2} \rightarrow \mathrm{TiO_2} + \mathrm{C}\,. \tag{37.2}$$

Allgemein gilt[1])

$$\left.\begin{array}{lll} \Delta G = 0\,, & A = 0 & \textit{Chemisches Gleichgewicht} \\ \Delta G < 0\,, & A > 0 & \textit{Mögliche Reaktion} \\ \Delta G > 0\,, & A < 0 & \textit{Unmögliche Reaktion} \end{array}\right\} \tag{37.3}$$

Thermodynamische Aussagen über chemische Reaktionen erfordern daher in jedem Falle Berechnung von ΔG und damit Kenntnis der chemischen Potentiale aller Reaktionsteilnehmer für die betreffenden Werte der Zustandsgrößen. Wir betrachten kurz die wichtigsten Spezialfälle:

α. Reine kondensierte Phasen

Die chemischen Potentiale sind mit den molaren freien Energien nach *Gibbs* identisch. Man hat daher

$$\Delta G = \sum_i \nu_i H_i^* - T \sum_i \nu_i S_i^*\,. \tag{37.4}$$

---

1 Die Aussagen (37.3) machen die Gleichgewichtsbedingungen (36.7)–(36.9) sofort anschaulich verständlich.

Die H_i^* und S_i^* können den Tabellen entnommen werden. Häufig sind jedoch in den Tabellen nur die Standardwerte H_i^{*0} und S_i^{*0} für 298,15 °K und $P = 1$ atm angegeben. Nun ist aber nach (21.16)

$$\left(\frac{\partial \Delta H}{\partial T}\right)_P = \Delta C_p \tag{37.5}$$

und nach (25.4)

$$\left(\frac{\partial \Delta S}{\partial T}\right)_P = \frac{\Delta C_p}{T} \tag{37.6}$$

mit

$$\Delta C_p = \sum_i \nu_i \, C_{p\,i} \,. \tag{37.7}$$

Es wird daher

$$\Delta G = \Delta H^0 - T \, \Delta S^0 + \int_{T^0}^{T} \Delta C_p \, dT - T \int_{T^0}^{T} \frac{\Delta C_p}{T} \, dT \,. \tag{37.8}$$

Die Integrale lassen sich entweder ebenfalls mit Hilfe von Tabellen oder mit Hilfe von Interpolationsformeln berechnen. Gl. (37.8) ist naturgemäß nichts anderes als eine Lösung der *Gibbs-Helmholtz*schen *Gleichung* (24.8). Wie man aus (37.8) durch partielle Integration oder aus (24.10) direkt ableitet, läßt sich dieselbe auch schreiben

$$\Delta G = \Delta H^0 - T \, \Delta S^0 - T \int_{T^0}^{T} \frac{dT'}{T'^2} \int_{T'^0}^{T'} \Delta C_p \, dT'' \,. \tag{37.9}$$

Eine direkte experimentelle Bestimmung von ΔG ist möglich, wenn sich die Reaktion zur Konstruktion einer reversiblen galvanischen Zelle verwenden läßt (vgl. § 52).

β. Homogene Gasreaktionen

Für die Rechnung gelten die gleichen Prinzipien. Es muß aber beachtet werden, daß die Tabellenwerte für H_i^{*0} und S_i^{*0} sich auf den idealen Gaszustand bei $P = 1$ atm beziehen. Die Realgaskorrektur kann bei Berechnung chemischer Gleichgewichte meistens vernachlässigt werden. Man berechnet dann unmittelbar aus den Tabellen, bzw. mit Hilfe von (37.8)

$$\Delta G^0 = - R \, T \ln K_p \,. \tag{37.10}$$

Grundsätzlich läßt sich hier der Ablauf der Reaktion durch geeignete Wahl der Ausgangspartialdrucke stets erzwingen. Praktisch sind dabei naturgemäß Grenzen durch die experimentellen Möglichkeiten gezogen. Will man ΔG für vorgegebene Anfangsbedingungen berechnen, so muß man zu den aus den Tabellen berechneten μ_i-Werten noch jeweils $R\,T \ln p_i$ addieren.

γ. Kondensierte Mischphasen

Die Berechnung chemischer Reaktionen, an denen kondensierte Mischphasen beteiligt sind, stößt selbst im einfachsten Falle homogener Lösungsreaktionen in ideal verdünnter Lösung (§ 34 b) auf wesentlich größere Schwierigkeiten als die vorher betrachteten Fälle, weil der Standard-Zustand bei der Normierung β. (die auf das MWG führt) vom Lösungsmittel abhängt und daher systematische Tabellierungen nicht vorliegen. Umgeht man diese Schwierigkeit durch Wahl der Normierung α., so wird man auf das verallgemeinerte MWG Gl. (34.42) geführt. Die Gleichgewichtskonstante läßt sich nun nach Gl. (34.43) und (37.8) mit Hilfe der Tabellen berechnen, dafür müssen aber jetzt zur Berechnung von ΔG noch die Aktivitätskoeffizienten bekannt sein, für die eine systematische Tabellierung praktisch undurchführbar ist.

§ 38 Der Nernstsche Wärmesatz. Die Unerreichbarkeit des absoluten Nullpunktes. Nullpunktsentropien

Die thermodynamische Untersuchung der heterogenen Reaktionen hat 1906 *Nernst* zur Formulierung einer allgemeinen Gesetzmäßigkeit geführt, die heute als *Nernst*scher *Wärmesatz* bezeichnet wird. Es hat sich jedoch gezeigt, daß die ursprüngliche Formulierung dieses Satzes nicht haltbar ist und auf schwierige Probleme führt, deren Untersuchung nur auf der Grundlage der Quantenstatistik möglich und auch heute noch nicht abgeschlossen ist. Andererseits ist der *Nernst*sche *Wärmesatz* von außerordentlicher Bedeutung für zahlreiche Anwendungen der Thermodynamik. Wir stellen daher im folgenden diesen Gesichtspunkt in den Vordergrund, während wir die Probleme nur kurz andeuten und für eine ausführliche Diskussion auf die Lehrbücher der statistischen Thermodynamik verweisen.

a. Der Nernstsche Wärmesatz

Wir betrachten einen isotherm-isobaren Prozeß zwischen reinen kondensierten Phasen[1]), den wir symbolisch mit

$$\alpha \rightarrow \beta \tag{38.1}$$

1 Damit ist gesagt, daß wir Mischphasen ausschließen.

bezeichnen. Es kann sich dabei um heterogene Reaktionen zwischen reinen Kristallen handeln, beispielsweise

$$\mathrm{Pb} + 2\,\mathrm{J} \rightarrow \mathrm{PbJ_2} \tag{38.2}$$

$$\mathrm{Pb} + \mathrm{Hg_2Cl_2} \rightarrow 2\,\mathrm{Hg} + \mathrm{PbCl_2} \tag{38.3}$$

oder um Umwandlung allotroper Modifikationen bei Kristallen wie

$$\mathrm{Sn\,(weiß)} \rightarrow \mathrm{Sn\,(grau)} \tag{38.4}$$

$$\mathrm{S\,(rhombisch)} \rightarrow \mathrm{S\,(monoklin)} \tag{38.5}$$

oder um einen Schmelzvorgang, z. B.

$$\mathrm{He\,(fest)} \rightarrow \mathrm{He\,(flüssig)}. \tag{38.6}$$

Der Kürze halber bezeichnen wir im folgenden (38.1) ganz allgemein als Reaktion. Wir machen die folgende

Voraussetzung 1

Bei der Reaktion (38.1) läuft kein Vorgang ab, der innerhalb einer Phase den Wert eines inneren Parameters ändert.

Die Erfahrung zeigt, daß in zahlreichen Stoffen das innere Gleichgewicht für gewisse Vorgänge sich bei tiefen Temperaturen nicht mehr einstellt. Ein innerer Zustand, d. h. ein bestimmter Wert des betreffenden inneren Parameters, der bei einer höheren Temperatur dem inneren Gleichgewicht entspricht, bleibt bei tieferen Temperaturen erhalten oder, wie man gewöhnlich sagt, er *friert ein*. Die wichtigsten Beispiele eingefrorener Phasen sind gewisse Molekülkristalle bei sehr tiefen Temperaturen (z. B. CO, NO, N_2O, H_2O) sowie die anorganischen und organischen Gläser[1]). Die Voraussetzung 1 schließt somit Prozesse aus, die mit dem „Auftauen" einer eingefrorenen Phase verknüpft sind.

Für die Differenz der Werte einer Zustandsfunktion Z in den Zuständen α und β schreiben wir

$$\Delta Z \equiv Z(\beta) - Z(\alpha)\,. \tag{38.7}$$

1 Eine eingefrorene Phase ist nicht notwendig eine metastabile Phase im Sinne des § 18. Gewöhnliches Polystyrol, beispielsweise, kann nicht kristallisieren. Es kann daher niemals eine unterkühlte Flüssigkeit sein. Dagegen tritt bei einer leidlich reproduzierbaren Temperatur ein Einfrieren auf, das aus dem Polystyrol ein „Glas" macht. Im Gegensatz dazu erscheinen die Silikatgläser oder Glycerin zunächst als unterkühlte Flüssigkeit im inneren Gleichgewicht, die erst bei einer tieferen Temperatur einfriert. In diesen Fällen ist die eingefrorene Phase gleichzeitig gegenüber dem Kristall metastabil.

Für den Fall der chemischen Reaktionen wird diese Notierung durch die Gl. (36.10), (37.4) und (37.7) genauer erklärt. Wir haben dann nach (24.8)

$$\Delta G = \Delta H + T\left(\frac{\partial \Delta G}{\partial T}\right)_P . \tag{38.8}$$

Nach § 37 kann die Lösung dieser Gleichung formal geschrieben werden

$$\Delta G = \Delta H_0 - T\,\Delta S_0 + \int_0^T \Delta C_p\,dT - T\int_0^T \frac{\Delta C_p}{T}\,dT \tag{38.9}$$

oder

$$\Delta G = \Delta H_0 - T\,\Delta S_0 - T\int_0^T \frac{dT'}{T'^2}\int_0^{T'} \Delta C_p\,dT'' , \tag{38.10}$$

wo ΔH_0 die Reaktionsenthalpie und ΔS_0 die Reaktionsentropie am absoluten Nullpunkt ist. Diese Größen sind durch die Gleichungen

$$\Delta H = \Delta H_0 + \int_0^T \Delta C_p\,dT \tag{38.11}$$

$$\Delta S = \Delta S_0 + \int_0^T \frac{\Delta C_p}{T}\,dT \tag{38.12}$$

definiert. Da man am absoluten Nullpunkt und in seiner nächsten Umgebung nicht messen kann[1]), bleibt noch die Bedeutung der auf der rechten Seite der Gl. (38.9)—(38.12) auftretenden Integrale zu erklären. Wir machen dazu die

Voraussetzung 2

Für alle an dem Prozeß (38.1) beteiligten Phasen existieren die Integrale

$$\lim_{T^\circ \to 0} \int_{T^\circ}^T C_p\,dT \equiv \int_0^T C_p\,dT , \tag{38.13}$$

$$\lim_{T^\circ \to 0} \int_{T^\circ}^T \frac{C_p}{T}\,dT \equiv \int_0^T \frac{C_p}{T}\,dT . \tag{38.14}$$

Das hierdurch geforderte Verschwinden der spezifischen Wärmen für $T \to 0$ [2]) läßt sich auf der Grundlage der Quantenstatistik für einfache

1 In den meisten Fällen liegt die untere Grenze, bis zu der Meßdaten verfügbar sind, etwa zwischen 1° und 20 °K.

2 Für die Konvergenz der Integrale ist hinreichend, daß für $T \to 0$ $C_p \sim T^n$ mit $n > 0$ ist. Es wird also nicht gefordert, daß $n \geqq 1$ ist.

Modelle (z. B. das *Debye*sche *Kristallmodell*) streng beweisen. Nach unserer gesamten Kenntnis der kondensierten Phasen kann man sie unbedenklich als allgemein gültig betrachten.[1]) Sie besitzt aber nicht in dieser Allgemeinheit experimentelle Evidenz, wie Abb. 23 an einem typischen Beispiel zeigt.

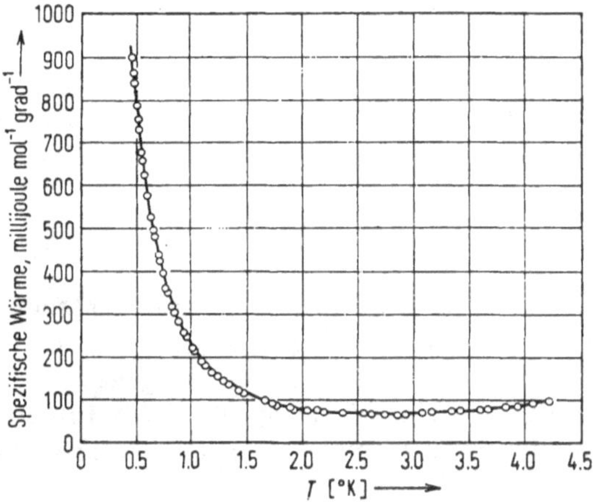

Abb. 23. Atomwärme von Tb bei extrem tiefen Temperaturen (Entnommen: H. M. Rosenberg, Low Temperature Solid State Physics, Oxford 1963, Clarendon Press, p. 31, Fig. 1.13)

Die Voraussetzung 2 ist zunächst nur eine formale Definition und muß durch eine Rechenvorschrift ergänzt werden. Die wesentliche Schwierigkeit liegt hier in der experimentell und theoretisch gesicherten Tatsache, daß in zahlreichen Fällen die spezifische Wärme im Gebiet $T < 1$ °K nicht monoton auf Null abfällt, daß diese Kenntnisse, wie man z. B. aus Abb. 23 sieht, jedoch keinen Hinweis für die Extrapolation, geben. Da solche Anomalien[2]) noch bei Temperaturen auftreten können, die weit unterhalb der heutigen Möglichkeiten der Tieftemperaturtechnik liegen[3]), kann eine experimentell verifizierbare Gesetzmäßigkeit nur for-

1 Das ist um so eher gerechtfertigt, als die Konvergenz der Integrale auch durch die experimentelle Tatsache, daß ΔH und ΔS endlich sind, gefordert wird.

2 Solche Anomalien sind vor allem in paramagnetischen und ferromagnetischen Kristallen zu erwarten. Sie können aber auch in diamagnetischen Kristallen auftreten.

3 Für gewisse theoretisch zu erwartende Anomalien wird der Temperaturbereich auf 10^{-6} °K geschätzt.

muliert werden, wenn man die erwähnten Anomalien überhaupt vernachlässigt[1]). Wir machen daher noch die

Voraussetzung 3

Der durch Voraussetzung 2 geforderte Abfall der spezifischen Wärme auf Null kann mit ausreichender Genauigkeit durch ein an den letzten experimentell gesicherten Abfall anschließendes einfaches Potenzgesetz dargestellt werden.

Praktisch benutzt man für nicht-metallische Kristalle gewöhnlich das *Debye*sche *T^3-Gesetz*, während man für Metalle mit Berücksichtigung der Elektronenwärme

$$C_p = \alpha\, T^3 + \gamma\, T \tag{38.15}$$

setzt. Aus experimentellen Daten und theoretischen Abschätzungen kann man entnehmen, daß für gewöhnliche Temperaturen der durch Voraussetzung 3 eingeführte Fehler im Hinblick auf die Meßgenauigkeit bei dem Integral (38.13) völlig zu vernachlässigen ist. Für das Integral (38.14) kann der Fehler wesentlich größer sein und in ungünstigen Fällen 5% und mehr erreichen.

Wir kehren nun wieder zur Integration der *Gibbs-Helmholtz*schen *Gleichung* zurück. Da die Größe ΔH direkt meßbar ist, kann nach Gl. (31.11) ΔH_0 aus calorischen Daten berechnet werden. Auf der rechten Seite von (38.9) oder (38.10) bleibt dann als unbekannte Integrationskonstante die Größe ΔS_0. Der *Nernst*sche *Wärmesatz* ist eine allgemeine Aussage über diese Integrationskonstante.

Die *Nernst*sche Überlegung knüpft an ein um die Mitte des 19. Jahrhunderts von *Thomsen* und *Berthelot* aufgestelltes Prinzip an, nach dem der Ablauf einer Reaktion zwischen kondensierten Phasen durch die Wärmetönung bestimmt, also $\Delta G = \Delta H$ sein soll. Ein Blick auf Gl. (38.8) zeigt sofort, daß dieser Satz als allgemeines Prinzip thermodynamisch unhaltbar ist. In einer Reihe von Fällen gilt er aber mit einer gewissen Annäherung, und zwar, wie 1903 von *Richards* experimentell gezeigt wurde, um so besser, je tiefer die Temperatur ist. *Nernst* vermutete daher, daß es sich dabei um ein Grenzgesetz für tiefe Temperaturen handle in solcher Weise, daß für $T \to 0$ nicht nur $\Delta G = \Delta H$ wird [was bereits aus

1 Damit wird tatsächlich nur das Verfahren „legalisiert", das bereits vor der modernen Entwicklung der Tieftemperaturphysik angewandt wurde.

(38.8) folgt[1])], sondern daß beide Kurven sich mindestens von der ersten Ordnung berühren.[2]) Wir haben somit:

*Nernst*scher *Wärmesatz*

Unter den Voraussetzungen 1—3 gilt für alle isotherm-isobaren Prozesse zwischen reinen kondensierten Phasen

$$\lim_{T \to 0} \frac{\partial \Delta G}{\partial T} = \lim_{T \to 0} \frac{\partial \Delta H}{\partial T} . \tag{38.16}$$

Das durch (38.16) geforderte Verhalten ist in Abb. 24 schematisch dargestellt.

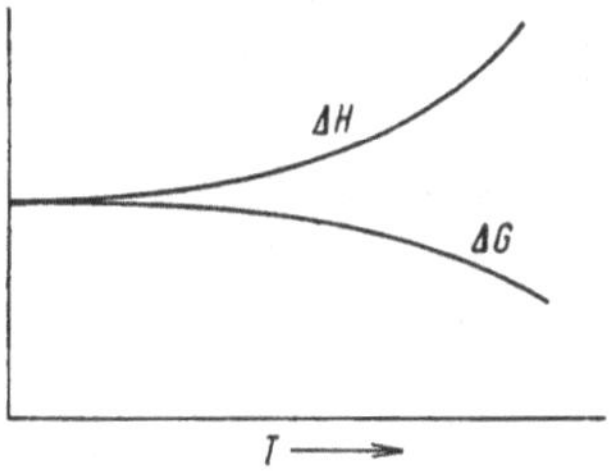

Abb. 24. Zum *Nernst*schen *Wärmesatz*

Die auf der rechten Seite von (38.16) stehende Größe ist nach (37.5) der Grenzwert von ΔC_p für $T \to 0$, der nach Voraussetzung 2 Null sein muß. Wir erhalten daher mit Benutzung von (21.37)

*Nernst*scher *Wärmesatz* (alternative Formulierung)

Unter den Voraussetzungen 1—3 gilt für alle isotherm-isobaren Prozesse zwischen reinen kondensierten Phasen

$$\Delta S_0 = 0 . \tag{38.17}$$

Diese Formulierung zeigt klar den Zusammenhang mit der Integration der *Gibbs-Helmholtz*schen *Gleichung*, denn bei Gültigkeit von (38.17) kann ΔG aus rein calorischen Daten berechnet werden.

Wir machen dazu noch die folgenden Bemerkungen:

α. Die Größen ΔH_0 und ΔS_0 sind als Grenzwerte definiert, die durch Extrapolation von Meßdaten in das experimentell nicht zugängliche Gebiet erhalten werden. Sie haben daher nicht für sich, sondern nur

---

1 Formal muß dabei vorausgesetzt werden, daß für $T \to 0$ ΔS nicht unendlich wird.

2 Zwei Kurven $f(x)$ und $\varphi(x)$ berühren sich an der Stelle x_0 von n-ter Ordnung, wenn in x_0 die Ableitungen von $f(x)$ und $\varphi(x)$ bis zur Ordnung n gleich sind, die $(n + 1)$-ten Ableitungen dagegen verschieden sind.

im Zusammenhang mit dem *Nernst*schen *Wärmesatz* physikalische Bedeutung.[1])

β. Die physikalische Aussage des *Nernst*schen *Wärmesatzes* läßt sich in folgender Weise umschreiben: Im Temperaturgebiet zwischen 20° und 1 °K wird die Größe ΔS so klein, daß die nach Voraussetzung 3 durchgeführte Extrapolation auf $T = 0$ innerhalb der experimentellen Fehlergrenzen (38.17) ergibt.

γ. Bei den obigen Formulierungen haben wir Mischphasen ausgeschlossen. Tatsächlich hat man es aber durchweg mit Gemischen von Isotopen zu tun. Auf dieses Problem kann hier nicht eingegangen werden. Wir begnügen uns daher mit der Bemerkung, daß alle Formulierungen gültig bleiben, wenn bei dem Prozeß (38.1) die Isotopen-Zusammensetzung der beteiligten Elemente nicht geändert wird.[2])

Für die experimentelle Prüfung des *Nernst*schen *Wärmesatzes* kommen Messungen an reversiblen galvanischen Zellen (§ 72) und Untersuchungen von Phasenumwandlungen in kondensierten Systemen in Betracht. Man findet, daß innerhalb der experimentellen Fehlergrenzen die Gl. (38.17) durchweg erfüllt ist. Als Beispiel geben wir die Zahlen für die Umwandlung S (rhombisch) $\to$ S (monoklin), da wir weiter unten noch einmal darauf zurückkommen müssen. Man findet[3,4]) (R = Gaskonstante)

$$\left.\begin{aligned} \Delta H/R &= 47{,}5 \pm 5\ °\mathrm{K}\,, \qquad (T = 368{,}6\ °\mathrm{K}) \\ \Delta S/R &= 0{,}12 \pm 0{,}01\,, \qquad (T = 368{,}6\ °\mathrm{K}) \\ \Delta S_0/R &= 0{,}01 \pm 0{,}05\,. \end{aligned}\right\} \tag{38.18}$$

1 Dieser Sachverhalt läßt sich vielleicht durch eine Analogie besser verständlich machen. Für den osmotischen Druck einer binären Lösung (§ 28) gilt bei sehr großer Verdünnung

$$\Pi = \frac{R\,T}{M_2}\,c_g \qquad (\textit{van't Hoff}\text{sches } \textit{Gesetz})$$

(M_2 = Molekulargewicht des gelösten Stoffes, c_g = Konzentration in g/cm³). Für $c_g \to 0$ gilt $\Pi \to 0$. Der Grenzwert $\lim\limits_{c_g \to 0} \Pi/c_g$ ist aber endlich und definiert das Molekulargewicht M_2. Er ist jedoch nicht meßbar, sondern wird durch Extrapolation über ein experimentell unzugängliches Gebiet erhalten.

2 Auch bei Wasserstoff und anderen Substanzen, die Gemische aus ortho- und para-Zuständen sind, treten Komplikationen auf, für deren Erörterung wir auf die Lehrbücher der statistischen Thermodynamik verweisen.

3 E. D. Eastman und W. C. McGavock, J. Amer. chem. Soc. **59**, 145 (1937).

4 Neuere Messungen von *E. D. West* [J. Amer. chem. Soc. **81**, 29 (1959)] ergeben etwas andere Werte für die Umwandlungstemperatur, ΔH und ΔS. Da jedoch hier keine Tieftemperaturmessungen vorliegen, haben wir diese Werte aus Konsistenzgründen nicht benutzt.

b. Die Unerreichbarkeit des absoluten Nullpunktes

Mit dem *Nernst*schen *Wärmesatz* hängt eng zusammen eine andere Gesetzmäßigkeit, die 1912 von *Nernst* formuliert wurde. Es handelt sich dabei um das

Prinzip der Unerreichbarkeit des absoluten Nullpunktes

Es ist unmöglich, ein System durch irgendeinen Prozeß in einer endlichen Zahl von Operationen auf den absoluten Nullpunkt abzukühlen.

Dieser Satz muß als von den Hauptsätzen unabhängige Erfahrungstatsache betrachtet werden[1]). Um die empirische Grundlage und den Zusammenhang mit dem *Nernst*schen *Wärmesatz* deutlich zu machen, betrachten wir wieder einen Prozeß in kondensierten Phasen

$$\alpha \to \beta \,, \tag{38.19}$$

den wir aber jetzt etwas anders als in Abschnitt a. definieren. Zunächst ist klar, daß die Erreichung des absoluten Nullpunktes nur durch einen adiabatischen Prozeß möglich wäre. Nach dem II. Hauptsatz nimmt aber

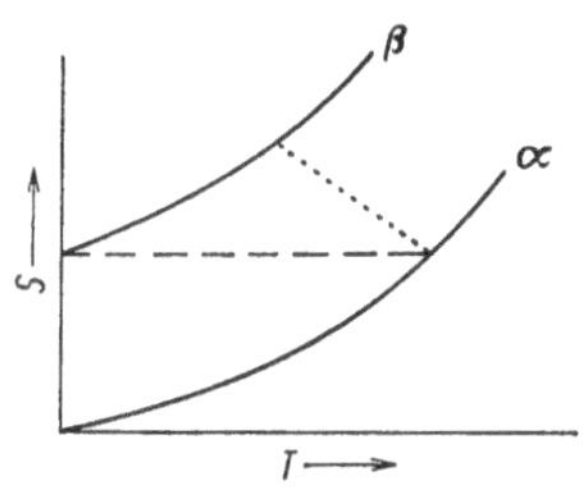

Abb. 25. Zur Unerreichbarkeit des absoluten Nullpunktes.
— — — quasi-statisch-adiabatischer Prozeß,
· · · · · · · nicht-statisch-adiabatischer Prozeß

bei einem nichtstatisch-adiabatischen Prozeß die Entropie zu. Aus Abb. 25 liest man daher unmittelbar ab, daß für die Erreichung des absoluten Nullpunktes ein quasi-statisch-adiabatischer Prozeß stets günstiger wäre als ein nicht-statisch-adiabatischer. Wir setzen daher von

---

1 Das Unerreichbarkeitsprinzip wurde von *Nernst* mit Hilfe eines Kreisprozesses aus dem II. Hauptsatz abgeleitet. Diese Ableitung ist zuerst von *Einstein* kritisiert worden. Die Kontroversen über diese Frage, die wir hier nicht verfolgen können, haben sich bis in die neueste Zeit hingezogen. Am zutreffendsten (wenn auch sehr abstrakt) ist die Natur des Problems wohl in der *Landsberg*schen *Axiomatik* [Rev. Mod. Phys. **28**, **363** (1956)] formuliert worden. Danach handelt es sich bei dem Unerreichbarkeitsprinzip um die Frage des Status der Randpunkte einer offenen Punktmenge, die mathematisch im allgemeinen besonders definiert werden muß. Die Gültigkeit der *Nernst*schen Ableitung hängt von dieser Definition ab, die aber in jedem Falle ein zusätzliches Postulat darstellt.

jetzt ab voraus, daß der Prozeß (38.19) quasi-statisch-adiabatisch, d. h. reversibel ist. Im einzelnen kann es sich dabei um die Änderung der Arbeitskoordinaten eines homogenen kondensierten Systems, um chemische Reaktionen in einer reversiblen galvanischen Zelle oder um Phasenumwandlungen im kondensierten Zustand handeln. Die letzteren lassen wir jedoch zunächst außer Betracht. Bezeichnen wir mit T' die Anfangstemperatur, mit T'' die Endtemperatur, so sind die Entropien des Systems in den beiden Zuständen

$$S_\alpha = S_{0\alpha} + \int_0^{T'} \frac{C_\alpha}{T} dT , \tag{38.20}$$

$$S_\beta = S_{0\beta} + \int_0^{T''} \frac{C_\beta}{T} dT , \tag{38.21}$$

wo C_α und C_β die Wärmekapazitäten bezeichnen. Für einen quasi-statisch-adiabatischen Prozeß muß gelten

$$S_{0\alpha} + \int_0^{T'} \frac{C_\alpha}{T} dT = S_{0\beta} + \int_0^{T''} \frac{C_\beta}{T} dT . \tag{38.22}$$

Für $T'' = 0$ wird daher

$$S_{0\beta} - S_{0\alpha} = \int_0^{T'} \frac{C_\alpha}{T} dT . \tag{38.23}$$

Wenn $S_{0\beta} - S_{0\alpha} > 0$ ist, gibt es, da $C_\alpha > 0$ sein muß[1]), stets eine Temperatur T', welche (38.23) befriedigt, d. h. man kann von einer Temperatur T' ausgehend durch den Prozeß (38.19) den absoluten Nullpunkt erreichen. Die Annahme muß daher falsch sein, und wir können schließen, daß $S_{0\beta} \leqq S_{0\alpha}$ ist. Wählt man den Zustand β bei der Temperatur T' als Ausgangspunkt, um durch einen quasi-statisch-adiabatischen Prozeß den absoluten Nullpunkt zu erreichen, so muß gelten

$$S_{0\alpha} - S_{0\beta} = \int_0^{T'} \frac{C_\beta}{T} dT . \tag{38.24}$$

---

1 Den Beweis bringen wir in § 41.

Durch eine analoge Überlegung findet man, daß $S_{0\alpha} \leqq S_{0\beta}$ sein muß. Die Unerreichbarkeit des absoluten Nullpunktes impliziert daher

$$S_{0\alpha} = S_{0\beta} . \tag{38.25}$$

In Abb. 26 sind die Verhältnisse schematisch dargestellt.

Wir betrachten kurz die drei wichtigsten Spezialfälle.

α. Der Prozeß (38.19) besteht in der Änderung einer Arbeitskoordinate y. In diesem Fall kann (38.25) geschrieben werden

$$\lim_{T \to 0} \left(\frac{\partial S}{\partial y}\right)_T = 0 \tag{38.26}$$

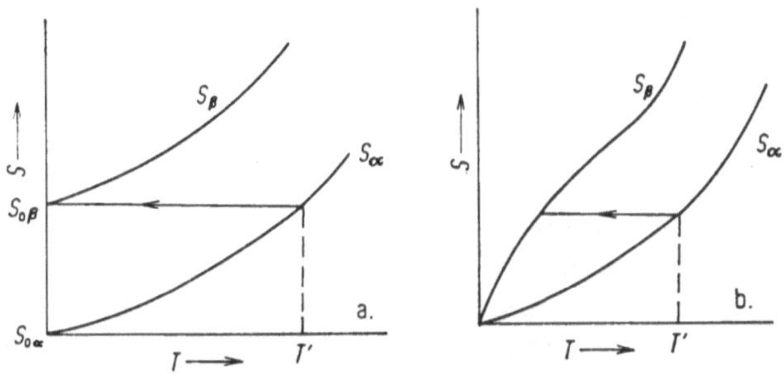

Abb. 26. Entropie als Funktion der absoluten Temperatur bei tiefen Temperaturen (schematisch).

a. Der absolute Nullpunkt ist durch einen quasi-statisch-adiabatischen Prozeß erreichbar.

b. Der absolute Nullpunkt ist unerreichbar.

oder wegen der zu (24.20) analogen *Maxwell*schen *Relation*

$$\left(\frac{\partial S}{\partial y}\right)_T = \left(\frac{\partial Y}{\partial T}\right)_y , \tag{38.27}$$

$$\lim_{T \to 0} \left(\frac{\partial Y}{\partial T}\right)_y = 0 . \tag{38.28}$$

Setzen wir $y = V$, $Y = -P$, so erhalten wir aus (25.5), (25.6) und (25.9)

$$\left(\frac{\partial P}{\partial T}\right)_V = \frac{\alpha}{\varkappa} . \tag{38.29}$$

Unter der Voraussetzung, daß die Kompressibilität für $T \to 0$ endlich bleibt, wird daher aus (38.28)

$$\lim_{T \to 0} \alpha = 0 . \tag{38.30}$$

Nach den experimentellen Daten ist diese Bedingung für Festkörper und flüssiges Helium erfüllt.

Setzen wir $y = \vec{M}$, $Y = \vec{H}$, wo $\vec{M}$ die totale Magnetisierung und $\vec{H}$ die magnetische Feldstärke ist, so gilt

$$\left(\frac{\partial \vec{H}}{\partial T}\right)_{\vec{M}} = \frac{(\partial \vec{M}/\partial T)_{\vec{H}}}{(\partial \vec{M}/\partial \vec{H})_T}. \tag{38.31}$$

Unter der Voraussetzung, daß der Nenner der rechten Seite für $T \to 0$ endlich bleibt, wird dann aus (38.28)

$$\lim_{T \to 0} \left(\frac{\partial \vec{M}}{\partial T}\right)_{\vec{H}} = 0 . \tag{38.32}$$

Auch diese Bedingung ist nach den experimentellen Daten erfüllt.

Die Prüfung der Gl. (38.30) und (38.32) bildet die eigentliche empirische Grundlage des Unerreichbarkeitsprinzips. In diesem Zusammenhang hat jedoch die Gl. (38.32) die weitaus größere Bedeutung, da sie sich auf die schon in § 12 erwähnte adiabatische Entmagnetisierung bezieht, die das einzige bekannte Verfahren zur Erzeugung extrem tiefer Temperaturen darstellt. Die theoretische Analyse des molekularen Mechanismus, auf die wir hier nicht eingehen können, führt ebenfalls zu dem Ergebnis, daß auf diesem Wege der absolute Nullpunkt nicht erreicht werden kann.

β. Der Prozeß (38.19) besteht in einer chemischen Reaktion zwischen reinen kondensierten Phasen.

In diesem Fall ist Gl. (38.25) identisch mit dem *Nernst*schen *Wärmesatz* Gl. (38.17). Die Forderung, daß der Prozeß (38.19) quasi-statisch-adiabatisch verlaufen muß, impliziert die Voraussetzung 1, da ein „Auftauen" einer eingefrorenen Phase notwendig ein adiabatisch irreversibler Prozeß ist.

γ. Der Prozeß (38.19) ist eine Phasenumwandlung in einem kondensierten System.

In diesem Fall ist eine reversible Umwandlung nur entlang der Koexistenzkurve möglich. Die obigen Gleichungen sind darauf nicht ohne weiteres anwendbar. Die genauere Diskussion, die in neuerer Zeit von *Haase* durchgeführt worden ist, führt jedoch zu einem analogen Ergebnis. Dabei muß vorausgesetzt werden, daß die Koexistenzkurve sich für endlichen Druck bis $T = 0$ erstreckt. Diese Bedingung ist beispielsweise für das Schmelzgleichgewicht von Helium, dagegen mit Sicherheit nicht für die schon erwähnte Umwandlung S (rhombisch) → S (monoklin) erfüllt. In diesem Fall kann der *Nernst*sche *Wärmesatz* daher nicht aus dem Unerreichbarkeitsprinzip abgeleitet werden, obwohl er, wie gezeigt, nach den experimentellen Daten gilt.

Das Unerreichbarkeitsprinzip geht daher einerseits über den *Nernst*schen *Wärmesatz* hinaus, indem es für jeden einheitlichen Stoff im kondensierten Zustand die Existenz einer von den Arbeitskoordinaten unabhängigen Nullpunktsentropie fordert. Andererseits überdeckt es nicht den Gültigkeitsbereich des *Nernst*schen *Wärmesatzes*, da letzterer sich für Phasenumwandlungen nur unter einschränkenden Bedingungen ableiten läßt. Die aus dem *Nernst*schen *Wärmesatz* sich ergebende Folgerung, daß die Nullpunktsentropie nicht von der Kristallmodifikation abhängt, kann daher nicht allgemein aus dem Unerreichbarkeitsprinzip erhalten werden. Man kann daher letzteres nicht einfach an die Stelle des *Nernst*schen *Wärmesatzes* setzen, sondern muß es als selbständigen Erfahrungssatz betrachten.

c. Nullpunktsentropien

Eine der wichtigsten Anwendungen der unter a. und b. behandelten Gesetzmäßigkeiten ist die Konstruktion der in § 37 α erwähnten Tabellen der thermodynamischen Funktionen. Wir wollen dies kurz erläutern und dabei die vorhergehenden Ausführungen noch in einigen Punkten ergänzen.

Wir betrachten zunächst die Enthalpie. Nach dem I. Hauptsatz enthält die Funktion H eine willkürliche additive Konstante. Meßbar ist nur die Differenz

$$\Delta H = H_\beta - H_\alpha \,, \tag{38.33}$$

wo α und β jetzt zwei Gleichgewichtszustände des Systems bezeichnen, die durch einen beliebigen Prozeß[1]) miteinander verknüpft sind. Verstehen wir daher unter α einen noch zu definierenden Standard-Zustand, für den die additive Konstante festgelegt ist, so ist sie damit nach (38.33) auch für alle Zustände β bestimmt, die sich von α aus durch irgendeinen Prozeß erreichen lassen. Es genügt daher, die additive Konstante für jedes Element in einem Standard-Zustand festzulegen. Die folgenden Konventionen sind heute allgemein angenommen und liegen auch den Tabellen zugrunde:

---

1 Hier und im folgenden schließen wir jede Art von Kernumwandlungen aus.

Standard-Zustand der Enthalpie

$$T = 298{,}15\ °\mathrm{K}\,, \qquad P = 1\ \mathrm{atm}\,. \tag{38.34}$$

Normierung der Enthalpie

Für jedes Element ist in seiner in dem Standard-Zustand (38.34) stabilen Form

$$H^{*0} = 0\,. \tag{38.35}$$

Damit werden die Standard-Enthalpien aller chemischen Verbindungen numerisch gleich den durch (38.33) definierten Bildungsenthalpien, die experimentell zugänglich sind. Für die Standard-Enthalpien liegen die umfassendsten Tabellierungen vor. Soweit andere Enthalpiewerte nicht tabelliert sind, müssen sie nach dem in § 37 α skizzierten Verfahren berechnet werden. In analoger Weise berechnet man aus den Standardwerten die Nullpunktsenthalpie H_0. Es gilt für molare Größen

$$H^{*0} = H_0^* + \int_0^{298{,}15} \Delta C_p\, dT\,, \qquad (P = 1\ \mathrm{atm})\,. \tag{38.36}$$

Im Falle der Entropie haben wir die gleiche Ausgangssituation. Nach dem II. Hauptsatz enthält S eine willkürliche Konstante, und nur die Differenz

$$\Delta S = S_\beta - S_\alpha \tag{38.37}$$

ist experimentell zugänglich. Die Normierung (38.35) ist jedoch hier unzweckmäßig, da einerseits die Bildungsentropie nicht direkt meßbar ist[1]), andererseits dadurch die Berücksichtigung des *Nernst*schen *Wärmesatzes* erschwert würde. Es gelten daher die folgenden Konventionen:

Standard-Zustand für die Entropie

$$T = 298{,}15\ °\mathrm{K}\,, \qquad P = 1\ \mathrm{atm}\,. \tag{38.38}$$

Normierung der Entropie

Für jedes Element ist in seiner für $T \to 0$ stabilen kondensierten Form

$$S_0^* = 0\,, \qquad (T \to 0)\,. \tag{38.39}$$

---

1 Nur im Gleichgewicht ist $\Delta G = 0$ und somit $\Delta H/T = \Delta S$.

Diese Normierung ist *unabhängig* vom *Nernst*schen *Wärmesatz*. Sie hat zur Folge, daß für alle chemischen Verbindungen die Nullpunktsentropie numerisch gleich wird der Bildungsentropie am absoluten Nullpunkt. Nun ist für jeden einheitlichen Stoff

$$S^{*0} = S_0^* + \int_0^{298,15} \frac{C_p}{T} dT . \tag{38.40}$$

Die einzige experimentell zugängliche Größe in dieser Gleichung ist das Integral der rechten Seite. Die Normierung (38.39) reicht daher nicht aus, um die Standard-Entropie S^{*0} numerisch zu fixieren.

Diese Schwierigkeit läßt sich mit Hilfe des *Nernst*schen *Wärmesatzes* überwinden. Damit erklärt sich seine außerordentliche Bedeutung für die Anwendungen der Thermodynamik. Aus (38.17) und dem Unerreichbarkeitsprinzip folgt nämlich in Verbindung mit der Normierung (38.39) die zuerst von *Planck* angegebene Formulierung

*Nernst*scher *Wärmesatz* (*Planck*sche *Formulierung*)

Für alle einheitlichen Stoffe gilt im kondensierten Zustand für alle stabilen Phasen, unabhängig von den Werten der Arbeitskoordinaten, der Kristallmodifikation und dem Aggregatzustand

$$S_0^* = 0 . \tag{38.41}$$

Mit Hilfe von (38.40) und (38.41) läßt sich die Standard-Entropie S^{*0} aus rein calorischen Daten berechnen. Die Berechnung der Entropie für andere Bedingungen ist in § 37 α angedeutet worden. Die Größe S_0^* wird als *konventionelle Nullpunktsentropie* bezeichnet.

Wir machen zu der Formulierung (38.41) noch einige Bemerkungen. Zunächst ermöglicht sie, wie *Giauque* gezeigt hat, unter gewissen Voraussetzungen eine wesentlich genauere experimentelle Prüfung als die früheren Formulierungen. Wir nehmen also zunächst an, daß der fragliche Stoff sich ohne Zersetzung aus dem kristallinen Zustand in den Zustand eines verdünnten Gases überführen läßt.[1] Dann gilt für die Entropie

---

1 Diese Voraussetzung ist nicht erfüllt einerseits bei hochschmelzenden Kristallen (z. B. C, Al_2O_3, TiC), die überhaupt keinen meßbaren Dampfdruck besitzen, andererseits bei organischen Verbindungen, die sich beim Erhitzen zersetzen (z. B. Rohrzucker).

des Gases

$$S_g^*(T, P) - S_0^* = \lim_{T \to 0} \int_{T^0}^{T} \frac{dQ}{T}. \qquad (38.42)$$

Hier bezeichnet dQ die zugeführte Wärmemenge mit Einschluß der Umwandlungswärmen. Der Integrationsweg ist ein reversibler Weg vom Kristall bei T° und $P \to 0$ bis zum Gas bei der Temperatur T und dem Druck P. Der Grenzübergang $T^0 \to 0$ muß auch hier in der unter a. (Voraussetzung 3) erläuterten Weise durchgeführt werden. Dann läßt sich die rechte Seite der Gl. (38.42) durch calorimetrische Messungen bestimmen. Die Größe $S_g^*(T, P) - S_0^*$ wird daher *calorimetrische Entropie* genannt[1]). Andererseits kann die Größe $S_g^*(T, P)$, wie in der statistischen Thermodynamik gezeigt wird, für ein verdünntes Gas unter gewissen Voraussetzungen[2]) aus spektroskopischen Daten berechnet werden. Sie heißt daher *spektroskopische Entropie*. Nach (38.42) ergibt der Vergleich von calorimetrischer und spektroskopischer Entropie unmittelbar die Prüfung der Gl. (38.41).

Die Prüfung nach Gl. (38.42) ist an ca. 30 Stoffen (zweiatomige und einfache mehratomige Moleküle) durchgeführt worden. In den meisten Fällen hat sich ergeben, daß Gl. (38.41) innerhalb der experimentellen Fehlergrenzen erfüllt ist.[3]) Für verschiedene Stoffe sind jedoch Abweichungen von Gl. (38.41) experimentell gesichert. Damit steht fest, daß die obige *Planck*sche Formulierung des *Nernst*schen *Wärmesatzes* als exakte Aussage nicht haltbar ist. Nun handelt es sich aber bei den Abweichungen im wesentlichen um die eingefrorenen Molekülkristalle, die wir unter a. im Zusammenhang mit Voraussetzung 1 erwähnt haben. Tatsächlich haben wir bei der Formulierung (38.41) die Voraussetzung 1 überhaupt nicht berücksichtigt. Man hat daher zwei Wege vorgeschlagen, um aus (38.41) ein exaktes Gesetz zu machen. Der erste besteht darin, daß man zusätzlich für den betrachteten Stoff inneres Gleichgewicht für $T \to 0$ fordert, während der zweite auf der rechten Seite von (38.41) die Null durch eine positive endliche Größe $R \ln o$ ersetzt. Gegen die erste Formulierung spricht, daß der Begriff des inneren Gleichgewichtes nur im

1 Dieser Begriff ist naturgemäß nicht auf den Gaszustand beschränkt.

2 Für die Einzelheiten muß auf die Lehrbücher der statistischen Thermodynamik und der Molekülspektroskopie verwiesen werden. Wir bemerken hier nur, daß die Voraussetzungen insbesondere bei vielatomigen Molekülen mit inneren Rotationen (z. B. Äthan) nicht erfüllt sind.

3 Der Unterschied von calorimetrischer und spektroskopischer Entropie ist dann im allgemeinen $<0{,}5\%$.

Hinblick auf definierte Prozesse einen Sinn hat.[1]) Bei der zweiten Formulierung ist aus dem Vergleich von calorimetrischer und spektroskopischer Entropie bekannt, daß entweder $o = 1$ oder größenordnungsmäßig $o = 2$ ist. Dieser Vergleich ist aber nur an einer relativ kleinen Zahl von Substanzen durchführbar. Im übrigen ist man auf Vermutungen angewiesen. Praktisch kann man daher nur so vorgehen, daß man doch allgemein von Gl. (38.41) ausgeht und in Kauf nimmt, daß die so berechneten Normalentropien eine Unsicherheit der Größenordnung $R \ln 2$ haben. Dieses Verfahren erscheint um so eher gerechtfertigt, als die durch die Extrapolation für $T \to 0$ bedingten Unsicherheiten (Abschnitt a, Voraussetzung 3) von der gleichen Größenordnung sind. Für die meisten Anwendungen spielt diese Größenordnung keine nennenswerte Rolle. Die Formulierung als „Regel"[2]), die mit für die Praxis ausreichender Genauigkeit erfüllt ist, entspricht nicht nur am besten dem Charakter des *Nernst*schen *Wärmesatzes,* wie er sich aus den Ausführungen unter a. ergibt, sondern auch dem gegenwärtigen Stand der statistischen Thermodynamik. Wie die Untersuchungen von *Klein* und *Casimir* gezeigt haben, sind die älteren Versuche, auf der Grundlage der Quantenstatistik einen „III. Hauptsatz" zu formulieren, unhaltbar. Von einem statistischen Verständnis des *Nernst*schen *Wärmesatzes,* das allein die Grundlage für eine exakte Formulierung bilden könnte, kann heute noch keine Rede sein.

---

1 Selbst bei Beschränkung auf definierte Prozesse würde die Forderung des inneren Gleichgewichtes den praktischen Nutzen der Gl. (38.41) illusorisch machen. Man sieht dies leicht an folgendem Beispiel. TiO-Kristalle besitzen bei Raumtemperatur eine Leerstellenkonzentration von ca. 15%, die ziemlich gut reproduzierbar ist. Man kennt aber keinen Weg, um zu entscheiden, ob für $T \to 0$ Konzentration und räumliche Verteilung der Leerstellen dem inneren Gleichgewicht entsprechen.

2 Das wichtigste Beispiel einer solchen „Regel", die nicht exakt gilt, aber praktisch von sehr großem Nutzen ist, bildet das *Theorem der übereinstimmenden Zustände,* nach dem für reale Gase eine universelle thermische Zustandsgleichung gilt, wenn dieselbe in dimensionslosen („reduzierten") Zustandsgrößen (z. B. T/T_c, P/P_c, V/V_c, wo der Index c sich auf den kritischen Punkt bezieht) formuliert wird. In der statistischen Thermodynamik wird gezeigt, daß dieses Theorem nicht exakt gelten kann. Es ist aber für zahlreiche Stoffe mit einer häufig ausreichenden Genauigkeit erfüllt.

VI. Kapitel

Stabilitätsbedingungen

§ 39 Problemstellung. Das Gibbsche Kriterium

In den bisherigen Untersuchungen haben wir den II. Hauptsatz, von einigen Ausnahmen (z. B. in § 37) abgesehen, nur in der Aussage benutzt, daß die thermodynamischen Potentiale im Gleichgewicht einen stationären Wert annehmen. Die weitergehende Aussage, daß dieser stationäre Wert ein Minimum ist, bildet, wie schon in § 18 und 23 kurz auseinandergesetzt, den Inhalt der Stabilitätsbedingungen. Der Gegenstand dieses Kapitels ist vollkommen analog der Aufgabe, die wir in Kapitel IV und V für die Gleichgewichtsbedingungen behandelt haben. Es handelt sich jetzt darum, aus der allgemeinen Formulierung der Stabilitätsbedingungen in § 18 und 23 mit Hilfe der Fundamentalgleichung explizite Folgerungen abzuleiten. Damit ist bereits eine Begrenzung des Themas gegeben. Formal haben wir jetzt die Variationen höherer Ordnung der thermodynamischen Potentiale zu untersuchen. Im Rahmen der Thermodynamik kommen dabei für eine explizite Behandlung, wie im Falle der Gleichgewichtsbedingungen, nur solche virtuellen Verrückungen in Betracht, welche sich durch Zustandsgrößen darstellen lassen. Diese Beschränkung läßt für homogene Systeme bei den Gleichgewichtsbedingungen lediglich die Behandlung der durch innere Parameter darstellbaren Gleichgewichte zu. Bei den Stabilitätsbedingungen ergibt sich auch bei Ausschluß der inneren Gleichgewichte bereits für homogene Systeme eine nicht-triviale Fragestellung. Tatsächlich lassen sich, wie wir sehen werden, die übrigen Stabilitätsprobleme, wenn wir vom chemischen Gleichgewicht absehen, auf das Problem der Stabilität einer homogenen Phase zurückführen. Die Frage der Stabilität des chemischen Gleichgewichtes ist verhältnismäßig einfach, und wir können uns später mit einigen Bemerkungen darüber begnügen. Vorläufig schließen wir chemische Reaktionen[1]) aus.

Wir betrachten also ein homogenes System von m Komponenten ohne chemische Reaktionen, das sich im thermodynamischen Gleichgewicht

1 Der Einfachheit halber brauchen wir diesen Ausdruck hier und im folgenden für alle durch innere Parameter darstellbaren Prozesse.

befinde. Die obige Beschränkung läßt dann noch die folgende Fragestellung zu:

Welchen Bedingungen muß das System genügen, damit es nicht infolge beliebig kleiner lokaler Störungen heterogen wird, d. h. in mindestens zwei von der ursprünglichen verschiedene (makroskopische) Phasen zerfällt.

Diese Fragestellung bildet (wenn von chemischen Reaktionen abgesehen wird) das Grundproblem der thermodynamischen Stabilitätstheorie. Man kann hier fragen, ob die obige Beschränkung nicht die Allgemeingültigkeit der Deduktionen beeinträchtigt. Das ist tatsächlich nicht der Fall, weil der Begriff der Stabilität, ebenso wie der des Gleichgewichtes, nur im Hinblick auf definierte Prozesse einen physikalischen Sinn hat. Die Allgemeingültigkeit wäre lediglich dann in Frage gestellt, wenn es virtuelle Verrückungen gäbe, die sich durch die Zustandsgrößen darstellen ließen und in der obigen Formulierung nicht enthalten oder wenigstens nicht auf sie reduzierbar wären.

Die obige Formulierung des Problems läßt noch zwei Möglichkeiten offen:

a. Die neuen Phasen unterscheiden sich von der ursprünglichen nur durch infinitesimale Änderungen der Zustandsgrößen (benachbarte Phasen).

b. Die neuen Phasen unterscheiden sich von der ursprünglichen durch endliche (diskontinuierliche) Änderungen der Zustandsgrößen.

Die Möglichkeit b. führt auf den in § 18 kurz erwähnten Begriff des metastabilen Gleichgewichtes. Bei Kenntnis des Zustandsdiagramms kann man auf diesem Wege zu Aussagen darüber gelangen, welche Phasen gegenüber anderen metastabil sind. Allgemeine Gesetzmäßigkeiten lassen sich jedoch nicht gewinnen. Wir beschränken uns deshalb auf den Fall a., der unmittelbar an das Prinzip der virtuellen Verrückungen anknüpft und den eigentlichen Inhalt der thermodynamischen Stabilitätstheorie bildet.

Wie in Kapitel II nehmen wir an, daß das betrachtete System geschlossen ist und daß die Werte der Arbeitskoordinaten fixiert sind. Die ursprüngliche Phase bezeichnen wir mit ′, die beiden durch virtuelle Verrückungen entstehenden neuen Phasen mit * und **. Für die ursprüngliche Phase gilt nach der Voraussetzung und Gl. (20.43)

$$U' - T\,S' + P\,V' - \sum_{i=1}^{m} \mu_i\, n_i' = 0\,. \tag{39.1}$$

Wir nehmen an, daß für die beiden neuen Phasen gilt

$$\left.\begin{aligned} U^* - T\,S^* + P\,V^* - \sum_{i=1}^{m} \mu_i\, n_i^* &\geqq 0 \\ U^{**} - T\,S^{**} + P\,V^{**} - \sum_{i=1}^{m} \mu_i\, n_i^{**} &\geqq 0\,. \end{aligned}\right\} \qquad (39.2)^{1)}$$

Dabei gelten die Nebenbedingungen

$$\left.\begin{aligned} S^* + S^{**} &= S'\,, \\ V^* + V^{**} &= V'\,, \\ n_i^* + n_i^{**} &= n_i' \qquad (i = 1, \ldots, m)\,. \end{aligned}\right\} \qquad (39.3)$$

Gilt nun in (39.2) das Gleichheitszeichen, so folgt mit (39.1) undd (39.3)

$$U^* + U^{**} = U'\,. \qquad (39.4)$$

Bei der Bildung der neuen Phasen bleibt somit unter den Nebenbedingungen (39.3) die innere Energie konstant. Nach Gl. (18.6) bedeutet dies, daß wir in bezug auf die Bildung der neuen Phasen neutrales Gleichgewicht haben, d. h. daß diese mit der ursprünglichen koexistieren können.

Gilt in (39.2) das Ungleichheitszeichen, so folgt

$$U^* + U^{**} > U'\,. \qquad (39.5)$$

Durch die Bildung der neuen Phasen wird somit jetzt unter den Nebenbedingungen (39.3) die innere Energie erhöht. Nach dem II. Hauptsatz kann ein solcher Prozeß nicht von selbst ablaufen. Die ursprüngliche Phase ist nach (18.2) stabil gegen die neuen Phasen. Ersetzt man schließlich in (39.2) $>$ durch $<$, so wird

$$U^* + U^{**} < U'\,. \qquad (39.6)$$

Die Bildung der neuen Phasen vermindert unter den Nebenbedingungen (39.3) die innere Energie. Die ursprüngliche Phase ist daher nach (18.4) instabil gegen die neuen Phasen. Das ursprünglich homogene System ist als solches nicht existenzfähig, sondern müßte sofort heterogen werden.

Es gilt also der *Satz*:

Wenn man in dem Ausdruck

$$U - T\,S + P\,V - \sum_{i=1}^{m} \mu_i\, n_i \qquad (39.7)$$

1 Die gesternten Größen sind hier keine mittleren molaren Größen.

den intensiven Parametern T, P, μ_i solche Werte zuteilen kann, daß dieser Ausdruck für die betrachtete Phase Null, für jede andere (aus den gleichen Komponenten gebildete) Phase positiv ist, so ist die betrachtete Phase in bezug auf Zerfall in andere Phasen absolut stabil. Ist der Ausdruck (39.7) für gewisse andere Phasen ebenfalls Null, so ist die betrachtete im Hinblick auf diese im neutralen Gleichgewicht. Sie können mit der ursprünglichen koexistieren, und T, P, μ_i sind dann die durch die Gleichgewichtsbedingungen geforderten gemeinsamen Werte von Temperatur, Druck und chemischen Potentialen.

Dieser Satz stellt das *Gibbs*sche *Stabilitätskriterium* dar.

Wir machen dazu noch zwei Bemerkungen. Zunächst erscheint es vielleicht in dem Ansatz (39.2) willkürlich, daß die intensiven Parameter der neuen Phasen die gleichen Werte besitzen wie die der ursprünglichen Phase. Tatsächlich folgt dieser Ansatz unmittelbar aus der Voraussetzung, daß die ursprüngliche Phase sich im thermodynamischen Gleichgewicht befindet. Dann müssen nämlich nach § 17 für alle virtuellen Verrückungen die Variationen erster Ordnung verschwinden. Da es im Prinzip gleichgültig ist, ob eine Phase schon vorhanden ist oder durch die Verrückung neu geschaffen wird, läßt sich unmittelbar die Methode des § 27 anwenden, aus der folgt, daß für das Verschwinden der Variationen erster Ordnung notwendig und hinreichend die Gleichheit der intensiven Parameter für alle Phasen (reelle oder virtuelle) ist (vgl. § 40).

Weiter ist zu beachten, daß das *Gibbs*sche *Stabilitätskriterium* eine sehr allgemeine und daher notwendig sehr abstrakte Formulierung darstellt (sie umfaßt auch noch die metastabilen Gleichgewichte, denn wir haben die Beschränkung auf die Möglichkeit a. dabei nicht explizit benutzt). Seine Bedeutung liegt darin, daß es einerseits durch eine einfache Überlegung unmittelbar aus dem II. Hauptsatz erhalten wird, andererseits die Ableitung aller weiteren allgemeinen und speziellen Stabilitätsbedingungen auf rein mathematischem Wege ermöglicht.

§ 40 Die Stabilitätsbedingungen in der Energie-Darstellung

Wir beschränken uns von jetzt ab explizit auf die in § 39 erwähnte Möglichkeit a. und betrachten zunächst ein einfaches Beispiel, das den Zusammenhang zwischen den allgemeinen Formulierungen leichter verständlich macht. Da wir es nur mit benachbarten Phasen zu tun haben, können wir den Fall des neutralen Gleichgewichtes (Koexistenz von benachbarten Phasen) ausschließen.

Wir betrachten also ein homogenes Einkomponentensystem im thermodynamischen Gleichgewicht und untersuchen die virtuelle Aufspaltung in zwei neue Phasen mit den Volumina $\frac{1}{2} V$, den Entropien $\frac{1}{2} (S + \delta S)$, $\frac{1}{2} (S - \delta S)$ und den Molzahlen $\frac{1}{2} (n + \delta n)$, $\frac{1}{2} (n - \delta n)$. Die Ansätze (39.2) lauten dann

$$\left.\begin{aligned} U^* - \frac{1}{2} T (S + \delta S) + \frac{1}{2} P V - \frac{1}{2} \mu (n + \delta n) > 0 \,, \\ U^{**} - \frac{1}{2} T (S - \delta S) + \frac{1}{2} P V - \frac{1}{2} \mu (n - \delta n) > 0 \,. \end{aligned}\right\} \tag{40.1}$$

Die Nebenbedingungen (39.3) sind in (40.1) bereits berücksichtigt. Es ist nun

$$\begin{aligned} U^* = \frac{1}{2} \Bigg[U + \frac{\partial U}{\partial S} \delta S + \frac{\partial U}{\partial n} \delta n + \frac{1}{2} \frac{\partial^2 U}{\partial S^2} (\delta S)^2 + \\ + \frac{\partial^2 U}{\partial S \, \partial n} \delta S \, \delta n + \frac{1}{2} \frac{\partial^2 U}{\partial n^2} (\delta n)^2 + \cdots \Bigg] , \end{aligned} \tag{40.2}$$

und entsprechend

$$\begin{aligned} U^{**} = \frac{1}{2} \Bigg[U - \frac{\partial U}{\partial S} \delta S - \frac{\partial U}{\partial n} \delta n + \frac{1}{2} \frac{\partial^2 U}{\partial S^2} (\delta S)^2 + \\ + \frac{\partial^2 U}{\partial S \, \partial n} \delta S \, \delta n + \frac{1}{2} \frac{\partial^2 U}{\partial n^2} (\delta n)^2 - \cdots \Bigg] . \end{aligned} \tag{40.3}$$

Addiert man die Gl. (40.2) und (40.3), so heben sich die Glieder erster Ordnung heraus. Bildet man dann nach Einsetzen in (40.1) die Differenz gegen (39.1), so ist

$$U^* + U^{**} > U' \tag{40.4}$$

dann und nur dann, wenn

$$\frac{\partial^2 U}{\partial S^2} (\delta S)^2 + 2 \frac{\partial^2 U}{\partial S \, \partial n} \delta S \, \delta n + \frac{\partial^2 U}{\partial n^2} (\delta n)^2 > 0 \tag{40.5}$$

ist.

Die Stabilitätsbedingung besagt somit, daß die auf der linken Seite von (40.5) stehende quadratische Form positiv definit sein muß. In der Theorie der quadratischen Formen wird gezeigt, daß dies dann und nur dann möglich ist, wenn

$$\begin{vmatrix} \dfrac{\partial^2 U}{\partial S^2} & \dfrac{\partial^2 U}{\partial n \, \partial S} \\[2ex] \dfrac{\partial^2 U}{\partial S \, \partial n} & \dfrac{\partial^2 U}{\partial n^2} \end{vmatrix} \quad \text{mit allen Hauptminoren} > 0 \tag{40.6}$$

ist. Dies ist die für die weitere Diskussion zweckmäßigste Form der Stabilitätsbedingung.

Bevor wir weitere Einzelheiten erörtern, wollen wir zunächst die Bedingung (40.6) in allgemeiner Form und für Systeme von m Komponenten ableiten.

Wir gehen davon aus, daß nach dem *Gibbs*schen *Kriterium* für jede der betrachteten Phase benachbarte Phase gelten muß

$$U^* - T\,S^* + P\,V^* - \sum_{i=1}^{m} \mu_i\, n_i^* > 0\,. \tag{40.7}$$

Subtrahiert man von (40.7) die Gl. (39.1), so erhält man für die virtuellen Verrückungen

$$\Delta U > T\,\Delta S - P\,\Delta V + \sum_{i=1}^{m} \mu_i\, \Delta n_i\,, \tag{40.8}$$

wo das Symbol Δ eine Variation bis zu beliebig hoher Ordnung bezeichnet und für die unabhängigen Variablen naturgemäß $\Delta x \to \delta x$ ist. Wir wählen als unabhängige Variable S, V, n_i. Dann ist nach der Fundamentalgleichung

$$\delta U = T\,\delta S - P\,\delta V + \sum_{i=1}^{m} \mu_i\, \delta n_i\,. \tag{40.9}$$

In (40.8) heben sich somit die Variationen erster Ordnung heraus. Wir nehmen vorläufig an, daß die Terme zweiter Ordnung von Null verschieden sind. Dann sind diesen gegenüber alle weiteren Terme infinitesimal von höherer Ordnung; sie können daher vernachlässigt werden. Damit erhalten wir

$$\delta^2 U(S, V, n_i) > 0\,. \tag{40.10}$$

Nun hat aber bereits die Diskussion der Fundamentalgleichung (§ 20) gezeigt, daß die Thermodynamik eines homogenen Systems nur $m + 1$ unabhängige Variable benötigt. Das obige Beispiel zeigt explizit, daß eine der unabhängigen Variablen (nämlich V) lediglich dazu dient, das Mengenverhältnis der bei der virtuellen Verrückung gebildeten Phasen zu beschreiben, in die Stabilitätsbedingungen aber überhaupt nicht eingeht, da dieses Mengenverhältnis naturgemäß mit dem Stabilitätsproblem überhaupt nichts zu tun hat. Dieser Sachverhalt kann in einfacher Weise dadurch berücksichtigt werden, daß man in (40.8) und (40.9) V, n_m oder $\sum n_i$ konstant hält.

Wir wählen hier die letztere Möglichkeit, die (wie sich aus § 20 ergibt) darauf hinausläuft, daß wir die Fundamentalgleichung für (mittlere) molare Größen anschreiben und an Stelle der m Molzahlen $m - 1$ Molenbrüche als unabhängige Variable haben. Damit wird aus (40.10) (in der Notierung von § 26)[1])

$$\delta^2 U^*(S^*, V^*, x_i) > 0\,. \tag{40.11}$$

Die Stabilitätsbedingung besagt somit, daß die aus den Variationen zweiter Ordnung gebildete quadratische Form positiv definit sein muß. Das ist dann und nur dann möglich, wenn

$$\begin{vmatrix} \dfrac{\partial^2 U^*}{\partial S^{*2}} & \cdots\cdots & \dfrac{\partial^2 U^*}{\partial x_{m-1}\,\partial S^*} \\ \dfrac{\partial^2 U^*}{\partial S^*\,\partial V^*} & & \\ \vdots & & \\ \dfrac{\partial^2 U^*}{\partial S^*\,\partial x_{m-1}} & \cdots\cdots & \dfrac{\partial^2 U^*}{\partial x_{m-1}^2} \end{vmatrix} \quad \text{mit allen Hauptminoren} > 0 \tag{40.12}$$

ist. Dies ist die allgemeine Formulierung der Stabilitätsbedingungen in der Energie-Darstellung. Man sieht daraus, daß die Stabilitätsbedingungen Vorzeichenaussagen über die zweiten Ableitungen der charakteristischen Funktionen zum Inhalt haben, die für jede stabile Phase erfüllt sein müssen. Weiter zeigt (40.12), daß es für ein homogenes System von m Komponenten $m + 1$ unabhängige Stabilitätsbedingungen gibt.

Wir betrachten hier explizit zwei spezielle Bedingungen, die sich aus (40.12) ergeben. Zunächst folgt unmittelbar

$$\left(\frac{\partial^2 U^*}{\partial S^{*2}}\right)_{V^*,x} > 0\,. \tag{40.13}$$

Nach der Fundamentalgleichung ist nun

$$\left(\frac{\partial^2 U}{\partial S^{*2}}\right)_{V^*,x} = \left(\frac{\partial T}{\partial S^*}\right)_{V^*,x}. \tag{40.14}$$

Mit Benutzung von (25.7) kann daher (40.13) geschrieben werden

$$\left(\frac{\partial S^*}{\partial T}\right)_{V^*,x} > 0\,. \tag{40.15}$$

1 Von hier ab bis zum Schluß des Paragraphen bezeichnet der Stern mittlere molare Größen.

Aus der Fundamentalgleichung und der Definition (20.21a) folgt aber

$$T\left(\frac{\partial S^*}{\partial T}\right)_{V^*,x} = \left(\frac{\partial U^*}{\partial T}\right)_{V^*,x} = C_V\,. \tag{40.16}$$

Da T definitionsgemäß positiv ist, erhalten wir schließlich

$$C_V > 0\,. \tag{40.17}$$

Für eine stabile Phase ist somit die Molwärme bei konstantem Volumen stets positiv. Man nennt (40.17) die Bedingung der thermischen Stabilität.

Da bei der Konstruktion der Determinanten (40.12) die Reihenfolge der Variablen beliebig gewählt werden kann, muß auch

$$\left(\frac{\partial^2 U^*}{\partial V^{*2}}\right)_{S^*,x} > 0 \tag{40.18}$$

sein. Mit Benutzung der Fundamentalgleichung und der Formel (25.7) wird daraus zunächst

$$-\left(\frac{\partial V^*}{\partial P}\right)_{S^*,x} > 0\,. \tag{40.19}$$

Die Größe

$$\varkappa_S = -\frac{1}{V}\left(\frac{\partial V}{\partial P}\right)_{S,x} \tag{40.20}$$

wird als *adiabatische* oder (korrekter) *isentrope Kompressibilität* bezeichnet. Es gilt daher

$$\varkappa_S > 0\,. \tag{40.21}$$

Für eine stabile Phase ist die isentrope Kompressibilität stets positiv. (40.21) wird als Bedingung der mechanischen Stabilität bezeichnet.

Die Ableitung von weiteren expliziten Aussagen (die nicht nur formales Interesse besitzen) ist möglich, aber umständlich. Die Ursache dafür liegt in der in § 21 erörterten Struktur der Fundamentalgleichung. Es ergibt sich daher das zu § 23 analoge Problem, die Stabilitätsbedingungen durch die *Legendre-Transformierten* der Fundamentalgleichung auszudrücken.

§ 41 Transformation der Stabilitätsbedingungen

Wir wollen jetzt die Stabilitätsbedingungen mit Hilfe einer beliebigen charakteristischen Funktion ausdrücken. Der Einfachheit halber beschränken wir die Rechnung auf die Energie-Darstellung und geben für die (analog zu behandelnde) Entropie-Darstellung nur das Resultat an.

Nach den in § 39 entwickelten allgemeinen Voraussetzungen befindet sich auch die virtuelle Phase in einem thermodynamischen Zustand, d. h. im inneren Gleichgewicht. Es muß daher die Fundamentalgleichung gelten, wobei aber die intensiven Parameter jetzt nicht [wie in (40.7)] aus der ursprünglichen Phase, sondern durch die Fundamentalgleichung der virtuellen Phase bestimmt werden. In der integrierten Form ist daher[1])

$$U^* = T^* S^* - P^* V^* + \sum_{i=1}^{m} \mu_i^* n_i^* . \tag{41.1}$$

Die Bedingung (40.7) kann daher geschrieben werden

$$- T S^* + P V^* - \sum_{i=1}^{m} \mu_i n_i^* + T^* S^* - P^* V^* + \sum_{i=1}^{m} \mu_i^* n_i^* > 0 . \tag{41.2}$$

Wenn sich aber die „gesternte" Phase gemäß (41.1) im inneren Gleichgewicht befindet, kann man sie auch als die ursprüngliche Phase betrachten und die Frage nach ihrer Stabilität gegen eine spontane Bildung der „ungesternten" Phase stellen. Die Bedingung dafür ergibt sich unmittelbar aus (41.2) durch Vertauschen der gesternten und ungesternten Größen. Wir haben also

$$- T^* S + P^* V - \sum_{i=1}^{m} \mu_i^* n_i + T S - P V + \sum_{i=1}^{m} \mu_i n_i > 0 . \tag{41.3}$$

Addition von (41.2) und (41.3) ergibt

$$\Delta T \, \Delta S - \Delta P \, \Delta V + \sum_{i=1}^{m} \Delta \mu_i \, \Delta n_i > 0 . \tag{41.4}$$

Der links stehende Ausdruck ist aber nichts anderes als die Variation zweiter Ordnung $\delta^2 U$. (41.4) stellt daher lediglich eine für die Transformation zweckmäßige Umformung der Bedingung (40.10) dar.

Wie in § 21 führen wir *generalisierte Zustandsgrößen* X_i und P_i ein und können damit die Stabilitätsbedingung (41.4) schreiben

$$\sum_{i=1}^{r} \Delta P_i \, \Delta X_i > 0 . \tag{41.5}$$

---

1 Hier und im folgenden bezeichnen wir mit dem Stern wieder die virtuelle Phase.

Diese abstrakte Formulierung wollen wir nun mit Hilfe der zweiten Ableitungen des thermodynamischen Potentials

$$\Psi_k = \Psi_k(P_i, X_j) \qquad (i = 1, \ldots, k;\; j = k + 1, \ldots, r) \tag{41.6}$$

ausdrücken. Dazu müssen die ΔX_s ($s = 1, \ldots, k$) und die ΔP_t ($t = k + 1, \ldots, r$) als Funktionen der P_i und X_j dargestellt werden. Da wir in (41.5) nur bis zur zweiten Ordnung gehen, erhalten wir das lineare Gleichungssystem

$$\left.\begin{aligned} \Delta X_s &= \sum_{i=1}^{k} \frac{\partial X_s}{\partial P_i} \Delta P_i + \sum_{j=k+1}^{r} \frac{\partial X_s}{\partial X_j} \Delta X_j\,, \\ \Delta P_t &= \sum_{i=1}^{k} \frac{\partial P_t}{\partial P_i} \Delta P_i + \sum_{j=k+1}^{r} \frac{\partial P_t}{\partial X_j} \Delta X_j\,. \end{aligned}\right\} \tag{41.7}$$

Nach Gl. (21.9) ist nun

$$\frac{\partial X_s}{\partial P_i} = - \frac{\partial^2 \Psi_k}{\partial P_s \, \partial P_i} \tag{41.8}$$

und nach (21.10)

$$\frac{\partial P_t}{\partial X_j} = \frac{\partial^2 \Psi_k}{\partial X_t \, \partial X_j}\,. \tag{41.9}$$

Nach der *Maxwell*schen *Relation* (24.11) ist ferner

$$\frac{\partial X_s}{\partial X_j} = - \frac{\partial P_t}{\partial P_i}\,. \tag{41.10}$$

Setzt man nun (41.7) in (41.5) ein, so entsteht eine quadratische Form in ΔP_i und ΔX_j, deren Koeffizienten die zweiten Ableitungen von Ψ_k sind. Aus den Gl. (41.8)—(41.10) liest man dafür unmittelbar die folgenden ganz allgemeinen Gesetzmäßigkeiten ab:

a. Alle Glieder der Form $\Delta P_i \, \Delta X_j$, d. h. die aus intensiven und extensiven Parametern gemischten Terme heben sich heraus. Der ursprüngliche Ausdruck zerfällt daher in zwei quadratische Formen, von denen eine nur von intensiven, die andere nur von extensiven Parametern abhängt.

b. Die quadratische Form für die intensiven Parameter hat negatives, die für die extensiven Parameter positives Vorzeichen.

Damit erhalten wir

$$[\delta^2 \Psi_k(X_j)]_{P_i} - [\delta^2 \Psi_k(P_i)]_{X_j} > 0\,. \tag{41.11}$$

Diese Ungleichung ist dann und nur dann allgemein erfüllbar, wenn die erste quadratische Form positiv definit, die zweite negativ definit ist. Eliminieren wir noch Variationen, welche lediglich die Masse der virtuellen Phase verändern, indem wir $X_r = \text{const.}$ setzen, so lauten die Stabilitätsbedingungen in der für alle thermodynamischen Potentiale gültigen Form

$$[\delta^2 \Psi_k(P_1, \ldots, P_k)]_{X_j} < 0 , \tag{41.12}$$

$$[\delta^2 \Psi_k(X_{k+1}, \ldots, X_{r-1})]_{P_i, X_r} > 0 . \tag{41.13}$$

Die äquivalente und praktisch wichtigere Formulierung lautet

$$\left| \frac{\partial^2 \Psi_k}{\partial P_i \, \partial P_s} \right| \begin{cases} < 0 \text{ für die Hauptminoren ungerader Ordnung} \\ > 0 \text{ für die Hauptminoren gerader Ordnung} \end{cases} \tag{41.14}$$

$$\left| \frac{\partial^2 \Psi_k}{\partial X_j \, \partial X_t} \right| \quad \text{mit allen Hauptminoren} > 0 . \tag{41.15}$$

Die im Vorstehenden benutzte Methode der Ableitung rührt von *Gibbs* her, die allgemeine Formulierung (41.12), (41.13) ist, ebenso wie die obigen Gesetzmäßigkeiten a. und b., zuerst von *Schottky*, *Ulich* und *Wagner* angegeben worden.

Wir betrachten den wichtigsten Spezialfall der Bedingungen (41.14) und (41.15), die freie Energie nach *Gibbs*, etwas näher. Die Bedingungen (41.14) lauten hier explizit (für mittlere molare Größen) [1]

$$\begin{vmatrix} \dfrac{\partial^2 G^*}{\partial T^2} & \dfrac{\partial^2 G^*}{\partial P \, \partial T} \\[2ex] \dfrac{\partial^2 G^*}{\partial T \, \partial P} & \dfrac{\partial^2 G^*}{\partial P^2} \end{vmatrix} > 0 ; \qquad \frac{\partial^2 G^*}{\partial T^2} < 0 ; \qquad \frac{\partial^2 G^*}{\partial P^2} < 0 . \tag{41.16}$$

Von diesen Bedingungen sind, wie man sofort sieht, nur zwei unabhängig. So folgt z. B. die dritte Ungleichung aus der ersten und zweiten.

Die zweite Ungleichung liefert mit (26.7) und (25.4)

$$C_p > 0 . \tag{41.17}$$

Für eine stabile Phase ist die Molwärme bei konstantem Druck stets positiv (thermische Stabilität).

---

1 Von hier ab bezeichnet der Stern wieder mittlere molare Größen.

Aus der dritten Ungleichung folgt mit (25.6)

$$\varkappa > 0 . \tag{41.18}$$

Für eine stabile Phase ist die isotherme Kompressibilität stets positiv (mechanische Stabilität).

Die erste Ungleichung ergibt, (26.7) und (25.4)–(25.6) und (25.30)

$$\frac{\partial^2 G^*}{\partial T^2}\,\frac{\partial^2 G^*}{\partial P^2} - \left(\frac{\partial^2 G^*}{\partial T\,\partial P}\right)^2 = \frac{\varkappa\, v\, C_V}{T} > 0 . \tag{41.19}$$

Mit (41.18) folgt daraus

$$C_V > 0 , \tag{41.20}$$

was wir schon in § 40 mit Hilfe der inneren Energie abgeleitet hatten.

Aus den vorstehenden Ungleichungen ergeben sich noch einige bemerkenswerte Folgerungen. Aus (41.17), (41.18) und (41.20) folgt in Verbindung mit Gl. (25.30)

$$C_p > C_V . \tag{41.21}$$

Für eine stabile Phase ist die Molwärme bei konstantem Druck stets größer als die bei konstantem Volumen, wenn $\alpha \neq 0$ ist. Diese Bedingung ist z. B. für Wasser von 4 °C nicht erfüllt, in diesem Falle ist $\alpha = 0$.

Mit Hilfe der Identitäten (vgl. Gl. (25.9))

$$\left(\frac{\partial V^*}{\partial P}\right)_{S^*} = -\frac{(\partial S^*/\partial P)_{V^*}}{(\partial S^*/\partial V)_P} , \tag{41.22}$$

$$\left(\frac{\partial V^*}{\partial P}\right)_T = -\frac{(\partial T/\partial P)_{V^*}}{(\partial T/\partial V^*)_P} \tag{41.23}$$

erhält man aus den Definitionen (25.6) und (40.20) mit Benutzung von (25.8)

$$\frac{\varkappa_s}{\varkappa} = \frac{(\partial S^*/\partial T)_V{}^*}{(\partial S^*/\partial T)_P} . \tag{41.24}$$

Mit (24.4) und (40.16) wird daraus

$$\frac{\varkappa_s}{\varkappa} = \frac{C_V}{C_p} . \tag{41.25}$$

Wegen (41.21) folgt schließlich

$$\varkappa > \varkappa_s . \tag{41.26}$$

Für eine stabile Phase ist die isotherme Kompressibilität stets größer als die isentrope Kompressibilität, wenn $\alpha \neq 0$ ist. Wir betrachten jetzt die Stabilitätsbedingungen (41.15). Dabei ändern wir die allgemeine Formulierung etwas ab, indem wir nicht X_r, sondern $\sum n_i$ konstant halten. Der Deutlichkeit halber führen wir dies hier explizit durch. Zunächst schreiben wir (41.13) ohne die Beschränkung $X_r = \text{const.}$ in der Form

$$[\Delta G]_{T,P} > \sum_{i=1}^{m} \mu_i \, \Delta n_i \,. \tag{41.27}$$

Für $\sum n_i = \text{const.}$ wird daraus

$$[\Delta G^*]_{T,P} > \sum_{i=1}^{m} \mu_i \, \Delta x_i \tag{41.28}$$

oder wegen (26.4)

$$[\Delta G^*]_{T,P} > \sum_{i=1}^{m-1} (\mu_i - \mu_m) \, \Delta x_i \,. \tag{41.29}$$

Da nach (26.20)

$$\left(\frac{\partial G^*}{\partial x_i}\right)_{T,P,x_j} = \mu_i - \mu_m \tag{41.30}$$

ist, stellt die rechte Seite von (41.29) die Variation erster Ordnung von G^* bei konstantem T und P dar. Damit folgt als zu (41.13) äquivalente Beziehung

$$[\delta^2 G^*(x_1, \ldots, x_{m-1})]_{T,P} > 0 \tag{41.31}$$

oder

$$\left|\frac{\partial^2 G^*}{\partial x_i \, \partial x_j}\right| \quad \text{mit allen Hauptminoren} > 0 \quad (i, j = 1, \ldots, m-1)\,. \tag{41.32}$$

Für *binäre Systeme* reduziert sich (41.32) auf die Bedingung

$$\left(\frac{\partial^2 G^*}{\partial x_1^2}\right)_{T,P} > 0\,. \tag{41.33}$$

Aus Gl. (26.16) und (41.30) folgt aber

$$\left(\frac{\partial^2 G^*}{\partial x_1^2}\right)_{T,P} = \frac{1}{1 - x_1} \left(\frac{\partial \mu_1}{\partial x_1}\right)_{T,P}. \tag{41.34}$$

Die Stabilitätsbedingung (41.33) kann daher auch geschrieben werden

$$\left(\frac{\partial \mu_1}{\partial x_1}\right)_{T,P} > 0\,, \tag{41.35}$$

was wir in § 28 schon benutzt haben.

Für *ternäre Systeme* lauten die Stabilitätsbedingungen (41.32)

$$\begin{vmatrix} \dfrac{\partial^2 G^*}{\partial x_1^2} & \dfrac{\partial^2 G^*}{\partial x_1\,\partial x_2} \\ \dfrac{\partial^2 G^*}{\partial x_2\,\partial x_1} & \dfrac{\partial^2 G^*}{\partial x_2^2} \end{vmatrix} > 0\,; \qquad \frac{\partial^2 G^*}{\partial x_1^2} > 0\,; \qquad \frac{\partial^2 G^*}{\partial x_2^2} > 0\,. \tag{41.36}$$

Auch hier sind wieder nur zwei Bedingungen unabhängig, da z. B. die dritte Ungleichung aus der ersten und zweiten folgt. Diese Ungleichungen besagen, daß für $T = \text{const.}$, $P = \text{const.}$ die G^*-Fläche konvex—konvex in bezug auf die $x_1 - x_2$-Ebene ist. Mit anderen Worten: Jeder senkrechte Schnitt durch die G^*-Fläche ergibt eine nach unten konvexe Schnittkurve.

Vollkommen analoge Aussagen ergeben sich für die Entropie-Darstellung der Fundamentalgleichung und die *Massieu-Planck*schen *Funktionen.* Sie unterscheiden sich von den für die thermodynamischen Potentiale gültigen im wesentlichen durch eine Vorzeichenumkehr. Man hat also für die Entropie

$$[\delta^2 S(X_1, \ldots, X_{r-1})]_{X_r} < 0 \tag{41.37}$$

für die *Massieu-Planck*schen *Funktionen*

$$[\delta^2 \Phi_k(P_1, \ldots, P_k)]_{X_j} > 0\,, \tag{41.38}$$

$$[\delta^2 \Phi_k(X_{k+1}, \ldots, X_{r-1})]_{P_i, X_r} < 0\,. \tag{41.39}$$

§ 42 Stabilitätsbedingungen für heterogene Systeme

Bei den bisherigen Stabilitätsbetrachtungen haben wir uns auf homogene Systeme beschränkt. Wir wollen jetzt zeigen, daß heterogene Gleichgewichte notwendig stabil sind, wenn die Stabilitätsbedingungen für die einzelnen Phasen erfüllt sind. Der Einfachheit halber beschränken wir uns auf die Betrachtung eines Einkomponentensystems mit zwei Phasen α und β. Virtuelle Verrückungen, die lediglich die Mengen der Phasen ändern, eliminieren wir dadurch, daß wir die Molzahlen der Phasen $n^{(\alpha)}$ und $n^{(\beta)}$ konstant halten. Wir nehmen also an, daß die Phasen durch eine diathermane und reibungslos bewegliche Wand getrennt sind. Wir wählen die Energie-Darstellung und betrachten die virtuelle Verrückung ΔU mit den Nebenbedingungen

$$\delta n^{(\alpha)} = 0; \qquad \delta n^{(\beta)} = 0\,, \tag{42.1}$$

$$n^{(\alpha)}\,\delta s^{(\alpha)} + n^{(\beta)}\,\delta s^{(\beta)} = 0\,, \tag{42.2}$$

$$n^{(\alpha)}\,\delta v^{(\alpha)} + n^{(\beta)}\,\delta v^{(\beta)} = 0\,, \tag{42.3}$$

wobei wir die Definitionen (20.36) benutzt haben. Da wir Gleichgewicht voraussetzen, verschwindet die Variation erster Ordnung, und wir erhalten die Stabilitätsbedingung

$$\delta^2 U = \frac{1}{2}\, n^{(\alpha)2} \Bigg[\left(\frac{1}{n^{(\alpha)}} \frac{\partial^2 u^{(\alpha)}}{\partial s^{(\alpha)2}} + \frac{1}{n^{(\beta)}} \frac{\partial^2 u^{(\beta)}}{\partial s^{(\beta)2}} \right) (\delta s^{(\alpha)})^2 + 2 \left(\frac{1}{n^{(\alpha)}} \frac{\partial^2 u^{(\alpha)}}{\partial s^{(\alpha)}\, \partial v^{(\alpha)}} + \frac{1}{n^{(\beta)}} \frac{\partial^2 u^{(\beta)}}{\partial s^{(\beta)}\, \partial v^{(\beta)}} \right) (\delta s^{(\alpha)}\, \delta v^{(\alpha)}) + \left(\frac{1}{n^{(\alpha)}} \frac{\partial^2 u^{(\alpha)}}{\partial v^{(\alpha)2}} + \frac{1}{n^{(\beta)}} \frac{\partial^2 u^{(\beta)}}{\partial v^{(\beta)2}} \right) (\delta v^{(\alpha)})^2 \Bigg] > 0 \,. \tag{42.4}$$

Die quadratische Form muß daher positiv definit sein. Da dies für beliebige Werte von $n^{(\alpha)}$ und $n^{(\beta)}$ gelten muß, setzen wir $n^{(\alpha)} = n^{(\beta)} = 1$ und erhalten dann die expliziten Stabilitätsbedingungen

$$\frac{\partial^2 u^{(\alpha)}}{\partial s^{(\alpha)2}} + \frac{\partial^2 u^{(\beta)}}{\partial s^{(\beta)2}} > 0 \,, \tag{42.5}$$

$$\frac{\partial^2 u^{(\alpha)}}{\partial v^{(\alpha)2}} + \frac{\partial^2 u^{(\beta)}}{\partial v^{(\beta)2}} > 0 \,, \tag{42.6}$$

$$\left(\frac{\partial^2 u^{(\alpha)}}{\partial s^{(\alpha)2}} + \frac{\partial^2 u^{(\beta)}}{\partial s^{(\beta)2}} \right) \left(\frac{\partial^2 u^{(\alpha)}}{\partial v^{(\alpha)2}} + \frac{\partial^2 u^{(\beta)}}{\partial v^{(\beta)2}} \right) - \left(\frac{\partial^2 u^{(\alpha)}}{\partial s^{(\alpha)}\, \partial v^{(\alpha)}} + \frac{\partial^2 u^{(\beta)}}{\partial s^{(\beta)}\, \partial v^{(\beta)}} \right) > 0 \,. \tag{42.7}$$

Für die Stabilität des Gesamtsystems ist die Stabilität der einzelnen Phasen nun jedenfalls eine notwendige Bedingung. Es muß also nach (40.12)

$$\frac{\partial^2 u^{(\alpha)}}{\partial s^{(\alpha)2}} > 0 \,; \qquad \frac{\partial^2 u^{(\beta)}}{\partial s^{(\beta)2}} > 0 \,, \tag{42.8}$$

$$\frac{\partial^2 u^{(\alpha)}}{\partial v^{(\alpha)2}} > 0 \,; \qquad \frac{\partial^2 u^{(\beta)}}{\partial v^{(\beta)2}} > 0 \,, \tag{42.9}$$

$$\left. \begin{aligned} \frac{\partial^2 u^{(\alpha)}}{\partial s^{(\alpha)2}} \frac{\partial^2 u^{(\alpha)}}{\partial v^{(\alpha)2}} - \left(\frac{\partial^2 u^{(\alpha)}}{\partial s^{(\alpha)}\, \partial v^{(\alpha)}} \right)^2 > 0 \,, \\ \frac{\partial^2 u^{(\beta)}}{\partial s^{(\beta)2}} \frac{\partial^2 u^{(\beta)}}{\partial v^{(\beta)2}} - \left(\frac{\partial^2 u^{(\beta)}}{\partial s^{(\beta)}\, \partial v^{(\beta)}} \right)^2 > 0 \end{aligned} \right\} \tag{42.10}$$

sein. Man sieht sofort, daß aus den Ungleichungen (42.8) und (42.9) die Ungleichungen (42.5) und (42.6) folgen.

Es ist nun

$$(a_1 + a_2)(c_1 + c_2) - (b_1 + b_2)^2 = \left(1 + \frac{a_1}{a_2}\right)(a_2 c_2 - b_2^2) + \left(1 + \frac{a_2}{a_1}\right)(a_1 c_1 - b_1^2) + (a_1 b_2 - a_2 b_1)^2 \Big/ a_1 a_2 \,. \tag{42.11}$$

Damit ergibt sich unmittelbar, daß aus (42.8)–(42.10) auch die Ungleichung (42.7) folgt. Es gilt somit der

Satz:

Für die Stabilität eines heterogenen Gleichgewichtes ist notwendig und hinreichend, daß die Stabilitätsbedingungen für die einzelnen Phasen erfüllt sind.

§ 43 Das Prinzip von Le Châtelier-Braun

In engem Zusammenhang mit den Stabilitätsbedingungen steht eine Aussage, die häufig als *Prinzip vom kleinsten Zwang* bezeichnet wird. Die Ursprünge dieses Prinzips reichen bis ins 18. Jahrhundert (*d'Alembert, Gauss*) zurück. Die heutige Formulierung rührt von *Le Châtelier* (1884) und *Braun* (1887) her. Sie wird daher als *Le Châtelier-Braun*sches *Prinzip* bezeichnet.

Die einfachste Formulierung (gelegentlich als *Le Châtelier*sches *Prinzip* bezeichnet) lautet:

Ein im Gleichgewicht befindliches System reagiert auf eine äußere Einwirkung in solcher Weise, daß der äußere Zwang vermindert wird.

Man sieht nun leicht, daß die einfacheren Stabilitätsbedingungen sich in diesem Prinzip zusammenfassen lassen. Wird etwa einem System Wärme zugeführt, so ist die treibende Kraft die Temperaturdifferenz zwischen System und wärmeliefernden Reservoir. Die treibende Kraft wird daher vermindert, wenn die Wärmezufuhr die Temperatur erhöht, was erfordert, daß $C_V > 0$ bzw. $C_p > 0$ ist, in Übereinstimmung mit (40.17) und (41.17). In ähnlicher Weise kann man die Bedingung (41.18) unter das Prinzip subsumieren. Weitere Beispiele werden wir im Zusammenhang mit der Stabilität chemischer Gleichgewichte erwähnen.

In einfachen Fällen ist das *Le Châtelier-Prinzip* somit einfach den Stabilitätsbedingungen äquivalent. Als rein qualitative Formulierung wird es vor allem in der Chemie häufig verwendet. Es kann aber zu Fehlschlüssen führen, die eben in dieser unpräzisen Formulierung ihre Ursache haben. Beispielsweise kann die Aussage: „Exothermes Lösen bewirkt Abnahme der Löslichkeit mit steigender Temperatur" falsch sein. Die Temperaturabhängigkeit der Löslichkeit wird nämlich einmal durch die Stabilitätsbedingung (41.35), daneben aber nicht durch die integrale Lösungswärme, sondern durch die differentielle Lösungswärme im Sättigungspunkt („letzte Lösungswärme") bestimmt, die entgegengesetztes Vorzeichen haben können. Kompliziertere Stabilitätsbedingungen, wie die erste Ungleichung (41.36), lassen sich überhaupt nicht aus dem *Le Châtelier-Prinzip* gewinnen. Es ist daher für die Thermodynamik ohne Bedeutung und mußte nur wegen seiner häufigen Verwendung erwähnt werden. Wichtiger ist das eigentliche *Prinzip* von *Le Châtelier-Braun*.

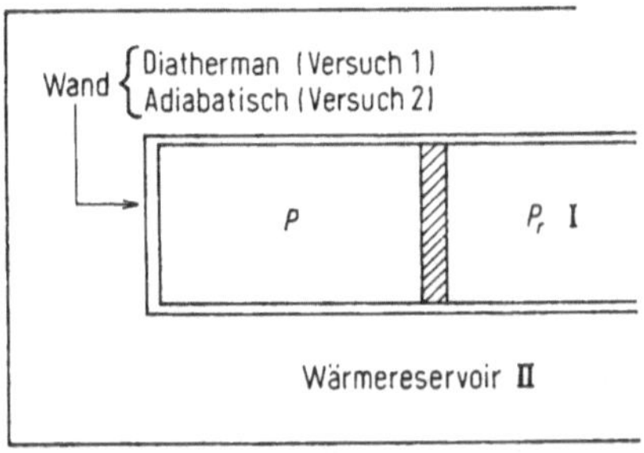

Abb. 27. Zum Prinzip von *Le Châtelier-Braun*

Bevor wir es formulieren, erläutern wir seinen Inhalt an einem einfachen Beispiel. Ein mit Gas gefüllter Zylinder befinde sich über einem beweglichen Kolben im Druckgleichgewicht mit einem Reservoir I. In einem ersten Versuch sei die Temperatur des Zylinders durch eine diathermane Wand und ein Wärmereservoir II kontrolliert. Eine Druckänderung dP bewirkt dann lediglich eine Volumenänderung d_1V. In einem zweiten Versuch sei der Zylinder adiabatisch isoliert. Die gleiche Druckänderung bewirkt dann eine Volumenänderung $d_2V \neq d_1V$, da außerdem noch eine Temperaturänderung d_2T induziert wird. Das Prinzip von *Le Châtelier-Braun* sagt nun aus, daß

$$d_2V < d_1V \tag{43.1}$$

ist. Die Richtigkeit dieser Aussage für das spezielle Beispiel verifiziert man leicht an den Isothermen und Adiabaten eines Gases.

Die übliche qualitative Formulierung des Prinzips von *Le Châtelier-Braun* besagt, daß die obige Überlegung sich für beliebige Paare von Zustandsvariablen verallgemeinern läßt. Die quantitative Analyse von *Ehrenfest* hat gezeigt, daß das Prinzip in dieser Allgemeinheit nicht zutrifft. Es muß durch den Zusatz ergänzt werden, daß der eine der beiden Parameter ein extensiver, der andere ein intensiver Parameter ist. Wir geben im folgenden den Beweis von *Ehrenfest*, der die korrekte Fassung des Prinzips liefert.

Es sei P_j der durch das Reservoir I regulierte intensive Parameter, X_j der dazu konjugierte, direkt beeinflußte, extensive Parameter und P_i der intensive Parameter, der in Versuch 1 durch das Reservoir II konstant gehalten wird, während in Versuch 2 $dX_i = 0$ ist und daher durch die Änderung von P_j eine Änderung von P_i induziert wird.

Das *Prinzip* von *Le Châtelier-Braun* besagt dann

$$|d_2X_j| < |d_1X_j| \,. \tag{43.2}$$

Beweis:

Es ist

$$dP_j = \left(\frac{\partial P_j}{\partial X_j}\right)_{P_i} d_1X_j \,, \tag{43.3}$$

$$dP_j = \left(\frac{\partial P_j}{\partial X_j}\right)_{P_i} d_2X_j + \left(\frac{\partial P_j}{\partial P_i}\right)_{X_j} d_2P_i \,. \tag{43.4}$$

Für den zweiten Versuch gilt außerdem

$$d_2X_i = \left(\frac{\partial X_i}{\partial X_j}\right)_{P_i} d_2X_j + \left(\frac{\partial X_i}{\partial P_i}\right)_{X_j} d_2P_i = 0 \,. \tag{43.5}$$

Eliminierung von dP_j und d_2P_i ergibt

$$\left[\left(\frac{\partial P_j}{\partial X_j}\right)_{P_i}\left(\frac{\partial X_i}{\partial P_i}\right)_{X_j} - \left(\frac{\partial P_j}{\partial P_i}\right)_{X_j}\left(\frac{\partial X_i}{\partial X_j}\right)_{P_i}\right] d_2X_j = \left[\left(\frac{\partial P_j}{\partial X_j}\right)_{P_i}\left(\frac{\partial X_i}{\partial P_i}\right)_{X_j}\right] d_1X_j \,, \tag{43.6}$$

oder, mit Benutzung der *Maxwell*schen *Relation* (24.11)

$$\left[\left(\frac{\partial P_j}{\partial X_j}\right)_{P_i}\left(\frac{\partial X_i}{\partial P_i}\right)_{X_j} + \left(\frac{\partial X_i}{\partial X_j}\right)^2_{P_i}\right] d_2X_i = \left[\left(\frac{\partial P_j}{\partial X_j}\right)_{P_i}\left(\frac{\partial X_i}{\partial P_i}\right)_{X_j}\right] d_1X_j \,. \tag{43.7}$$

Nach den Stabilitätsbedingungen (41.14) und (41.15) ist aber wegen (21.9)

$$\left(\frac{\partial P_j}{\partial X_j}\right)_{P_i} > 0 \,, \qquad \left(\frac{\partial X_i}{\partial P_i}\right)_{X_j} > 0 \,. \tag{43.8}$$

Damit folgt unmittelbar die Ungleichung (43.2).

Anschaulich besagt das Prinzip von *Le Châtelier-Braun*, daß die induzierte Parameteränderung d_2P_i den unmittelbar beeinflußten Parameter X_j „entlastet". Obwohl das Prinzip in der obigen Formulierung streng gültig ist, hat es für die Thermodynamik keine große Bedeutung gewonnen. Es hat sich aber als fruchtbar für die Theorie der irreversiblen Prozesse erwiesen.

§ 44 Stabilität chemischer Gleichgewichte

Wir erörtern jetzt noch kurz die Stabilität chemischer Gleichgewichte und nehmen dabei zur Vereinfachung von vornherein $T = \text{const.}$, $P = \text{const.}$ an. Die Stabilitätsbedingungen lassen sich dann mit Hilfe der freien Energie nach *Gibbs* formulieren und bei Beschränkung auf eine Reaktion (33.15) haben wir nach § 36 als einzige unabhängige Variable die Reaktionslaufzahl ξ.

Die Ungleichung (41.27) lautet dann

$$[\Delta G]_{T,P} > \left(\sum_i \nu_i \mu_i\right) \Delta\xi \,. \tag{44.1}$$

Die rechte Seite stellt nach (36.6) die Variation erster Ordnung dar. Die Stabilitätsbedingung wird daher

$$\left[\frac{d}{d\xi} \sum_i \nu_i \mu_i\right]_{T,P} > 0 \,. \tag{44.2}$$

Wir leiten daraus einige Folgerungen ab, die zugleich das *Le Châteliersche Prinzip* illustrieren. Wir betrachten die Verschiebung eines chemischen Gleichgewichts (dessen Lage durch den Wert ξ_e spezifiziert wird) mit der Temperatur bei konstantem Druck und mit dem Druck bei konstanter Temperatur. Wir gehen aus von der Gleichung

$$dG = -S\,dT + V\,dP + \left(\sum_i \nu_i \mu_i\right) d\xi \,, \tag{44.3}$$

wobei im Gleichgewicht

$$\left(\frac{\partial G}{\partial \xi}\right)_{T,P} = \sum_i \nu_i \mu_i = 0 \tag{44.4}$$

ist. Aus (44.3) folgt für das totale Differential von $(\partial G/\partial \xi)_{T,P}$

$$d\left(\frac{\partial G}{\partial \xi}\right)_{T,P} = d(\sum \nu_i \mu_i) = -\left(\frac{\partial S}{\partial \xi}\right)_{T,P} dT + \left(\frac{\partial V}{\partial \xi}\right)_{T,P} dP + \left(\frac{\partial^2 G}{\partial \xi^2}\right)_{T,P} d\xi \,. \tag{44.5}$$

Im Gleichgewicht verschwindet die linke Seite, und wir erhalten für $dP = 0$

$$\left(\frac{\partial \xi_e}{\partial T}\right)_P = \frac{(\partial S/\partial \xi)_{T,P}}{(\partial^2 G/\partial \xi^2)_{T,P}} \,. \tag{44.6}$$

Nach (24.8) ist aber

$$\left(\frac{\partial G}{\partial \xi}\right)_{T,P} = \left(\frac{\partial H}{\partial \xi}\right)_{T,P} + T\left(\frac{\partial S}{\partial \xi}\right)_{T,P} \tag{44.7}$$

Im Gleichgewicht ist die linke Seite Null, und die Größe $(\partial H/\partial \xi)_{T,P}$ stellt nach (21.23) die Reaktionswärme bei konstantem Druck oder Reaktionsenthalpie dar. Damit wird aus (44.6)

$$\left(\frac{\partial \xi_e}{\partial T}\right)_P = \frac{(\partial H/\partial \xi)_{T,P}}{T\,(\partial^2 G/\partial \xi^2)_{T,P}}. \tag{44.8}$$

Da nach der Stabilitätsbedingung der Nenner stets positiv ist, besagt Gl. (44.8):

Eine Erhöhung der Temperatur bei konstantem Druck verschiebt das chemische Gleichgewicht in der Richtung, in der die Reaktionswärme positiv, d. h. die Reaktion endotherm ist. Diese Aussage ist in Übereinstimmung mit dem Prinzip von *Le Châtelier.*

In analoger Weise erhält man

$$\left(\frac{\partial \xi_e}{\partial P}\right)_T = -\frac{(\partial V/\partial \xi)_{T,P}}{(\partial^2 G/\partial \xi^2)_{T,P}}. \tag{44.9}$$

Eine Erhöhung des Druckes bei konstanter Temperatur verschiebt das chemische Gleichgewicht in der Richtung, in der die Volumenänderung bei der Reaktion (für $T = \text{const.}$, $P = \text{const.}$) negativ ist. Auch diese Aussage stimmt mit dem *Le Châtelier-Prinzip* überein.

Es ist zu beachten, daß die vorstehenden Aussagen völlig allgemein sind und nur für den Spezialfall der idealen Gase bereits aus der *van't Hoff*schen bzw. *Planck-van Laar*schen *Gleichung* erhalten werden können. Letzteres beruht darauf, daß für das chemische Gleichgewicht in einer idealen Gasmischung die Stabilitätsbedingung (44.2) automatisch erfüllt ist.

VII. Kapitel

Kritische Phasen

§ 45 Definition und Eigenschaften kritischer Phasen

Die experimentelle Erfahrung zeigt, daß häufig zwei koexistierende Phasen sich bei Variation der Zustandsgrößen in solcher Weise ändern, daß sie schließlich identisch werden. Die Phase, bei der dies eintritt, heißt *kritische Phase.* Kritische Phasen von Einkomponentensystemen haben, wie wir sehen werden, keinen thermodynamischen Freiheitsgrad. Sie stellen daher singuläre Punkte im Zustandsraum dar, die als *kritische Punkte* bezeichnet werden. Wenn, wie es häufig der Fall ist, die Abhängigkeit der kritischen Phase von den Zustandsgrößen nicht betrachtet wird, spricht man auch bei Mehrkomponentensystemen von kritischen Punkten. Wir geben zunächst eine Übersicht über die wichtigsten Fälle.

a. Einkomponentensysteme

Das Gleichgewicht Dampf–Flüssigkeit besitzt stets einen kritischen Punkt. Oberhalb einer gewissen Temperatur T_c, der kritischen Temperatur, ist es unmöglich, ein Gas zur Kondensation zu bringen. Es findet, wie zuerst von *Andrews* 1869 an CO_2 entdeckt wurde, ein kontinuierlicher Übergang vom gasförmigen in den flüssigen Zustand statt. Die Verhältnisse lassen sich am einfachsten an den Isothermen des $P-V$-Diagramms übersehen, die für ein reales Gas schematisch in Abb. 28 dargestellt sind.

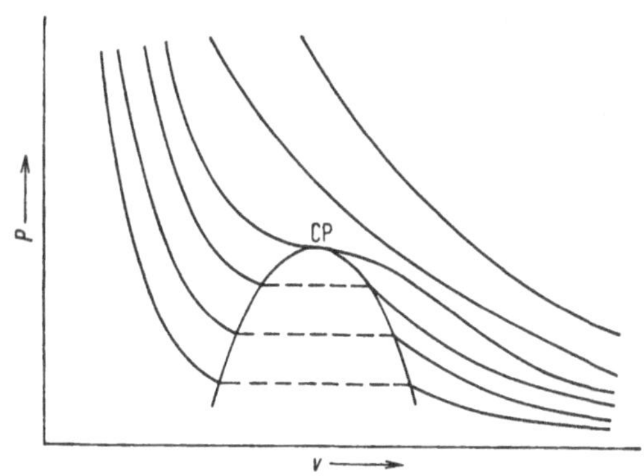

Abb. 28. Isothermen eines realen Gases (schematisch). CP = Kritischer Punkt

Die Kurve, auf der die koexistierenden Phasen von Flüssigkeit und Dampf liegen, wird *Koexistenzkurve* oder *Binodale* genannt. Die gestrichelten Linien, welche jeweils zwei koexistierende Phasen verbinden, heißen *Konnoden*. Diese Bezeichnungen werden auch bei anderen heterogenen Gleichgewichten gebraucht.

Das Gleichgewicht Dampf–Kristall endet im Tripelpunkt (Abb. 18). Dieses Gleichgewicht existiert jedoch nicht bei He^3 und He^4. In beiden Fällen steht der Kristall nur mit der Flüssigkeit im Gleichgewicht. Es existiert daher auch kein Tripelpunkt.

Für das Gleichgewicht Flüssigkeit–Kristall ist ein kritischer Punkt experimentell, trotz vielen Bemühungen, bisher nicht gefunden worden. Gewisse theoretische Gründe sprechen dafür, daß hier ein kritischer Punkt nicht existieren kann. Eine abschließende Klärung ist jedoch bisher nicht erreicht worden.

b. Binäre Systeme

Das Gleichgewicht Dampf–Flüssigkeit besitzt auch hier einen kritischen Punkt, der durch die merkwürdigen Phänomene der retrograden Kondensation oder Verdampfung von Interesse ist. Wir werden darauf am Schluß von § 47 kurz zurückkommen.

Wichtiger sind die kritischen Punkte, die durch Entmischung einer homogenen Lösung in zwei flüssige Phasen entstehen. Die der Abb. 28 entsprechende Darstellung wird hier durch die Isothermen des chemischen Potentials einer Komponente, etwa in Abhängigkeit vom Molenbruch (x_1 oder x_2) für P = const. gegeben. Man kann sich jedoch häufig mit den in Kapitel IV schon mehrfach benützten T–x-Diagrammen begnügen. In dieser Darstellung zeigt Abb. 29 schematisch die beobachteten Typen.

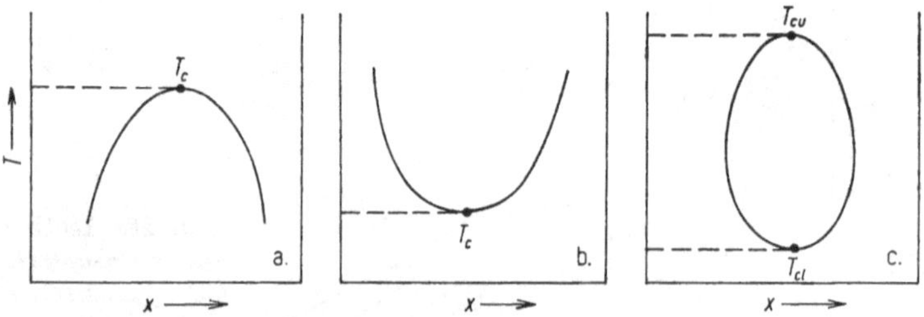

Abb. 29. Kritische Punkte der Entmischung in binären flüssigen Gemischen. a: Oberer kritischer Punkt; b: Unterer kritischer Punkt; c: Geschlossene Mischungslücke mit zwei kritischen Punkten

Der Fall a., der als *oberer kritischer Entmischungspunkt* bezeichnet wird, tritt am häufigsten auf und wird bei einer ganzen Reihe von organischen Flüssigkeitsgemischen gefunden. Für den in Fall b. gezeigten *unteren kritischen Entmischungspunkt* bieten die Systeme Wasser–Diäthylamin und Wasser–Triäthylamin Beispiele. Die als Fall c. dargestellte *geschlossene Mischungslücke* ist bei dem System Wasser–Nikotin gefunden worden. Hier hat man sowohl einen oberen (T_{cu}) wie einen unteren (T_{cl}) kritischen Entmischungspunkt.

Im Gegensatz zu Einkomponentensystemen treten bei binären Systemen auch im festen Zustand kritische Punkte auf, und zwar, wie im flüssigen Zustand, als kritische Punkte der Entmischung. Sie sind allerdings ziemlich selten, da in den meisten Fällen die koexistierenden Phasen verschiedene Kristallstrukturen besitzen und daher aus geometrischen Gründen nicht identisch werden können. Immerhin gibt es eine Anzahl von binären Legierungen, die im festen Zustand einen kritischen Punkt der Entmischung besitzen, z. B. Al–Zn, Au–Ni, Au–Pt. Als Beispiel zeigt Abb. 30 das Phasendiagramm des Systems Al–Zn.

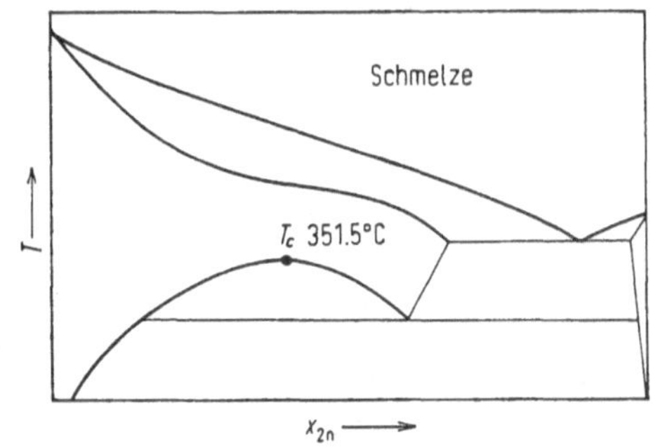

Abb. 30. Phasendiagramm des Systems Al – Zn (schematisch)

c. *Ternäre Systeme*

Hier sind in erster Linie kritische Punkte, die bei Entmischung in der flüssigen Phase auftreten, von Interesse. Wir können auf Einzelheiten nicht eingehen, wollen aber in diesem Zusammenhang noch zwei Bemerkungen von allgemeinerer Bedeutung machen.

Wir haben gesehen, daß bei Einkomponentensystemen die kritische Temperatur die höchste Temperatur darstellt, bei der das System heterogen werden kann. Bei binären Systemen hat die kritische Phase einen Freiheitsgrad. Geben wir aber, wie es im Experiment gewöhnlich der

Fall ist, den Druck vor, so ist die kritische Temperatur wieder die höchste (im Falle eines unteren kritischen Entmischungspunktes die tiefste) Temperatur, bei der die homogene Lösung (oder der homogene Mischkristall) heterogen werden kann. Bei Systemen aus drei oder mehr Komponenten haben wir eine völlig andersartige Situation. Die kritische Phase eines ternären Systems hat, wie wir zeigen werden, zwei Freiheitsgrade. Geben wir wieder den Druck vor, so lassen sich die Verhältnisse in einem räumlichen Diagramm darstellen, indem man über der x_1—x_2-Ebene isotherme G^*-Flächen aufträgt.

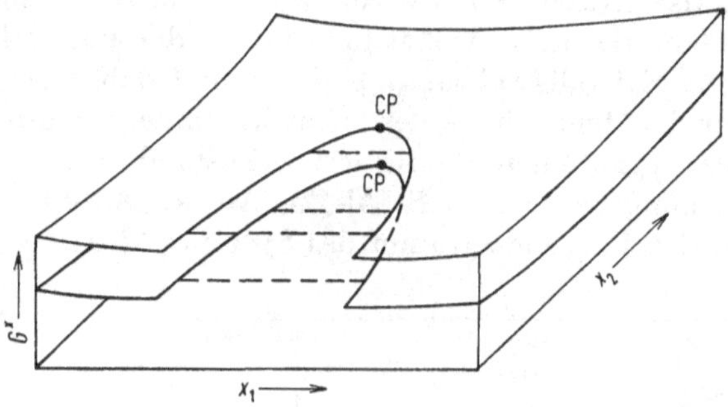

Abb. 31. Isotherm-isobare G^*-Flächen ternärer Systeme. CP = kritische Phasen

Ein solches Diagramm ist schematisch in Abb. 31 dargestellt. Man sieht, daß jetzt zu jeder isothermen G^*-Fläche eine Binodale mit kritischem Punkt gehört und somit der Begriff der kritischen Temperatur überhaupt keinen Sinn mehr hat. Wird jedoch über den nach Vorgabe des Druckes verbleibenden Freiheitsgrad in der Weise verfügt, daß man das Verhältnis x_1/x_2 festlegt, so läßt sich wieder ein kritischer Punkt definieren. Die zugehörige „kritische Temperatur“ ist aber jetzt nicht mehr die höchste Temperatur, bei der das System heterogen werden kann. Man übersieht dies am einfachsten bei Benutzung der ebenfalls schon in Kapitel IV eingeführten *Möbius*schen *Dreieckskoordinaten* (Abb. 32).

In das Diagramm sind zu verschiedenen Temperaturen gehörende Binodalen eingezeichnet, deren kritische Punkte durch Kreise dargestellt sind. Alle Lösungen, bei denen die Komponenten A und B in dem vorgegebenen Verhältnis x_1/x_2 gemischt sind, liegen auf der Geraden FC. Diese kann nur durch einen kritischen Punkt hindurchgehen, der damit eindeutig definiert ist. Die höchste Temperatur, bei welcher das System heterogen werden kann, entspricht aber nicht dieser Binodalen, sondern vielmehr der Binodalen, an welche die Gerade FC Tangente ist. Die entsprechende Phase wird durch den Berührungspunkt P′ dargestellt. Man sieht, daß derselbe im allgemeinen kein kritischer Punkt ist, sondern mit einer zweiten Phase P″ im Gleichgewicht steht. Die vorstehenden Überlegungen, die auf *Tompa* zurückgehen, sind auch von erheblicher Bedeutung für die Theorie der Löslichkeit von Makromolekülen.

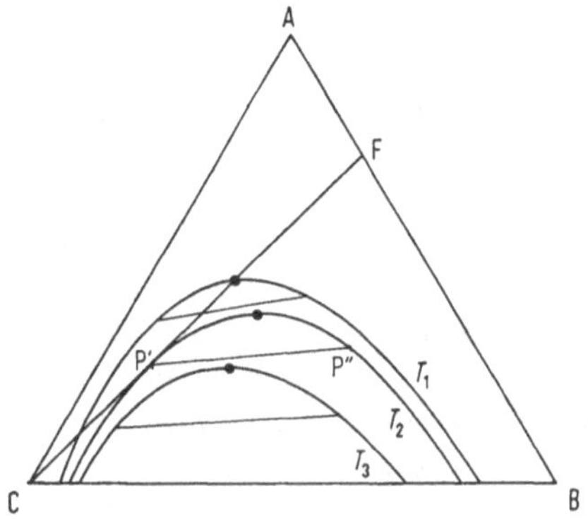

Abb. 32. Zur Entmischung ternärer Systeme mit x_1/x_2 = const.
CP = kritischer Punkt
P′ Phase der höchsten Entmischungstemperatur
P″ mit P′ koexistierende Phase

Die zweite Bemerkung bezieht sich auf den in der experimentellen Praxis häufig vorkommenden Fall, daß ein Gemisch von zwei organischen Flüssigkeiten als Lösungsmittel verwendet wird. In der älteren Literatur sind solche Systeme verschiedentlich als binäre Systeme behandelt worden, bei denen die Eigenschaften des Lösungsmittels in irgendeiner Weise aus denen der Komponenten gemittelt wurden. Dieses Verfahren ist vor allem dann unzulässig, wenn (wie es meistens der Fall ist) das Lösungsmittel in den koexistierenden Phasen verschiedene Zusammensetzung besitzt. Insbesondere darf man also den kritischen Punkt der Entmischung nicht nach dem einfachen Rechenverfahren für binäre Systeme ermitteln. Es ist vielmehr notwendig, die wesentlich komplizierteren Gleichungen für ternäre Systeme, die wir im folgenden ableiten, zu verwenden. Auch diese Bemerkung ist vor allem für makromolekulare Lösungen von Bedeutung.

Wir wenden nun auf den beschriebenen Sachverhalt die Gesetze der Thermodynamik an und beweisen zunächst den von *Gibbs* stammenden

Satz

In einem System aus m Komponenten besitzt eine kritische Phase, welche nicht mit weiteren Phasen koexistiert, $m - 1$ thermodynamische Freiheitsgrade.

Beweis

Wir betrachten zunächst ein ternäres System mit zwei koexistierenden Phasen. Nach der Phasenregel [Gl. (29.3)] hat dasselbe drei Freiheitsgrade. Über zwei derselben verfügen wir durch Festlegung von Druck und Temperatur. Das Verhalten des Systems wird dann durch die entsprechende G^*-Fläche der Abb. 31 dargestellt. Da wir noch einen Freiheitsgrad haben, können wir etwa das chemische Potential μ_1 variieren, ohne daß eine der beiden Phasen verschwindet. Wie Abb. 31 zeigt, gehört zu diesen Variationen eine fortlaufende Reihe von koexistierenden Phasen, die in einem kritischen Punkt endet. Geben wir nun den Größen T und P andere Werte, die sich nur infinitesimal von den ursprünglichen unterscheiden, so erhalten wir in gleicher Weise eine Folge von Phasenpaaren, die wieder in einem kritischen Punkt endet. Die Lage desselben wird sich ebenfalls infinitesimal von der des ursprünglichen unterscheiden[1]). In dieser Weise kann man fortfahren und schließt dann, daß in dem betrachteten Fall die kritische Phase zwei Freiheitsgrade hat.

In dem allgemeinen Fall eines Systems aus m Komponenten betrachten wir wieder zwei koexistierende Phasen. Das heterogene System hat dann nach der Phasenregel m Freiheitsgrade. Wir wählen als unabhängige Variable m Größen aus dem Satz der intensiven Parameter $T, P, \mu_1, \ldots, \mu_m$ und fixieren $m - 1$ derselben, indem wir ihnen die Werte zuteilen, die sie an einem kritischen Punkt aus der Menge der betrachteten kritischen Phasen haben. Den noch verbleibenden intensiven Parameter (Druck, Temperatur oder eines der chemischen Potentiale) können wir variieren, ohne daß eine der beiden Phasen verschwindet. Auf diese Weise erhalten wir wieder eine fortlaufende Reihe von koexistierenden Phasen, die in einem kritischen Punkt endet. Wir ändern nun die Werte der zunächst fixierten $m - 1$ intensiven Parameter um infinitesimale Beträge und erhalten wieder durch Variation des freien Parameters eine Folge von

1 Da Abb. 31 ein isobares Diagramm darstellt, läßt sich hier nur die Variation von T veranschaulichen.

koexistierenden Phasen. Nun muß jedem Paar von koexistierenden Phasen in der ersten Folge ein davon nur infinitesimal verschiedenes Paar in der zweiten Folge entsprechen und umgekehrt. Die zweite Folge muß daher in einem kritischen Punkte enden, dessen Lage sich nur infinitesimal von der des kritischen Punktes unterscheidet, in welchem die erste Folge endet. In dieser Weise kann man wieder fortfahren. Werden somit die durch die Lage eines kritischen Punktes gegebenen Werte von $m - 1$ intensiven Parametern frei variiert, so gehört zu jedem Satz von variierten Werten wieder eine und nur eine kritische Phase. In einem System aus m Komponenten besitzt eine kritische Phase somit $m - 1$ thermodynamische Freiheitsgrade. Damit ist der Satz bewiesen.

Aus dem Satz folgen die schon vorher benutzten speziellen Aussagen, daß für Einkomponentensysteme die kritische Phase ein singulärer Punkt im Zustandsraum ist, während kritische Phasen binärer Systeme einen Freiheitsgrad besitzen, über den bei kondensierten Systemen im allgemeinen durch Vorgabe des Druckes verfügt wird[1]). Bei ternären Systemen haben wir bereits zwei Freiheitsgrade, wodurch die Verhältnisse, wie oben gezeigt,wesentlich komplizierter werden. Wie schon bemerkt, gelten die vorstehenden Aussagen in dieser Form nur für den Fall, daß keine weitere Phase mit der kritischen Phase koexistiert. Da nach der Phasenregel jede neue Phase die Zahl der Freiheitsgrade um Eins vermindert, folgt sofort, daß mit der kritischen Phase eines Einkomponentensystems überhaupt keine weitere Phase, mit der kritischen Phase eines binären Systems nur eine weitere Phase koexistieren kann. Allgemein kann eine kritische Phase mit höchstens $m - 1$ weiteren Phasen koexistieren. Wie der Vergleich mit Gl. (29.3) zeigt, ist daher im Sinne der Phasenregel eine kritische Phase dreifach zu zählen.

§ 46 Die Gibbsschen Gleichungen für kritische Phasen

Im folgenden lassen wir eine mögliche Koexistenz der kritischen Phase mit weiteren Phasen außer Betracht. Da nach der Phasenregel eine gewöhnliche Phase $m + 1$ Freiheitsgrade und nach dem obigen Satz eine kritische Phase $m - 1$ Freiheitsgrade hat, folgt sofort, daß eine kritische Phase durch zwei Gleichungen bestimmt wird.

---

1 Für kondensierte binäre Mischphasen ist übrigens die Abhängigkeit der kritischen Entmischungstemperatur vom Druck sehr gering. Sie kann daher unter den üblichen experimentellen Bedingungen meistens völlig vernachlässigt werden.

Für Einkomponentensysteme erhält man diese Gleichungen durch eine einfache Überlegung aus Abb. 28. Nach den Gleichgewichtsbedingungen (27.6) und (27.7) müssen jeweils die koexistierenden Phasen auf der gleichen Isotherme liegen und die Konnoden müssen parallel zur Abszisse verlaufen. Da der kritische Punkt durch das Zusammenfallen der koexistierenden Phasen definiert ist, muß derselbe ein Wendepunkt der Isothermen mit horizontaler Tangente sein. Daraus folgt sofort

$$\left(\frac{\partial P}{\partial v}\right)_T = 0\,; \qquad \left(\frac{\partial^2 P}{\partial v^2}\right)_T = 0\,. \tag{46.1}$$

Für den kritischen Punkt der Entmischung eines binären Systems ergeben, wie schon erwähnt, die Isothermen des $\mu - x$-Diagramms eine zu Abb. 28 analoge Darstellung. Man erhält daher durch analoge Überlegung für den kritischen Punkt der Entmischung eines binären Systems

$$\left(\frac{\partial \mu_1}{\partial x_1}\right)_{T,P} = 0\,; \qquad \left(\frac{\partial^2 \mu_1}{\partial x_1^2}\right)_{T,P} = 0\,. \tag{46.2}$$

Für Systeme von mehr als zwei Komponenten sind die Verhältnisse weniger übersichtlich und es ist, wie schon *Gibbs* bemerkt hat, notwendig, die Theorie in strengerer und allgemeinerer Weise zu formulieren. Den Ausgangspunkt dieser Formulierung bildet die in Kapitel VI entwickelte Stabilitätstheorie. Man kann die Überlegungen dann in verschiedener Weise durchführen und erhält entsprechend die Gleichungen für die kritische Phase in verschiedenen Formen. Wir behandeln in diesem Paragraphen die von *Gibbs* angegebene Methode.

Wir betrachten zunächst ein Einkomponentensystem (Abb. 33) und bemerken, daß auf jeder Konnode, die zwei koexistierende Phasen verbindet, notwendig Zustände liegen, für welche das homogene System absolut instabil ist. Diese Aussage läßt sich veranschaulichen, wenn wir annehmen, daß die Isothermen im ganzen Zustandsgebiet analytische Funktionen sind. Sie müssen dann notwendig die von der *van der Waalschen Zustandsgleichung* her bekannte Form besitzen, die in Abb. 33 dargestellt ist.

Auf jeder Isotherme liegen zwischen dem Minimum und dem Maximum notwendig nur instabile Zustände. Die Kurve, auf der die Minima und Maxima liegen und die daher das instabile Gebiet begrenzt, wird *Spinodale* genannt. Das Gebiet zwischen Spinodale und Binodale entspricht dann metastabilen Zuständen (überhitzte Flüssigkeit, übersättigter Dampf). Diese Darstellung wird in der Thermodynamik als nützliches

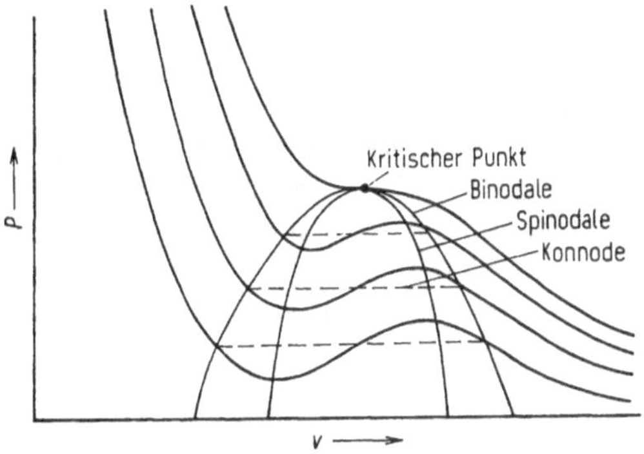

Abb. 33. Isothermen eines realen Gases mit „*van der Waals Loop*" (schematisch)

Hilfsmittel vielfach verwendet. Wir wollen sie hier jedoch lediglich zur Veranschaulichung einführen und nicht formal in die Ableitung einbauen, da die Ausgangshypothese, wie sich zeigen läßt, unhaltbar und somit eine reine Fiktion ist.[1])

Wir denken uns nun die beiden koexistierenden Phasen beliebig nahe an den kritischen Punkt herangerückt. Da auch dann zwischen ihnen absolut instabile Zustände liegen müssen, folgt unmittelbar, daß der kritische Punkt auf der Grenze zwischen dem stabilen und dem absolut instabilen Gebiet liegt. In der oben eingeführten Darstellung bedeutet dies, daß im kritischen Punkt sich Binodale und Spinodale berühren.

Die Grenze zwischen dem stabilen und instabilen Gebiet ist nun jedenfalls dadurch gegeben, daß wenigstens eine der zweiten Ableitungen der inneren Energie Null wird. Das bedeutet aber, daß an dieser Stelle die quadratische Form $\delta^2 u(s, v)$ positiv semi-definit ist. Wie in der linearen Algebra gezeigt wird, ist dafür notwendig und hinreichend, daß die Bedingung

$$D = \begin{vmatrix} \frac{\partial^2 u}{\partial s^2} & \frac{\partial^2 u}{\partial s\, \partial v} \\ \frac{\partial^2 u}{\partial v\, \partial s} & \frac{\partial^2 u}{\partial v^2} \end{vmatrix} = 0 \tag{46.3}$$

erfüllt ist. Gl. (46.3) ist daher bereits die erste Gleichung für den kritischen Punkt.

1 Es läßt sich mathematisch streng beweisen, daß eine exakte statistische Berechnung thermodynamischer Funktionen unter keinen Umständen auf instabile Zustände führen kann. Auf diesem Wege berechnete Isothermen können daher niemals den „*von der Waals loop*" zeigen; sie ergeben vielmehr stets das Bild der Abb. 28.

Um die zweite Gleichung abzuleiten, geben wir die Temperatur vor und betrachten die Variation der kritischen Phase auf der Isothermen. Aus Abb. 28 oder 33 entnimmt man sofort, daß eine solche Variation unter keinen Umständen in das instabile Gebiet führen kann. Das bedeutet zunächst, daß die Änderung der durch (46.3) definierten Determinanten D nicht negativ sein kann. Sie kann aber auch nicht positiv sein, da sie sonst durch einfache Umkehrung des Vorzeichens der unabhängigen Variablen negativ würde. Damit haben wir für die betrachtete Variation die beiden Gleichungen

$$dT = \left(\frac{\partial T}{\partial s}\right)_v ds + \left(\frac{\partial T}{\partial v}\right)_s dv = 0\,, \tag{46.4}$$

$$dD = \left(\frac{\partial D}{\partial s}\right)_v ds + \left(\frac{\partial D}{\partial v}\right)_s dv = 0\,. \tag{46.5}$$

Das ist ein homogenes lineares Gleichungssystem für die Unbekannten ds und dv. Die Bedingung für die Lösbarkeit lautet

$$D' \equiv \begin{vmatrix} \left(\frac{\partial T}{\partial s}\right)_v & \left(\frac{\partial T}{\partial v}\right)_s \\ \left(\frac{\partial D}{\partial s}\right)_v & \left(\frac{\partial D}{\partial v}\right)_s \end{vmatrix} = 0\,. \tag{46.6}$$

Dies ist die zweite Gleichung für den kritischen Punkt.

Die Gl. (46.3) und (46.6) beruhen letzten Endes auf der Fundamentalgleichung und haben daher die mehrfach erwähnten Nachteile. Insbesondere ist der direkte Nachweis der Identität mit den Gleichungen (46.1) umständlich. Es liegt daher der Gedanke nahe, von vornherein als Ausgangspunkt eine Formulierung der Stabilitätsbedingungen mit Hilfe eines geeigneten thermodynamischen Potentials zu wählen. Dem betrachteten Problem ist die freie Energie nach *Helmholtz* am besten angepaßt. Dafür lauten die Stabilitätsbedingungen nach (41.14) und (41.15)

$$\left(\frac{\partial s}{\partial T}\right)_v > 0\,; \qquad \left(\frac{\partial P}{\partial v}\right)_T < 0\,. \tag{46.7}$$

Man sieht sofort, daß die erste dieser Bedingungen für die Bestimmung des kritischen Punktes ohne Bedeutung ist. Führt man mit der zweiten Bedingung eine der obigen völlig anloge Überlegung durch, so erhält man die Gl. (46.1).

Die Verallgemeinerung der vorstehenden Ableitungen für Systeme aus m Komponenten macht keine Schwierigkeiten. Wir schreiben zunächst zur Abkürzung

$$D^* = \begin{vmatrix} \frac{\partial^2 U^*}{\partial S^{*2}} & \frac{\partial^2 U^*}{\partial S^* \partial V^*} & \cdots & \frac{\partial^2 U^*}{\partial S^* \partial x_{m-1}} \\ \frac{\partial^2 U^*}{\partial V^* \partial S^*} & \ddots & & \vdots \\ \vdots & & \ddots & \vdots \\ \frac{\partial^2 U^*}{\partial x_{m-1} \partial S^*} & \cdots & \cdots & \frac{\partial^2 U^*}{\partial x_{m-1}^2} \end{vmatrix} . \tag{46.8}$$

Ferner bezeichnen wir mit $D^{*\prime}$ eine Determinante, die sich von D^* dadurch unterscheidet, daß die Elemente einer beliebig gewählten Zeile durch die in dem Ausdruck

$$dD^* = \frac{\partial D^*}{\partial S^*} dS^* + \frac{\partial D^*}{\partial V^*} dV^* + \frac{\partial D^*}{\partial x_1} dx_1 + \cdots + \frac{\partial D^*}{\partial x_{m-1}} dx_{m-1} \tag{46.9}$$

auftretenden partiellen Ableitungen ersetzt sind. Die Grenze des Stabilitätsbereiches ist wieder dadurch gegeben, daß die quadratische Form (40.11) positiv semi-definit ist. Dafür ist notwendig und hinreichend, daß die Determinante D^* verschwindet, womit bereits die erste Gleichung für die kritische Phase gegeben ist.

Um die zweite Gleichung zu erhalten, hat man wieder die kritische Phase zu variieren. Dabei lauten aber jetzt die Nebenbedingungen, daß von den $m + 1$ Ableitungen

$$\frac{\partial U^*}{\partial S^*}, \frac{\partial U^*}{\partial V^*}, \frac{\partial U^*}{\partial x_1}, \ldots, \frac{\partial U^*}{\partial x_{m-1}} \tag{46.10}$$

m Größen konstant gehalten werden. Die Wahl derselben ist beliebig. Sie definiert, wie man aus Gl. (27.6)—(27.8) erkennt, in jedem Falle einen Weg auf einer m-dimensionalen Hyperfläche, der zwei koexistierende Phasen verbindet. Eine Variation der kritischen Phase unter diesen Bedingungen kann daher unter keinen Umständen in das instabile Gebiet führen. Nehmen wir beispielsweise an, daß die ersten m Ableitungen aus (46.10) konstant gehalten werden, so gelten für die Variation der kritischen Phase die Nebenbedingungen

$$\left.\begin{aligned}
d\left(\frac{\partial U^*}{\partial S^*}\right) &= \frac{\partial^2 U^*}{\partial S^{*2}}\,dS^* + \frac{\partial^2 U^*}{\partial S^*\,\partial V^*}\,dV^* + \frac{\partial^2 U^*}{\partial S^*\,\partial x_1}\,dx_1 \\
&\quad + \cdots + \frac{\partial^2 U^*}{\partial S^*\,\partial x_{m-1}}\,dx_{m-1} = 0\,, \\
d\left(\frac{\partial U^*}{\partial V^*}\right) &= \frac{\partial^2 U^*}{\partial V^*\,\partial S^*}\,dS^* + \frac{\partial^2 U^*}{\partial V^{*2}}\,dV^* + \frac{\partial^2 U^*}{\partial V^*\,\partial x_1}\,dx_1 \\
&\quad + \cdots + \frac{\partial^2 U^*}{\partial V^*\,\partial x_{m-1}}\,dx_{m-1} = 0\,, \\
d\left(\frac{\partial U^*}{\partial x_1}\right) &= \frac{\partial^2 U^*}{\partial x_1\,\partial S^*}\,dS^* + \frac{\partial^2 U^*}{\partial x_1\,\partial V^*}\,dV^* + \frac{\partial^2 U^*}{\partial x_1^2}\,dx_1 \\
&\quad + \cdots + \frac{\partial^2 U^*}{\partial x_1\,\partial x_{m-1}}\,dx_{m-1} = 0\,. \\
&\cdots\cdots\cdots\cdots\cdots\cdots \\
d\left(\frac{\partial U^*}{\partial x_{m-2}}\right) &= \frac{\partial^2 U^*}{\partial x_{m-2}\,\partial S^*}\,dS^* + \frac{\partial^2 U^*}{\partial x_{m-2}\,\partial V^*}\,dV^* \\
&\quad + \frac{\partial^2 U^*}{\partial x_{m-2}\,\partial x_1}\,dx_1 + \cdots + \frac{\partial^2 U^*}{\partial x_{m-2}\,\partial x_{m-1}}\,dx_{m-1} = 0\,.
\end{aligned}\right\} \tag{46.11}$$

Da die Variation nicht in das instabile Gebiet führen kann, zeigt man durch eine der früheren völlig analoge Überlegung, daß auch

$$\begin{aligned}
dD^* &= \frac{\partial D^*}{\partial S^*}\,dS^* + \frac{\partial D^*}{\partial V^*}\,dV^* + \frac{\partial D^*}{\partial x_1}\,dx_1 \\
&\quad + \cdots + \frac{\partial D^*}{\partial x_{m-1}}\,dx_{m-1} = 0
\end{aligned} \tag{46.12}$$

sein muß. Das homogene lineare Gleichungssystem (46.11), (46.12) besitzt nur dann eine nicht-triviale Lösung, wenn die Determinante der Koeffizienten verschwindet. Damit erhalten wir als allgemeine Gleichungen einer kritischen Phase für ein System aus m Komponenten

$$D^* = 0; \qquad D^{*\prime} = 0\,. \tag{46.13}$$

Eine andere Wahl der Nebenbedingungen (46.11) führt naturgemäß auf eine andere Form der Determinante $D^{*\prime}$. Diese Möglichkeit ist bereits bei der Definition berücksichtigt worden, so daß die Gl. (46.13) davon nicht berührt werden. Man sieht leicht, daß für ein Einkomponentensystem die Gl. (46.13) sich auf die Gl. (46.3) und (46.6) reduzieren.

Weitere äquivalente Formulierungen werden erhalten, wenn man für die Ausgangsbedingungen (40.11) und (40.12) eine andere Schreibweise wählt, also zum Beispiel (wie *Gibbs* es getan hat) das Volumen konstant hält.

§ 47 Transformation der Gleichungen für kritische Phasen. Weitere Eigenschaften kritischer Phasen

Für die Anwendungen ist es auch im allgemeinen Fall vorteilhaft, die Gleichungen für kritische Phasen nicht aus der Fundamentalgleichung, sondern aus geeigneten thermodynamischen Potentialen zu gewinnen. Diese Möglichkeit beruht auf der Tatsache, daß gewisse Stabilitätsbedingungen auch auf der Grenze des stabilen Bereiches gültig bleiben. Die bei der Transformation der Stabilitätsbedingungen (§ 41) auftretende Zerlegung in Bedingungen für intensive Parameter und Bedingungen für extensive Parameter ermöglicht es, die fraglichen Bedingungen von vornherein abzutrennen und damit die Gleichungen für die kritische Phase zu vereinfachen. Wir geben dafür zwei Beispiele. Für das Verdampfungsgleichgewicht von Einkomponentensystemen haben wir bereits oben bemerkt, daß die Bedingung der thermischen Stabilität $C_V > 0$ auch auf der Grenze des Stabilitätsbereiches gültig bleibt. Das Gleiche gilt auch für die Verdampfungsgleichgewichte von Mehrkomponentensystemen. Hier ist daher die Verwendung der freien Energie nach *Helmholtz,* welche die Abtrennung gerade dieser Bedingung erlaubt, am zweckmäßigsten. Mit der Stabilitätsbedingung für die verbleibenden extensiven Parameter $V^*, x_1, \ldots, x_{m-1}$ führt man eine der obigen völlig analoge Überlegung durch. Wir können uns daher damit begnügen, das Resultat anzugeben. Definieren wir

$$D_F^* = \begin{vmatrix} \frac{\partial^2 F^*}{\partial V^{*2}} & \frac{\partial^2 F^*}{\partial V^* \partial x_1} & \cdots & \frac{\partial^2 F^*}{\partial V^* \partial x_{m-1}} \\ \frac{\partial^2 F^*}{\partial x_1 \partial V^*} & \ddots & & \\ \vdots & & \ddots & \\ \frac{\partial^2 F^*}{\partial x_{m-1} \partial V^*} & \cdots & \cdots & \frac{\partial^2 F^*}{\partial x_{m-1}^2} \end{vmatrix} \tag{47.1}$$

und bezeichnen mit $D_F^{*\prime}$ die Determinante, die aus (47.1) entsteht, wenn die Elemente einer beliebigen Zeile durch die partiellen Ableitungen

$$\frac{\partial D_F^*}{\partial V^*}, \frac{\partial D_F^*}{\partial x_1}, \ldots, \frac{\partial D_F^*}{\partial x_{m-1}} \tag{47.2}$$

ersetzt werden, so lauten die Gleichungen für die kritische Phase

$$D_F^* = 0\,; \qquad D_F^{*\prime} = 0\,. \tag{47.3}$$

Dabei ist zu beachten, daß alle hier auftretenden partiellen Ableitungen bei konstanter Temperatur zu bilden sind. Für Einkomponentensysteme reduzieren sich die Gl. (47.3) auf die Gl. (46.1).

Bei Entmischung in kondensierten Phasen tritt eine weitere Vereinfachung ein, da hier (im Gegensatz zu Verdampfungsgleichgewichten) auf der Grenze des Stabilitätsbereiches auch die Bedingung der mechanischen Stabilität $(\partial^2 F/\partial V^2)_T > 0$ erfüllt ist. In diesen Fällen wird man daher die Formulierung mit Hilfe der freien Energie nach *Gibbs* verwenden, welche die Ausgangsbedingungen (41.31) und (41.32) liefert. Die Ableitung selbst wird wieder in der gleichen Weise durchgeführt. Definieren wir

$$D_G^* \equiv \begin{vmatrix} \dfrac{\partial^2 G^*}{\partial x_1^2} & \dfrac{\partial^2 G^*}{\partial x_1\, \partial x_2} & \cdots & \dfrac{\partial^2 G^*}{\partial x_1\, \partial x_{m-1}} \\ \dfrac{\partial^2 G^*}{\partial x_2\, \partial x_1} & \ddots & & \\ \vdots & & \ddots & \\ \dfrac{\partial^2 G^*}{\partial x_{m-1}\, \partial x_1} & \cdots & \cdots & \dfrac{\partial^2 G^*}{\partial x_{m-1}^2} \end{vmatrix} \tag{47.4}$$

und bezeichnen mit $D_G^{*\prime}$ die Determinante, die aus (47.4) entsteht, wenn die Elemente einer beliebigen Zeile durch die partiellen Ableitungen

$$\frac{\partial D_G^*}{\partial x_1}, \frac{\partial D_G^*}{\partial x_2}, \frac{\partial D_G^*}{\partial x_3}, \ldots, \frac{\partial D_G^*}{\partial x_{m-1}} \tag{47.5}$$

ersetzt werden, so lauten die Gleichungen für die kritische Phase

$$D_G^* = 0; \qquad D_G^{*\prime} = 0\,. \tag{47.6}$$

Dabei sind alle Ableitungen nach den Molenbrüchen bei konstantem T und P zu nehmen. Die Gl. (47.6) unterscheiden sich von den vorhergehenden dadurch, daß sie sich nicht auf die Gleichungen für Einkomponentensysteme reduzieren lassen. Sie haben für den Fall $m = 3$ interessante Anwendungen in der Theorie der makromolekularen Lösungen gefunden.

Die Gl. (46.13) und (47.6) sind (in etwas anderer Form) bereits von *Gibbs* abgeleitet worden. Die Formulierung mit Hilfe der freien Energie nach *Helmholtz* [Gl. (47.3)] ist insbesondere von *van der Waals* zum Studium der Verdampfungsgleichgewichte benutzt worden.

Kritische Phasen sind dadurch von besonderem Interesse, daß sie eine Reihe von merkwürdigen Erscheinungen zeigen, die gewöhnlich unter der Bezeichnung „*kritische Phänomene*" zusammengefaßt werden. Wir geben hier nur einige Beispiele. Zunächst ist schon bei Einkomponentensystemen auffallend, daß bei Annäherung an den kritischen Punkt die Molwärme bei konstantem Druck, der thermische Ausdehnungskoeffizient und die Kompressibilität gegen Unendlich gehen. Diese Tatsachen folgen aus der Lage des kritischen Punktes auf der Grenze des Stabilitätsbereiches. Das Verhalten der Kompressibilität hat zur Folge, daß genaue Messungen in der Nähe des kritischen Punktes wegen des Einflusses der Gravitation auf außerordentliche Schwierigkeiten stoßen.

Bei binären Systemen können in der Nähe des kritischen Punktes der Verdampfung die Phänomene der „*retrograden Verdampfung*" und „*retrograden Kondensation*" auftreten. Eine genauere Erörterung derselben überschreitet den Rahmen dieses Buches. Wir wollen daher nur kurz die Begriffe erläutern und an einem einfachen Beispiel zeigen, wie solche Erscheinungen zustande kommen können. Wir betrachten zunächst ein Einkomponentensystem, dessen Temperatur $T < T_c$ fixiert sei (Abb. 28). Wird das Gas komprimiert, so bewegt man sich auf einer Isothermen. Bei einer gewissen Dichte setzt Kondensation ein; mit weiterer Kompression nimmt die Menge der flüssigen Phase zu, bis schließlich die Gasphase verschwindet. Dagegen kann in der Nähe des kritischen Punktes binärer Gasgemische folgendes eintreten. Wird das Gemisch isotherm komprimiert, so wird gegebenenfalls ein Druck erreicht, bei dem die flüssige Phase erscheint. Unter gewissen Bedingungen für Temperatur und Zusammensetzung bewirkt jedoch weitere Kompression Verminderung und schließlich Verschwinden der Flüssigkeit. Diese Erscheinung, die zuerst von *Cailletet* an dem Gemisch CO_2–Luft beobachtet

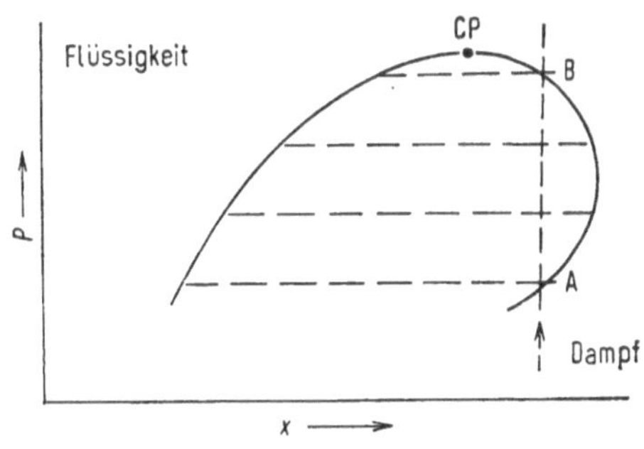

Abb. 34 Zur retrograden Kondensation

wurde, wird als *retrograde Kondensation I. Art* bezeichnet. Abb. 34, die schematisch ein isothermes $P - x$-Diagramm darstellt, zeigt, wie eine solche Erscheinung zustande kommen kann.

CP bezeichnet den kritischen Punkt. Die Kompression erfolgt entlang der gestrichelten Linie A—B. Im Punkte A setzt die Kondensation ein; mit weiterer Kompression nimmt die Menge der flüssigen Phase zunächst zu, dann wieder ab, bis sie im Punkt B völlig verschwindet. Ein analoges Verhalten wird beobachtet, wenn bei konstantem Druck die Temperatur variiert wird. Man spricht dann von *retrograder Kondensation II. Art.*

Das auffallendste und merkwürdigste kritische Phänomen ist die sogenannte *kritische Opaleszenz,* die für Einkomponentensysteme bereits wenige Jahre nach der Auffindung des kritischen Punktes von *Avenarius* (1874) entdeckt wurde. Wird ein Gas bei der kritischen Dichte abgekühlt, so beginnt es etwa 1 °C oberhalb der kritischen Temperatur ein bläuliches Opaleszenzlicht auszustrahlen, dessen Intensität mit der Annäherung an den kritischen Punkt stark zunimmt, obwohl das System noch homogen ist. Diese Erscheinung beruht darauf, daß bei der Annäherung an den kritischen Punkt die Intensität der Lichtstreuung, zumal in der Vorwärtsrichtung, stark anwächst. Die gleiche Erscheinung wird auch am kritischen Punkt der Entmischung in flüssigen und festen Systemen beobachtet. Im letzteren Falle muß man naturgemäß Röntgenstrahlen für den Nachweis benutzen. Auch die kritische Opaleszenz ist, wie die theoretische Analyse zeigt, eine unmittelbare Folge der Tatsache, daß der kritische Punkt auf der Grenze des Stabilitätsbereiches liegt.

VIII. Kapitel

Elektrochemische Systeme

§ 48 Definition und allgemeine Eigenschaften elektrochemischer Systeme

Die Erfahrung zeigt, daß die wäßrigen Lösungen gewisser Stoffe, die zusammenfassend *Elektrolyte* genannt werden, verhältnismäßig gute Leiter des elektrischen Stromes sind. Es handelt sich dabei um die Stoffe, die in der Chemie als Säuren, Basen und Salze bezeichnet werden. Die elektrolytische Stromleitung unterscheidet sich von der metallischen Leitung durch die folgenden charakteristischen Eigenschaften:

a. Der Stromdurchgang ist mit einem makroskopischen Transport von Materie verknüpft.

b. Der Stromdurchgang ist mit einer chemischen Reaktion gekoppelt.

c. Ein Stromkreis, der elektrolytische Leiter enthält, ist notwendig ein heterogenes System aus mehreren offenen Phasen.

Die in dieser Weise charakterisierten Systeme bezeichnen wir als *elektrochemische Systeme*, wobei wir der Einfachheit halber auch die homogenen Elektrolytlösungen in diesen Begriff einschließen.[1])

Die oben angeführten Eigenschaften elektrochemischer Systeme sind zuerst 1887 von *Arrhenius* durch die (inzwischen experimentell völlig gesicherte) Hypothese erklärt worden, daß die Elektrolyte in wäßriger Lösung in elektrisch geladene *Ionen* dissoziieren. Die elektrochemischen Systeme können daher auch durch die Feststellung definiert werden, daß hier bei Stromdurchgang der Ladungstransport durch Ionen erfolgt, während er in Metallen und Halbleitern durch Elektronen bewirkt wird.

Neben dem oben angeführten Beispiel der wäßrigen Elektrolytlösungen gehören zu den elektrochemischen Systemen Lösungen von Elektrolyten in gewissen nicht-wäßrigen Lösungsmitteln, Salzschmelzen und feste Salze. Das Studium der elektrochemischen Systeme stellt ein umfangreiches Teilgebiet der physikalischen Chemie dar, das weit über den Rahmen der Thermodynamik hinausreicht. Dem Plan dieses Buches entsprechend, beschränken wir uns im folgenden auf die Erörterung von

---

1 Von manchen Autoren werden diese beiden Begriffe unterschieden.

einigen grundsätzlichen Fragen, die bei der Anwendung der Thermodynamik auf diese Klasse von Systemen auftreten und verweisen im übrigen auf die zahlreichen Monographien über das Gebiet. Da für die hier interessierende Fragestellung die Unterschiede der verschiedenen Typen von elektrochemischen Systemen ohne Bedeutung sind, betrachten wir in der Hauptsache wäßrige Elektrolytlösungen, die auch wissenschaftlich am besten untersucht sind. Dabei führen wir sofort noch eine Vereinfachung ein. Wir haben bisher noch nichts über den Grad der elektrolytischen Dissoziation gesagt. Konventionell unterscheidet man zwischen starken und schwachen Elektrolyten, doch ist diese Abgrenzung naturgemäß ziemlich unscharf. Quantitative Aussagen erfordern in jedem Einzelfall gründliche Untersuchung der thermodynamischen, elektrischen und optischen Eigenschaften des Systems. In unserem Zusammenhang ist dieses Problem von untergeordneter Bedeutung. Wir gehen daher nicht darauf ein und nehmen durchweg an, daß der Elektrolyt vollständig dissoziiert ist und somit die Lösung nur Ionen und die neutralen Wassermoleküle enthält[1]). Diese Annahme ist mit hinreichender Genauigkeit insbesondere für verdünnte Lösungen von Halogeniden und Perchloraten der Alkalimetalle, Erdalkalimetalle und einiger Übergangsmetalle erfüllt. Im übrigen macht die Berücksichtigung der Anwesenheit neutraler Elektrolytmoleküle keine Schwierigkeiten.

Wir erörtern nun einige allgemeine Eigenschaften elektrochemischer Systeme, die für die folgenden Betrachtungen wesentlich sind. Zunächst bemerken wir, daß in Abwesenheit elektrischer Potentialdifferenzen für eine Elektrolytlösung die Bedingung der elektrischen Neutralität gilt. Bezeichnen wir daher die Molzahlen der Ionen mit n_i, ihre (positiven oder negativen) Wertigkeiten mit z_i, so haben wir

$$\sum_i z_i n_i = 0 , \tag{48.1}$$

wo die Summe über alle anwesenden Ionenarten zu erstrecken ist. Enthält die Lösung nur einen binären Elektrolyten[2]), der in ν_+ Kationen und ν_- Anionen dissoziiert, so gilt

$$z_+ n_+ + z_- n_- = 0 \tag{48.2}$$

1 Die Hydratisierung der Ionen kann aus den in § 2 und 33 erwähnten Gründen außer Betracht bleiben.

2 Als binären Elektrolyten bezeichnen wir einen Elektrolyten, der in zwei Ionenarten dissoziiert.

und

$$z_+ \nu_+ + z_- \nu_- = 0\,. \tag{48.3}$$

Aus den vorstehenden Beziehungen (die sich ohne weiteres für andere Typen von Elektrolyten verallgemeinern lassen) ergibt sich in Verbindung mit den Definitionen des § 2, daß die Lösung eines einzelnen Elektrolyten nur zwei unabhängige Komponenten besitzt. Ihre Zusammensetzung wird daher durch eine einzige Konzentrationsvariable festgelegt.[1]) Es ist jedoch zweckmäßig und für gewisse Fragestellungen notwendig[2]), zunächst als Komponenten die Ionen (gegebenenfalls auch den nichtdissoziierten Anteil des Elektrolyten) und das neutrale Lösungsmittel einzuführen und die Neutralitätsbedingung nachträglich zu berücksichtigen.

Wenn elektrische Potentialdifferenzen auftreten (was nur in heterogenen Systemen möglich ist), gilt die Bedingung der elektrischen Neutralität nicht mehr streng. Die Abweichungen sind aber für die in Betracht kommenden Potentialdifferenzen so gering, daß sie weit unterhalb der Grenze analytischer Nachweismöglichkeiten liegen[3]). Diese Tatsache rechtfertigt eine Näherung, welche die formale Grundlage der thermodynamischen Behandlung elektrochemischer Systeme bildet. Vernachlässigt man nämlich die mit der Potentialdifferenz verknüpfte Änderung der Zusammensetzung, so läßt sich die Änderung der inneren Energie bei einer virtuellen Verrückung in zwei Anteile zerlegen, von denen der erste in der früher erörterten Weise von den Änderungen der Zustandsvariablen abhängt, während der zweite eine durch Transport von Ionen über die Potentialdifferenz geleistete elektrostatische Arbeit darstellt. Im Gegensatz zu den dielektrischen Systemen läßt sich jedoch bei elektrochemischen Systemen die elektrostatische Arbeit nicht in Form einer Arbeitskoordinate im Sinne der Definition (14.1) in die Thermodynamik einführen. Der Grund dafür liegt in der Tatsache, daß hier die elektrostatische Arbeit notwendig ein Transport von Ionen zwischen offenen Phasen ist, was mit der Definition der Arbeitskoordinaten unvereinbar ist.

---

1 Dies gilt auch im Falle unvollständiger Dissoziation.

2 Wir haben hier eine analoge Situation wie bei chemischen Reaktionen. Vgl. § 36.

3 Eine im Vakuum befindliche homogen geladene Kugel vom Radius 1 cm, die einen positiven Ladungsüberschuß von 1 mol einwertiger Ionen hat, besitzt an ihrer Oberfläche ein Potential von ca. 10^{17} V. Die bei elektrochemischen Systemen in Betracht kommenden Potentiale sind jedenfalls kleiner als 10^7 V. Die Abweichungen von der strengen Neutralität sind daher kleiner als 10^{-10} mol/cm.

Schließlich ist für die Thermodynamik elektrochemischer Systeme eine Tatsache von Bedeutung, auf die zuerst *Gibbs* und in neuerer Zeit wieder *Guggenheim* hingewiesen hat. Elektrische Potentialdifferenzen sind bei elektrischen Leitern nur zwischen Medien gleicher chemischer Zusammensetzung (etwa zwischen zwei Stellen eines Kupfer-Drahtes) meßbar. Dagegen ist die Potentialdifferenz zwischen zwei leitenden Medien verschiedener chemischer Zusammensetzung (etwa zwischen einer Elektrolytlösung und einer darin eingetauchten Elektrode) keine meßbare Größe. Damit hängt, wie wir sehen werden, unmittelbar zusammen, daß auch das chemische Potential einer einzelnen Ionenart keine meßbare Größe ist. Die Gründe, welche trotzdem die Benutzung dieser Größen im Rahmen einer phänomenologischen Theorie rechtfertigen, ergeben sich aus den folgenden Paragraphen und brauchen hier nicht erörtert zu werden.

§ 49 Allgemeine Bedingungen des elektrochemischen Gleichgewichts

Um die allgemeinen Gleichgewichtsbedingungen für ein heterogenes elektrochemisches System abzuleiten, benötigen wir zunächst eine entsprechende Verallgemeinerung der Fundamentalgleichung. Nach den Ausführungen in § 48 können wir für die Variation der inneren Energie schreiben

$$\delta \tilde{U} = \delta U + \delta U^{(e)}\,, \tag{49.1}$$

wo $\tilde{U}$ die totale innere Energie und $U^{(e)}$ der elektrische Anteil ist. Die Größe U hängt in der früher erörterten Weise von den Zustandsvariablen ab und ist somit durch Gl. (20.4) und (20.5) gegeben.[1] Um einen expliziten Ausdruck für $\delta U^{(e)}$ abzuleiten, gehen wir aus von der aus der Elektrostatik bekannten Beziehung

$$U^{(e)} = \frac{1}{8\pi} \int \vec{E}^2\, dV\,. \tag{49.2}$$

Für das thermodynamische Gleichgewicht ist nun eine notwendige Bedingung, daß im Inneren eines Leiters das elektrische Feld verschwindet, da sonst der irrversible Prozeß der Stromleitung ablaufen würde. Das Integral (49.2) ist daher über den gesamten Raum außerhalb des Leiters, den wir der Einfachheit halber als Vakuum annehmen, zu erstrecken.

1 Der mit der Vektorrechnung nicht vertraute Leser mag die folgende Rechnung überschlagen und bei Gl. (49.7) fortfahren.

Aus (49.2) folgt

$$\delta U^{(e)} = \frac{1}{4\pi} \int \vec{E} \cdot \delta \vec{E}\, dV = -\frac{1}{4\pi} \int \operatorname{grad} \varphi \cdot \delta \vec{E}\, dV\,, \tag{49.3}$$

wo φ das elektrische Potential ist. Es ist nun

$$\int \operatorname{grad} \varphi \cdot \delta \vec{E}\, dV = \int \operatorname{div} (\varphi\, \delta \vec{E})\, dV - \int \varphi \operatorname{div} \delta \vec{E}\, dV\,. \tag{49.4}$$

Das zweite Integral der rechten Seite verschwindet, da für das Vakuum

$$\operatorname{div} \vec{E} = 0 \tag{49.5}$$

gilt. Das erste Integral läßt sich mit Hilfe des *Gauss*schen *Satzes* in ein Integral über die Oberfläche des Leiters und die unendlich ferne Fläche verwandeln. Das letztere Integral verschwindet, da die Feldstärke im Unendlichen hinreichend stark gegen Null geht. Damit wird aus Gl. (49.3), da φ auf der Oberfläche des Leiters konstant ist,

$$\delta U^{(e)} = \frac{1}{4\pi}\, \varphi \int \delta \vec{E} \cdot d\vec{f} \tag{49.6}$$

Das Integral der rechten Seite ist aber die mit 4π multiplizierte Änderung der Ladung des Leiters. Es folgt somit

$$\delta U^{(e)} = \varphi\, \delta e\,, \tag{49.7}$$

wo e die gesamte Ladung des Leiters bezeichnet. Es ist nun

$$e = \sum_i z_i\, n_i\, \mathfrak{F}\,, \tag{49.8}$$

wo

$$\mathfrak{F} = 96487 \text{ Coulomb} \cdot \text{mol}^{-1} \tag{49.9}$$

die *Faraday-Konstante*, d. h. die Ladung eines Mols einwertiger Ionen (Äquivalentladung) ist und die Summierung über alle elektrisch geladenen Teilchenarten zu erstrecken ist[1]). Es wird daher

$$\delta U^{(e)} = \mathfrak{F} \sum_i z_i\, \delta n_i\,. \tag{49.10}$$

Aus (49.1) und (49.10) erhalten wir die gesuchte Verallgemeinerung der Fundamentalgleichung in der Form[2])

$$d\tilde{U} = T\, dS - P\, dV + \sum_{i=1} (\mu_i + z_i\, \mathfrak{F}\, \varphi)\, dn_i\,. \tag{49.11}$$

---

1 Wenn die betrachtete Phase ein Elektronenleiter ist, müssen in (49.8) auch die Elektronen berücksichtigt werden.

2 Für Festkörper setzen wir allseitigen hydrostatischen Druck sowie Abwesenheit von einachsigen Normalspannungen und Tangentialspannungen voraus.

Die Größe

$$\tilde{\mu}_i = \mu_i + z_i \mathfrak{F} \varphi \qquad (49.12)$$

wird nach *Guggenheim* als elektrochemisches *Potential* der Komponente i bezeichnet. Für elektrisch neutrale Komponenten, bei denen $z_i = 0$ ist, reduziert es sich auf das chemische Potential.

Wir betrachten nun ein geschlossenes System mit fixierten Arbeitskoordinaten, das aus m Komponenten und σ Phasen aufgebaut ist. Wir nehmen an, daß wenigstens eine Phase eine Elektrolytlösung ist und daß diese Phase mit wenigstens einer weiteren elektrisch leitenden Phase in unmittelbarem Kontakt steht. Im übrigen machen wir die gleichen Voraussetzungen wie in § 27. Im besonderen sollen also die Phasen völlig offen sein, daß so Entropie, Volumen und Molzahlen jeder Phase variiert werden können, letzteres jedoch mit der Einschränkung, daß nicht notwendig jede Komponente in jeder Phase vorkommen muß. Ferner schließen wir Dissoziationen von Elektrolyten (die nach den Voraussetzungen nur als heterogene Reaktionen in Betracht kommen) sowie chemische Reaktionen im eigentlichen Sinne aus. Die Dissoziation behandeln wir in § 50, den Fall starrer Phasengrenzflächen in § 51, chemische Reaktionen in § 52.

Wir bezeichnen die Phasen, wie in § 27, mit kleinen griechischen Buchstaben und verwenden α gleichzeitig als laufenden Index. Dann lautet die allgemeine Gleichgewichtsbedingung (17.2) für den betrachteten Fall

$$\sum_{\alpha} \delta \tilde{U}^{(\alpha)} = 0 \qquad (49.13)$$

mit den Nebenbedingungen

$$\sum_{\alpha} \delta S^{(\alpha)} = 0\,, \qquad (49.14)$$

$$\sum_{\alpha} \delta V^{(\alpha)} = 0\,, \qquad (49.15)$$

$$\sum_{\alpha} \delta n_i^{(\alpha)} = 0 \qquad \text{(alle } i\text{)}\,. \qquad (49.16)$$

Nach dem in § 27 beschriebenen Verfahren erhält man aus (49.13)—(49.16) die expliziten Gleichgewichtsbedingungen

$$T^{(\alpha)} = T^{(\beta)} = \cdots = T^{(\sigma)}\,, \qquad (49.17)$$

$$P^{(\alpha)} = P^{(\beta)} = \cdots = P^{(\sigma)}\,, \qquad (49.18)$$

$$\tilde{\mu}_i^{(\alpha)} = \tilde{\mu}_i^{(\beta)} = \cdots = \tilde{\mu}_i^{(\sigma)}\,. \qquad (49.19)$$

Die Gl. (49.17) und (49.18) sind mit (27.6) und (27.7) identisch, während (49.19) sich für neutrale Moleküle auf (27.8) reduziert. Die Bedingungen (49.17)—(49.19) unterscheiden sich somit dadurch von (27.6)—(27.8), daß für Ionen an die Stelle der chemischen Potentiale die elektrochemischen Potentiale treten. Dabei liegt die wesentliche Schwierigkeit in der Tatsache, daß die elektrochemischen Potentiale nicht in einfachem Zusammenhang mit meßbaren Größen stehen. Da dieses Problem ziemlich komplex ist, entwickeln wir es in den folgenden Paragraphen schrittweise an Hand von Beispielen. Dabei werden wir die Gleichgewichtsbedingungen noch für einige Fälle formulieren, die wir bei der obigen Ableitung nicht berücksichtigt haben, die aber für die Diskussion des Problems wesentlich sind.

§ 50 Lösungen starker Elektrolyte

Wir führen zunächst einige Definitionen ein, die in der Thermodynamik elektrochemischer Systeme heute allgemein benutzt werden. Es handelt sich dabei in der Hauptsache um eine Anpassung der Definitionen des § 34b an das spezielle Problem der Elektrolytlösungen.

Für das chemische Potential des Lösungsmittels (das wir mit dem Index 1 bezeichnen) setzt man

$$\mu_1 = R\,T \ln x_1 f_1 + \mu_{10}(T, P) \tag{50.1}$$

mit

$$\lim_{x_1 \to 1} f_1 = 1\,, \tag{50.2}$$

wo f_1 der Aktivitätskoeffizient des Lösungsmittels in der Lösung und $\mu_{10}(T, P)$ das chemische Potential des reinen Lösungsmittels im Standardzustand ist.

Für die gelösten Ionen schreibt man die Gl. (49.12) explizit[1])

$$\tilde{\mu}_i = R\,T \ln x_i f_i + z_i \mathfrak{F} \varphi + \mu_i^0 (T, P) \tag{50.3}$$

mit

$$\mu_i^0(T, P) = \lim_{x_1 \to 1} (\mu_i - R\,T \ln x_i) \tag{50.4}$$

und

$$\lim_{x_1 \to 1} f_i = 1\,. \tag{50.5}$$

1 In der experimentellen Elektrochemie werden als Konzentrationsvariable mol/l (*molar* scale) und mol/1000 g Lösungsmittel (*molal* scale) benutzt. Die Aktivitätskoeffizienten werden dann in formal analoger Weise definiert.

Die Wahl der Standardzustände und die Normierung der Aktivitätskoeffizienten entsprechen somit dem Fall β. in § 34b.

Wir betrachten nun zwei in Kontakt stehende wäßrige Elektrolytlösungen ′ und ″, die beide die Ionenart i enthalten. Im Gleichgewicht ist dann nach (49.19) und (50.3)

$$z_i \mathfrak{F}(\varphi'' - \varphi') = R\,T \ln \frac{x_i' f_i'}{x_i'' f_i''} . \tag{50.6}$$

Die Potentialdifferenz $\varphi'' - \varphi'$ ist, wie in § 48 erwähnt, nicht meßbar. Die Aktivitätskoeffizienten sind weder einzeln noch in der Kombination $\ln f_i' - \ln f_i''$ meßbar. Gl. (50.6) stellt daher jedenfalls keine experimentell verifizierbare Beziehung zwischen meßbaren Größen dar. Im Prinzip läßt sich jedoch f_i mit Hilfe der statistischen Thermodynamik berechnen, und insofern kann man sagen, daß durch Gl. (50.6) die Potentialdifferenz $\varphi'' - \varphi'$ als physikalisch sinnvolle Größe definiert wird. Praktisch ist die Situation allerdings insofern etwas verschieden, als die exakte Berechnung der f_i bisher nur für den Grenzfall unendlicher Verdünnung gelungen ist. Für verdünnte Elektrolytlösungen existieren brauchbare Näherungsformeln, die eine näherungsweise Definition von $\varphi'' - \varphi'$ ermöglichen. Für konzentrierte Elektrolytlösungen muß man sich zur Zeit auf die Feststellung beschränken, daß $\varphi'' - \varphi'$ wenigstens im Prinzip eine physikalisch definierbare Größe ist. Analoge Überlegungen gelten in dem besonders wichtigen Fall, daß die eine Phase eine Elektrolytlösung, die andere ein metallischer Leiter ist. Die Potentialdifferenz $\varphi'' - \varphi'$ wird dann als *Einzel-Elektroden-Potential* (single electrode potential) bezeichnet. Wir kommen darauf in § 52 zurück.

Um zu meßbaren Größen zu gelangen, betrachten wir Kombinationen verschiedener Ionenarten, welche der Neutralitätsbedingung

$$\sum \nu_i z_i = 0 \tag{50.7}$$

genügen, wo die ν_i ganze Zahlen sind. Die entsprechende lineare Kombination von elektrochemischen Potentialen lautet nach (50.3)

$$\sum \nu_i \tilde{\mu}_i = R\,T \sum \nu_i \ln x_i + R\,T \sum \nu_i \ln f_i + \sum \nu_i \mu_i^0(T, P) . \tag{50.8}$$

Die das Potential φ enthaltenden Glieder fallen hier wegen (50.7) heraus. Kombinationen von elektrochemischen Potentialen vom Typ der linken Seite der Gl. (50.8) lassen sich, wie wir zeigen werden, auf meßbare Größen zurückführen. Daraus folgt, daß auch Kombinationen von Ionen-Aktivitätskoeffizienten vom Typ

$$\Pi f_i^{\nu_i} \tag{50.9}$$

(wo die ν_i der Gl. (50.7) genügen) experimentell bestimmbar und damit thermodynamisch eindeutig definiert sind. Auf dieser Grundlage führt man nach *Lewis* und *Randall* den *mittleren Aktivitätskoeffizienten eines Elektrolyten* ein, den wir mit $f_\pm$ bezeichnen. Der Einfachheit halber beschränken wir uns auf binäre Elektrolyten, die in ν_+ Kationen der Wertigkeit z_+ und ν_- Anionen der Wertigkeit z_- dissoziieren. Dafür lautet die Neutralitätsbedingung (50.7)

$$\nu_+ z_+ + \nu_- z_- = 0 \,. \tag{50.10}$$

Der mittlere Aktivitätskoeffizient ist dann durch die Gleichung

$$f_\pm^\nu \equiv f_\pm^{\nu_+ + \nu_-} = f_+^{\nu_+} f_-^{\nu_-} \tag{50.11}$$

definiert, wo f_+ und f_- die Aktivitätskoefizienten der Kationen bzw. Anionen sind und

$$\nu = \nu_+ + \nu_- \tag{50.12}$$

ist. Die Definition (50.11) ist ein Spezialfall von (50.9). Die mittleren Aktivitätskoeffizienten sind daher thermodynamisch eindeutig definiert. Gl. (50.11) führt zu der bemerkenswerten Folgerung, daß in einer Lösung von mehreren Elektrolyten, die gewisse Ionenarten gemeinsam haben, die mittleren Aktivitätskoeffizienten der Elektrolyten nicht voneinander unabhängig sind. Haben wir etwa in der Lösung zwei einwertige Kationen A^+ und B^+ sowie zwei einwertige Anionen C^- und D^-, so folgt aus (50.11) für die mittleren Aktivitätskoeffizienten

$$\frac{f_{AC}}{f_{AD}} = \frac{f_{BC}}{f_{BD}} \,. \tag{50.13}$$

In diesem Sinne kann man den Aktivitätskoeffizienten der Ionen auch im Rahmen der Thermodynamik physikalische Bedeutung zuschreiben.

In Analogie zu Gl. (50.11) definiert man den *mittleren Molenbruch eines Elektrolyten* durch die Gleichung

$$x_\pm^\nu \equiv x_\pm^{\nu_+ + \nu_-} = x_+^{\nu_+} x_-^{\nu_-} \,. \tag{50.14}$$

Daneben benutzt man den *Molenbruch eines Elektrolyten*, der durch die Gleichung

$$x = \frac{n_2}{n_1 + n_+ + n_-} \tag{50.15}$$

definiert ist, wo n_2 die aus der chemischen Formel des Elektrolyten berechnete Molzahl ist. Dabei ist zu beachten, daß $x_1 + x \neq 1$ ist. Es gelten aber (bei vollständiger Dissoziation) die einfachen Beziehungen

$$x_+ = \nu_+ x \,; \quad x_- = \nu_- x \,. \tag{50.16}$$

Aus (50.14) und (50.16) folgt

$$x_\pm = \nu_\pm \, x \tag{50.18}$$

mit

$$\nu_\pm^\nu = \nu_+^{\nu_+} \, \nu_-^{\nu_-} \, . \tag{50.17}$$

Schließlich benutzt man noch den *stöchiometrischen Molenbruch des Elektrolyten*

$$x_2 = \frac{n_2}{n_1 + n_2} \, . \tag{50.19}$$

Hier ist zwar $x_1 + x_2 = 1$, es gelten aber nicht die Beziehungen (50.16).

Aus Gl. (33.16) folgt unmittelbar, daß im Falle eines homogenen Dissoziationsgleichgewichtes das chemische Potential des undissoziierten Elektrolyten μ_2 mit den elektrochemischen Potentialen der Ionen durch die Gleichung

$$\mu_2 = \nu_+ \tilde{\mu}_+ + \nu_- \tilde{\mu}_- \tag{50.20}$$

zusammenhängt. Die rechte Seite dieser Gleichung ist eine Linearkombination von dem in (50.8) auftretenden Typ. Wir können daher diese Linearkombination auch bei vollständiger Dissoziation formal als *chemisches Potential des Elektrolyten* definieren. Daß diese Definition physikalisch sinnvoll ist, werden wir weiter unten zeigen. Entsprechend schreiben wir

$$\mu_2^0(T, P) = \nu_+ \, \mu_+^0(T, P) + \nu_- \, \mu_-^0(T, P) \, . \tag{50.20a}$$

Mit den Definitionen (50.11), (50.12), (50.14), (50.20) und (50.20a) erhalten wir aus (50.8) für das chemische Potential des Elektrolyten

$$\mu_2 = \nu \, R \, T \ln x_\pm \, f_\pm + \mu_2^0(T, P) \, . \tag{50.21}$$

Mit Benutzung von (50.17) und (50.18) erhalten wir die alternative Form

$$\mu_2 = \nu \, R \, T \ln x \, f_\pm + \mu_2^{0\,*}(T, P) \, , \tag{50.22}$$

wobei wir

$$\mu_2^0(T, P) + \nu \, R \, T \ln \nu_\pm = \mu_2^{0\,*}(T, P) \tag{50.23}$$

gesetzt haben.

Für das chemische Potential des Lösungsmittels benutzt man an Stelle des Aktivitätskoeffizienten f_1 häufig den von *Bjerrum* eingeführten *osmotischen Koeffizienten g.*[1]) Derselbe ist durch die Gleichung

$$\mu_1 = g \, R \, T \ln x_1 + \mu_{10}(T, P) \tag{50.24}$$

1 Die Bezeichnung „osmotischer Koeffizient" erklärt sich durch die am Schluß von § 28 erwähnte Beziehung zwischen $\mu_1 - \mu_{10}(T, P)$ und dem osmotischen Druck.

definiert mit der Normierung

$$\lim_{x_1 \to 1} g = 1 \,. \tag{50.25}$$

Der Zusammenhang zwischen dem osmotischen Koeffizienten und den Aktivitätskoeffizienten der Ionen ist für konstante Temperatur und konstanten Druck durch die von *Bjerrum* stammende Gleichung

$$-\left(1 - \sum_i x_i\right) d\left[(1-g)\ln\left(1 - \sum_i x_i\right)\right] + \sum_i x_i\, d \ln f_i = 0 \tag{50.26}$$

gegeben, wo die Summen über alle Ionenarten zu erstrecken sind. Gl. (50.26) folgt aus der *Gibbs-Duhem*schen *Gleichung* (20.43) in Verbindung mit (50.3) und (50.24) und der Neutralitätsbedingung (50.7).

Zur Erläuterung der vorstehenden Definitionen behandeln wir zwei einfache Beispiele von heterogenen Gleichgewichten. Zunächst betrachten wir die Verteilung eines binären Elektrolyten zwischen zwei nicht mischbaren Lösungsmitteln ′ und ″. Wir setzen für beide Phasen gleiche Temperatur, gleichen Druck, vollständige Dissoziation und elektrische Neutralität voraus. Wir haben dann lediglich die Variationen der Molzahlen der Ionen zu berücksichtigen, und die Gleichgewichtsbedingung (49.13) reduziert sich auf die Form[1,2])

$$\sum_i (\mu_i' + z_i \mathfrak{F} \varphi')\, \delta n_i' + \sum (\mu_i'' + z_i \mathfrak{F} \varphi'')\, \delta n_i'' = 0 \tag{50.27}$$

mit den Nebenbedingungen

$$\delta n_i' + \delta n_i'' = 0 \qquad (\text{alle } i) \tag{50.28}$$

$$\sum_i z_i\, \delta n_i' = 0 \;; \quad \sum_i z_i\, \delta n_i'' = 0 \,. \tag{50.29}$$

Aus (50.29) folgt sofort, daß in Gl. (50.27) die das elektrische Potential φ enthaltenden Terme sich herausheben. Ferner ist die zweite der Bedingungen (50.29) nicht unabhängig. Sie braucht daher für das Weitere nicht berücksichtigt zu werden. Damit erhalten wir für einen binären Elektrolyten

$$\mu_+'\, \delta n_+' + \mu_-'\, \delta n_-' + \mu_+''\, \delta n_+'' + \mu_-''\, \delta n_-'' = 0 \tag{50.30}$$

mit den Nebenbedingungen

$$\left.\begin{aligned} &\delta n_+' + \delta n_+'' = 0 \;; \quad \delta n_-' + \delta n_-'' = 0 \,, \\ &z_+\, \delta n_+' + z_-\, \delta n_-' = 0 \,. \end{aligned}\right\} \tag{50.31}$$

---

1 Wir benutzen somit tatsächlich die mit Hilfe der freien Energie nach *Gibbs* formulierte Gleichgewichtsbedingung (23.11).

2 Im folgenden bezieht sich der Index i nur auf die Ionen.

Wir benutzen wieder die Methode der *Lagrange*schen *Multiplikatoren*[1]). Multiplizieren wir die erste der Nebenbedingungen (50.31) mit λ_1, die zweite mit λ_2, die dritte mit λ_3 und addieren diese Gleichungen zu (50.30), so erhalten wir

$$(\mu'_+ + \lambda_1 + z_+ \lambda_3)\, \delta n'_+ + (\mu'_- + \lambda_2 + z_- \lambda_3)\, \delta n'_- \\ + (\mu''_+ + \lambda_1)\, \delta n''_+ + (\mu''_- + \lambda_2)\, \delta n''_- = 0\,. \tag{50.32}$$

Die unbestimmten Multiplikatoren λ_1, λ_2, λ_3 wählen wir so, daß die drei ersten Klammerausdrücke verschwinden. Die Variation $\delta n''_-$ ist dann unabhängig, und (50.32) kann nur erfüllt sein, wenn auch die vierte Klammer Null ist. Es wird somit

$$\mu'_1 + \lambda_1 + z_+ \lambda_3 = 0 \tag{50.33}$$

$$\mu'_- + \lambda_2 + z_- \lambda_3 = 0 \tag{50.34}$$

$$\mu''_+ + \lambda_1 = 0 \tag{50.35}$$

$$\mu''_- + \lambda_2 = 0\,. \tag{50.36}$$

Wir multiplizieren nun die Gl. (50.33) und (50.35) mit ν_+, die Gl. (50.34) und (50.36) mit ν_-. Dann ergibt die Addition von (50.33) und (50.34) wegen (50.10)

$$\nu_+ \mu'_+ + \nu_- \mu'_- + \nu_+ \lambda_1 + \nu_- \lambda_2 = 0\,. \tag{50.37}$$

Mit Benutzung von (50.35) und (50.36) folgt schließlich

$$\nu_+ \mu'_+ + \nu_- \mu'_- = \nu_+ \mu''_+ + \nu_- \mu''_- \tag{50.38}$$

oder, wenn wir das durch Gl. (50.20) definierte chemische Potential des Elektrolyten einführen,

$$\mu'_2 = \mu''_2\,. \tag{50.39}$$

Das Verteilungsgleichgewicht ist somit durch die Gleichheit der chemischen Potentiale des Elektrolyten bestimmt. Selbst wenn wir annehmen, daß die Phase ′ eine sehr verdünnte Lösung ist, für welche die Aktivitätskoeffizienten der Ionen hinreichend genau theoretisch bekannt sind, könnte aus dem Verteilungsgleichgewicht experimentell nur der mittlere

1 Wir erläutern die Anwendung dieser für kompliziertere Fälle unentbehrlichen Methode hier nochmals an zwei einfachen Beispielen, obwohl die einfache Elimination der abhängigen Variablen hier schneller zum Ziele führt.

Aktivitätskoeffizient der Phase $''$, und auch dieser zunächst nur bis auf einen von T und P abhängigen Faktor, bestimmt werden. Die letztere Einschränkung ist für unsere Fragestellung allerdings ziemlich bedeutungslos, da sie lediglich auf der Verschiedenheit des in (50.21) auftretenden Standardwertes für die beiden Phasen beruht. Man sieht dies noch deutlicher, wenn man mit Benutzung von (50.11), (59.14) und (50.21) die Gl. (50.39) schreibt

$$\frac{(x''_+)^{\nu_+}\,(x''_-)^{\nu_-}\,(f''_\pm)^{\nu_-+\nu_-}}{(x'_+)^{\nu_+}\,(x'_-)^{\nu_-}\,(f'_\pm)^{\nu_++\nu_-}} = K(T, P) \tag{50.40}$$

mit

$$R\,T \ln K(T, P) = \mu_2^{0\prime}(T, P) - \mu_2^{0\prime\prime}(T, P)\,. \tag{50.41}$$

Die Größe $K(T, P)$ kann jedoch durch Extrapolation der Messungen auf unendliche Verdünnung bestimmt werden. Den Fall, daß $K(T, P) = 1$ ist und damit die erwähnte Einschränkung fortfällt, behandeln wir in § 51.

Als zweites Beispiel betrachten wir das Dampfdruck-Gleichgewicht der wäßrigen Lösung eines flüchtigen binären Elektrolyten. Dabei nehmen wir an, daß der Elektrolyt in der Lösung, die wir mit $'$ bezeichnen, vollständig dissoziiert ist und in der Dampfphase, die wir mit $''$ bezeichnen, nur in Form neutraler Moleküle vorkommt. Diese Voraussetzungen sind bei verdünnten wäßrigen Lösungen von HCl, HBr und HJ hinreichend genau erfüllt. Wie im vorhergehenden Beispiel, nehmen wir auch hier für beide Phasen von vornherein gleiche Temperatur und gleichen Gesamtdruck an. Die elektrolytische Dissoziation muß jedoch jetzt als heterogene Reaktion berücksichtigt werden. Die Gleichgewichtsbedingung (49.13) lautet dann

$$(\mu'_+ + z_+ \mathfrak{F} \varphi')\,\delta n'_+ + (\mu'_- + z_- \mathfrak{F} \varphi')\,\delta n'_- + \mu'_1\,\delta n'_1 + \mu''_2\,\delta n''_2 + \mu''_1\,\delta n''_1 = 0 \tag{50.42}$$

mit den Nebenbedingungen

$$\delta n'_1 + \delta n''_1 = 0 \tag{50.43}$$

$$\delta n'_+ + \nu_+\,\delta n''_2 = 0\,, \tag{50.44}$$

$$\delta n'_- + \nu_-\,\delta n''_2 = 0\,. \tag{50.45}$$

Die Bedingungen (50.44) und (50.45) sind völlig analog den Bedingungen (33.9) für chemische Reaktionen. Mit Hilfe der *Lagrange*schen *Multipli-*

katoren erhält man

$$\mu_1' + \lambda_1 = 0 \qquad (50.46)$$

$$\mu_1'' + \lambda_1 = 0 \qquad (50.47)$$

$$\mu_+' + z_+ \mathfrak{F} \varphi' + \lambda_2 = 0\,, \qquad (50.48)$$

$$\mu_-' + z_- \mathfrak{F} \varphi' + \lambda_3 = 0\,, \qquad (50.49)$$

$$\mu_2'' + \nu_+ \lambda_2 + \nu_- \lambda_3 = 0\,. \qquad (50.50)$$

Aus (50.46) und (50.47) folgt sofort

$$\mu_1' = \mu_1''\,. \qquad (50.51)$$

Multipliziert man (50.48) mit ν_+, (50.49) mit ν_- und addiert beide Gleichungen, so fallen die das elektrische Potential enthaltenden Terme wegen (50.10) heraus. Mit Benutzung von (50.50) folgt dann

$$\nu_+ \mu_+' + \nu_- \mu_-' = \mu_2''\,. \qquad (50.52)$$

Da die Lösung nur zwei unabhängige Komponenten enthält, ist das Gleichgewicht durch (50.51) und (50.52) vollständig bestimmt. Die auf der linken Seite von (50.52) stehende Linearkombination muß daher auch im Falle vollständiger Dissoziation als chemisches Potential des Elektrolyten interpretiert werden, was wir weiter oben schon benutzt haben.

Wenn die Dampfphase mit hinreichender Genauigkeit als ideales Gas betrachtet werden kann, folgt aus (50.51), (34.3) und (50.1) sofort für den Partialdruck des Lösungsmittels

$$p_1 = p_{10}\, x_1 f_1\,, \qquad (50.53)$$

wo p_{10} der Dampfdruck des reinen Lösungsmittels bei der gleichen Temperatur ist. Der Aktivitätskoeffizient des Lösungsmittels in der Elektrolytlösung kann daher durch Messung des Partialdruckes p_1 experimentell bestimmt werden.[1] Die Ableitung der Formel für den Partialdruck des Elektrolyten ist (wegen des dabei auftretenden Normierungsproblems) etwas umständlich und muß hier übergangen werden. Wir bemerken lediglich, daß die Beziehung zwischen dem Partialdruck p_2 und dem mittleren Aktivitätskoeffizienten des Elektrolyten in der Lösung einen von der Temperatur abhängigen Faktor enthält, der (ähnlich wie in dem vorhergehenden Beispiel) durch Extrapolation der Messungen auf unendliche Verdünnung bestimmt werden kann.

---

1 Diese Methode hat allerdings kaum praktische Bedeutung.

§ 51 Membrangleichgewichte von Elektrolytlösungen

Wir betrachten jetzt Gleichgewichte zwischen zwei wäßrigen Elektrolytlösungen, die durch eine starre semipermeable Membran voneinander getrennt sind. Die beiden Phasen bezeichnen wir wieder mit ′ und ″. Der Einfachheit halber nehmen wir von vornherein an, daß die Phase ′ nur einen binären Elektrolyten enthält, dessen Kationen und Anionen die Membran passieren können. Die Phase ″ soll außerdem noch einen Polyelektrolyten[1]) enthalten, dessen Kationen mit denen des ersten Elektrolyten identisch sind. Für die makromolekularen Anionen soll die Membran undurchlässig sein. Aus der allgemeinen Theorie der Membrangleichgewichte (§ 28) und der Theorie des elektrochemischen Gleichgewichtes (§ 49) ergeben sich dann die Gleichgewichtsbedingungen

$$T' = T'' , \tag{51.1}$$

$$\tilde{\mu}_i' = \tilde{\mu}_i'' \qquad (\text{alle } i) , \tag{51.2}$$

wobei sich der Index i jetzt auf alle Komponenten bezieht, welche die Membran passieren können. Die Bedingung (49.18) entfällt hier, d. h. für die Existenz des Gleichgewichtes ist Gleichheit der Drucke für beide Phasen nicht notwendig. Ob eine Verschiedenheit der Drucke möglich oder sogar für das Gleichgewicht notwendig ist, hängt lediglich davon ab, ob sich unter den betreffenden Bedingungen die Gl. (51.2) erfüllen lassen.

a. Nicht-osmotisches Gleichgewicht

Wir nehmen zunächst an, daß die Membran auch für das Lösungsmittel undurchlässig ist und setzen Gleichheit der Drucke voraus. In diesem Falle lauten die Bedingungen (51.2) explizit

$$R\,T \ln x_+' f_+' + z_+ \mathfrak{F} \varphi' = R\,T \ln x_+'' f_+'' + z_+ \mathfrak{F} \varphi'' , \tag{51.3}$$

$$R\,T \ln x_-' f_-' + z_- \mathfrak{F} \varphi' = R\,T \ln x_-'' f_-'' + z_- \mathfrak{F} \varphi'' . \tag{51.4}$$

Die Terme für den Standard-Zustand sind für beide Phasen gleich und heben sich heraus. Eliminiert man die Terme, welche die elektrischen Potentiale enthalten, mit Hilfe der Neutralitätsbedingung (50.10), so

1 Als Polyelektrolyte bezeichnet man Makromoleküle mit einer großen Zahl von Gruppen, die in wäßriger Lösung elektrolytisch dissoziieren. Zahlreiche physiologisch wichtige Substanzen (z. B. Eiweißkörper, Nucleinsäuren), aber auch gewisse Kunststoffe (z. B. Polyacrylsäure) sind Polyelektrolyte.

folgt mit Benutzung von (50.11)

$$\frac{(x''_+)^{\nu_+}\,(x''_-)^{\nu_-}\,(f''_\pm)^{\nu_+ + \nu_-}}{(x'_+)^{\nu_+}\,(x'_-)^{\nu_-}\,(f'_\pm)^{\nu_+ + \nu_-}} = 1\,. \tag{51.5}$$

Gl. (51.5) zeigt, daß unter den angegebenen Voraussetzungen ein Membrangleichgewicht bei Gleichheit der Drucke für beide Phasen möglich ist. Man spricht dann von einem *nicht-osmotischen Membrangleichgewicht*. Nach Gl. (51.5) ist dasselbe durch die chemischen Potentiale des permeierenden Elektrolyten vollständig bestimmt. Wenn der mittlere Aktivitätskoeffizient für die Phase ′ bekannt ist, kann er aus dem Membrangleichgewicht mit Hilfe von (50.5) für die Phase ″ ermittelt werden.

Die Größe $\varphi'' - \varphi'$, die durch die Gleichung

$$\varphi'' - \varphi' = \frac{R\,T}{z_+\,\mathfrak{F}} \ln \frac{x'_+\,f'_+}{x''_+\,f''_+} = \frac{R\,T}{z_-\,\mathfrak{F}} \ln \frac{x'_-\,f'_-}{x''_-\,f''_-} \tag{51.6}$$

definiert ist, wird als *Membranpotential* bezeichnet. Gl. (51.6) ist naturgemäß ein Spezialfall von (50.6), und die früheren Ausführungen gelten im wesentlichen auch für den vorliegenden Fall. Wir machen daher lediglich noch zwei ergänzende Bemerkungen. Zunächst kann das Membranpotential, obwohl es nicht direkt meßbar ist, unter geeigneten Bedingungen wenigstens näherungsweise experimentell bestimmt werden. Wir werden auf diese Frage in § 52 zurückkommen. Andererseits kennt man keinen Weg zu einer zuverlässigen (wenn auch nur näherungsweisen) Berechnung der Aktivitätskoeffizienten für die Phase ″, welche die makromolekularen Anionen enthält.

b. Osmotisches Gleichgewicht (Donnan-Gleichgewicht):

Wir betrachten das gleiche System wie unter a., nehmen aber jetzt an, daß die Membran nicht nur für die Ionen des binären Elektrolyten, sondern auch für das Lösungsmittel durchlässig ist. In diesem Falle ist es im allgemeinen für das Gleichgewicht notwendig, daß die beiden Phasen unter verschiedenen Drucken stehen.[1]) Einfache Beispiele solcher Gleichgewichte sind zuerst von *Donnan* behandelt worden. Sie werden daher gewöhnlich als *Donnan-Gleichgewichte* bezeichnet. Die allgemeine Theorie ist von *Donnan* und *Guggenheim* entwickelt worden.

---

1 Man sieht dies sofort, wenn man den extremen Fall betrachtet, daß der Polyelektrolyt in sehr hoher, der permeierende Elektrolyt in sehr niedriger Konzentration vorhanden ist. Die Menge des letzteren reicht dann nicht aus, um das chemische Potential des Lösungsmittels in der Phase ′ soweit zu erniedrigen [vgl. Gl. (28.10)], daß es den gleichen Wert besitzt wie in der Phase ″.

Aus § 28 und 49 erhalten wir sofort die Gleichgewichtsbedingungen

$$\mu_1'(T, P', x_1') = \mu_1''(T, P'', x_1'') , \tag{51.7}$$

$$\tilde{\mu}_+'(T, P', x_+', x_-') = \tilde{\mu}_+''(T, P'', x_+'', x_-'') , \tag{51.8}$$

$$\tilde{\mu}_-'(T, P', x_+', x_-') = \tilde{\mu}_-''(T, P'', x_+'', x_-'') . \tag{51.9}$$

Wir nehmen an, daß die Phase $'$ unter dem Normaldruck P_0 steht und setzen $P'' = P_0 + \Pi$. Dann ist nach Gl. (26.27)

$$\begin{aligned}\mu_{10}(T, P_0 + \Pi) &= \mu_{10}(T, P_0) + \int_{P_0}^{P_0+\Pi} v_{10}\, dP \\ &\equiv \mu_{10}(T, P_0) + \bar{v}_{10}\, \Pi ,\end{aligned} \tag{51.10}$$

wo $\bar{v}_{10}$ den über die Druckdifferenz Π gebildeten Mittelwert des partiellen Molvolumens v_{10} bezeichnet. Gl. (51.7) kann daher mit Benutzung von (50.1) geschrieben werden

$$\Pi = -\frac{R\,T}{\bar{v}_{10}} \ln \frac{x_1''\, f_1''}{x_1' f_1'} . \tag{51.11}$$

Für die permeierenden Ionen haben wir

$$\mu_i^0(T, P_0 + \Pi) = \mu_i^0(T, P_0) + \int_{P_0}^{P_0+\Pi} \bar{v}_i^0\, dP \equiv \mu_i^0(T, P_0) + \bar{v}_i^0\, \Pi , \tag{51.12}$$

wo v_i^0 das partielle Molvolumen der Ionenart i in dem durch Gl. (50.4) definierten Standardzustand ist. Mit Benutzung von (50.3) können dann die Gl. (51.8) und (51.9) geschrieben werden

$$\varphi'' - \varphi' = \frac{R\,T}{z_+\, \mathfrak{F}} \left(\ln \frac{x_+'\, f_+'}{x_+''\, f_+''} + \frac{\bar{v}_+^0\, \Pi}{R\,T} \right) \tag{51.13}$$

$$\varphi'' - \varphi' = \frac{R\,T}{z_-\, \mathfrak{F}} \left(\ln \frac{x_-'\, f_-'}{x_-''\, f_-''} + \frac{\bar{v}_-^0\, \Pi}{R\,T} \right) . \tag{51.14}$$

Definieren wir das mittlere partielle Molvolumen des Elektrolyten im Standardzustand durch die Gleichung

$$\bar{v}_\pm^0 = \nu_+\, \bar{v}_+^0 + \nu_-\, \bar{v}_-^0 , \tag{51.15}$$

so folgt aus (51.13) und (51.14) mit Benutzung von (50.10) und (50.11)

$$\Pi = -\frac{R\,T}{\bar{v}_\pm^0} \ln \frac{(x_+'')^{\nu_+}\, (x_-'')^{\nu_-}\, (f_\pm'')^{\nu_+ + \nu_-}}{(x_+')^{\nu_+}\, (x_-')^{\nu_-}\, (f_\pm')^{\nu_+ + \nu_-}} . \tag{51.16}$$

Elimination von Π aus den Gln. (51.11) und (51.16) ergibt schließlich

$$\frac{(x'_+)^{\nu_+}(x'_-)^{\nu_-}(f'_\pm)^{\nu_++\nu_-}}{(x'_1 f'_1)^r} = \frac{(x''_+)^{\nu_+}(x''_-)^{\nu_-}(f''_\pm)^{\nu_++\nu_-}}{(x''_1 f''_1)^r} \tag{51.17}$$

mit

$$r = \bar{v}^0_\pm / \bar{v}_{10}\,. \tag{51.18}$$

In den vorstehenden Gleichungen sind alle Aktivitätskoeffizienten der Phase $''$ für den Druck $P_0 + \Pi$ definiert. Wir führen die Umrechnung auf Aktivitätskoeffizienten für Normaldruck am Beispiel des Lösungsmittels durch. Nach Gl. (26.27), (50.1) und (51.10) haben wir

$$\frac{\partial \mu_1}{\partial P} = v_1 = v_{10} + R\,T\,\frac{\partial \ln x_1 f_1}{\partial P}\,. \tag{51.19}$$

Integration zwischen P_0 und $P_0 + \Pi$ ergibt

$$R\,T \ln f''_1\,(P_0 + \Pi) = R\,T \ln f''_1(P_0) + (\bar{v}_1 - \bar{v}_{10})\,\Pi\,, \tag{51.20}$$

wo $f''_1(P_0)$ der für Temperatur und Zusammensetzung der Phase $''$, aber den Druck P_0 definierte Aktivitätskoeffizient ist. Da praktisch nur sehr kleine Druckdifferenzen in Betracht kommen, kann der zweite Term der rechten Seite und damit die Druckabhängigkeit der Aktivitätskoeffizienten häufig vernachlässigt werden.

Die durch Gl. (51.11) oder (51.16) gegebene Druckdifferenz Π wird, wie in dem in § 28 behandelten Fall, *osmotischer Druck* genannt. Entsprechend bezeichnet man das *Donnan-Gleichgewicht*, im Gegensatz zu dem unter a. behandelten Fall, auch als *osmotisches Membrangleichgewicht*. Die durch Gl. (51.13) oder (51.14) definierte Potentialdifferenz heißt, wie bei dem unter a. behandelten Fall, *Membranpotential*. Die Bemerkungen, die wir dort über die physikalische Bedeutung dieses Begriffes gemacht haben, gelten naturgemäß auch für das osmotische Gleichgewicht.

§ 52 Galvanische Zellen

Wir haben jetzt noch die Frage zu erörtern, wie die Potentialdifferenzen benachbarter Phasen $\varphi'' - \varphi'$, die nicht direkt meßbar sind, mit meßbaren Größen zusammenhängen. Dazu betrachten wir ein geschlossenes System mit fixierten Arbeitskoordinaten, das aus σ Phasen besteht und in folgender Weise spezifiziert ist:

a. Alle Phasen sind elektrische Leiter.

b. Die Phasen, die wir mit einer festen Numerierung versehen, sind so angeordnet, daß jede der Phasen 2 bis $\sigma - 1$ mit genau zwei anderen Phasen in Kontakt steht.[1]) Die Phase 1 steht nur mit der Phase 2, die Phase σ nur mit $\sigma - 1$ in Kontakt.

c. Die Endphasen 1 und σ sind chemisch identische metallische Leiter.

d. Unter den Phasen 2 bis $\sigma - 1$ befindet sich wenigstens ein Ionenleiter.

e. Jedes Paar von aneinander grenzenden Phasen hat wenigstens eine elektrisch geladene Teilchenart (Ionen oder Elektronen) gemeinsam, für welche die Phasengrenzfläche durchlässig ist.

Ein solches System wird als *galvanische Zelle* bezeichnet. Es ist als Ganzes ein elektrischer Leiter, durch den, wenn der Stromkreis geschlossen wird, ein elektrischer Strom von der Phase 1 durch die Phasen 2 bis $\sigma - 1$ zur Phase σ fließen kann. Da die Stromleitung in einem Teil der Phasen durch Ionen, in den übrigen Phasen durch Elektronen bewirkt wird, ist sie notwendig mit dem Ablauf von chemischen Reaktionen verknüpft.

Da die beiden Endphasen 1 und σ chemisch identisch sind, ist die Potentialdifferenz $\varphi^{(\sigma)} - \varphi^{(1)}$ eine meßbare Größe. Für die Thermodynamik kommt nur der Gleichgewichtswert dieser Größe in Betracht. Sie muß daher jedenfalls im stromlosen Zustand bestimmt werden, da die Stromleitung stets ein irreversibler Prozeß ist. Wir schließen auch alle sonstigen irreversiblen Prozesse in der Zelle aus. Das bedeutet zunächst, daß die in der Zelle ablaufenden chemischen Reaktionen in definierter Weise mit der Stromleitung gekoppelt sein müssen derart, daß bei Umkehr der Stromrichtung alle Reaktionen im umgekehrten Sinne ablaufen. Ferner sind stationäre irreversible Prozesse (z. B. Diffusion, Wärmeleitung, Thermodiffusion) ausgeschlossen.[2]) Die letztere Forderung ist nicht bei allen galvanischen Zellen erfüllt. Man unterscheidet daher

a'. *Reversible galvanische Zellen,* bei denen alle in der Zelle ablaufenden Prozesse bei Umkehr der Stromrichtung ebenfalls ihre Richtung umkehren.

b'. *Irreversible galvanische Zellen,* welche als wesentliche Elemente stationäre irreversible Prozesse enthalten, deren Richtung von der Stromrichtung unabhängig ist.

---

1 Wir berücksichtigen hier nicht Kontakte mit nicht leitenden Phasen (z. B. der Dampfphase), die möglich, aber für die folgenden Betrachtungen unwesentlich sind.

2 Nicht-stationäre irreversible Prozesse führen nicht zu zeit-unabhängigen Meßgrößen und sind daher von vornherein ausgeschlossen.

Die exakte Theorie der irreversiblen galvanischen Zellen kann nur auf der Grundlage der Thermodynamik irreversibler Prozesse entwickelt werden. Im folgenden beschränken wir uns daher auf reversible galvanische Zellen.

Zunächst haben wir genauer zu definieren, was wir unter dem thermodynamischen Gleichgewicht der galvanischen Zelle verstehen. Dabei ist der wesentliche Gesichtspunkt, daß nach der Voraussetzung die in der Zelle ablaufende chemische Gesamtreaktion in definierter Weise mit der Stromleitung gekoppelt ist. Wir unterscheiden daher die folgenden drei Fälle:

a″. Die Zelle ist offen, d. h. zwischen den Endphasen 1 und σ besteht keine direkte leitende Verbindung. Es kann daher kein elektrischer Strom fließen und damit auch die chemische Reaktion nicht ablaufen. Das System kann sich im thermodynamischen Gleichgewicht befinden. Die chemische Reaktion ist aber lediglich gehemmt. Sie erscheint daher (da die entsprechenden Variationen nicht möglich sind) nicht in den Gleichgewichtsbedingungen (vgl. § 17). Entsprechend ist unter diesen Bedingungen die Potentialdifferenz $\varphi^{(\sigma)} - \varphi^{(1)}$ nicht meßbar.

b″. Die Endphasen 1 und σ sind über einen Leiter der gleichen chemischen Zusammensetzung kurz geschlossen. In diesem Falle läuft die chemische Reaktion unter Stromfluß als irreversibler Prozeß ab, bis entweder das chemische Gleichgewicht erreicht oder ein Reaktionsteilnehmer verschwunden ist. Im Ausgangszustand ist daher thermodynamisches Gleichgewicht nicht möglich.

c″. An die Endphasen 1 und σ wird über eine Potentiometerschaltung eine äußere Potentialdifferenz Φ' angelegt. Dann wird für $|\Phi'| > |\varphi^{(\sigma)} - \varphi^{(1)}|$ der elektrische Strom in einer bestimmten Richtung fließen, wobei die chemische Reaktion abläuft. Für $|\Phi'| < |\varphi^{(\sigma)} - \varphi^{(1)}|$ wird sich die Stromrichtung umkehren und auch die chemische Reaktion im umgekehrten Sinne ablaufen. Der Fall $|\Phi'| = |\varphi^{(\sigma)} - \varphi^{(1)}|$ entspricht daher dem stromlosen Zustand. Derselbe stellt ein thermodynamisches Gleichgewicht dar, da in dem System keine irreversiblen Prozesse ablaufen können. Die chemische Reaktion ist jedoch in diesem Falle nicht gehemmt, da sie durch infinitesimale Änderung von Φ' in beiden Richtungen als quasi-statischer bzw. reversibler Prozeß durchgeführt werden kann.

Eine sinnvolle Definition des thermodynamischen Gleichgewichtes einer galvanischen Zelle muß nun offenbar einerseits in den Gleichgewichtsbedingungen die chemische Reaktion und die Potentialdifferenz $\varphi^{(\sigma)} - \varphi^{(1)}$ erscheinen lassen, andererseits mit den allgemeinen Definitionen der § 16 und 17 konsistent sein. Die Fälle a''. und b''. scheiden daher aus, und wir definieren das unter c''. beschriebene Gleichgewicht als *thermodynamisches Gleichgewicht der galvanischen Zelle.* Die Größe

$$|\Phi'| = |\varphi^{(\sigma)} - \varphi^{(1)}| \equiv \Phi \tag{52.1}$$

heißt die *elektromotorische Kraft* der galvanischen Zelle.

Wir machen zu der vorstehenden Definition noch zwei Bemerkungen. Zunächst sieht man leicht, daß die obigen Überlegungen weitgehend analog sind der thermodynamischen Behandlung eines Gases, das sich in einem Zylinder mit reibungslos beweglichem Kolben befindet. Wenn der Kolben arretiert ist, ist die Expansion ein gehemmter Prozeß und der Druck des Gases ist nicht meßbar (Fall a''.). Wenn der Kolben frei beweglich ist und von außen kein Druck auf ihn wirkt, läuft die Expansion des Gases als irreversibler Prozeß ab (Fall b''.). Wird auf den Kolben von außen ein Druck ausgeübt, der gleich dem Gasdruck in dem Zylinder ist, so haben wir thermodynamisches Gleichgewicht, und der Gleichgewichtsdruck ist eine meßbare Größe. Durch infinitesimale Abweichungen des äußeren Druckes von dem Gasdruck kann die Volumenänderung des Gases in beiden Richtungen als quasi-statischer Prozeß durchgeführt werden (Fall c''.). Der wesentliche Unterschied zwischen den beiden Problemen liegt darin, daß im Falle des Gases das Volumen eine Arbeitskoordinate im Sinne des § 14 ist, während in dem hier betrachteten Fall die elektrische Arbeit nicht durch eine Arbeitskoordinate beschrieben werden kann, da die galvanische Zelle als heterogenes System aus offenen Phasen definiert ist.

Die zweite Bemerkung bezieht sich auf die Natur des thermodynamischen Gleichgewichtes der galvanischen Zelle. Es handelt sich dabei um ein elektrochemisches Gleichgewicht, das von dem chemischen Gleichgewicht der betrachteten Reaktion (wenn dieses existiert) zu unterscheiden ist. Entsprechend ist auch der unter c''. beschriebene reversible Ablauf der Reaktion verschieden von dem in § 14 erörterten Ablauf der Reaktion bei Aufrechterhaltung des chemischen Gleichgewichtes.

Die Ableitung der Gleichgewichtsbedingungen führen wir nach zwei verschiedenen Methoden durch. Die erste Methode führt nur beobachtbare Größen ein und nimmt keinen Bezug auf die Einzelheiten des

Mechanismus. Da, wie wir in § 50 und 51 gesehen haben, alle stofflichen Gleichgewichte zwischen benachbarten Phasen durch die chemischen Potentiale der nicht dissoziierten Elektrolyte und der neutralen Moleküle bestimmt werden, betrachten wir diese als Komponenten des Systems und schreiben entsprechend die Gesamtreaktion (vgl. § 33)

$$\sum \nu_j X_j = 0 , \tag{52.2}$$

wo die X_j elektrisch neutrale chemische Verbindungen und die ν_j die stöchiometrischen Umsatzzahlen sind. Die durch (52.2) beschriebene Gesamtreaktion ist jedoch nicht notwendig eine chemische Reaktion im eigentlichen Sinne.[1]) Da eine, und nur eine, meßbare Potentialdifferenz $\varphi^{(\sigma)} - \varphi^{(1)}$ auftritt, muß zusätzlich eine elektrisch geladene Komponente eingeführt werden. Die Wahl derselben ist dadurch festgelegt, daß wir die Endphasen 1 und σ als Elektronen-Leiter definiert haben. Die Molzahl der Elektronen in der Phase α bezeichnen wir mit $n_e^{(\alpha)}$. Neben den chemischen Potentialen der neutralen Komponenten tritt daher jetzt in der Fundamentalgleichung das elektrochemische Potential der Elektronen $\tilde{\mu}_e$ auf. Um die Kopplung der chemischen Reaktion mit der Stromleitung zu formulieren, schreiben wir für die r Komponenten, die an der Reaktion teilnehmen, die Änderung der Molzahlen im Anschluß an § 36 in der Form

$$\delta n_j = \nu_j \, \delta\xi , \tag{52.3}$$

wo ξ die *Reaktionslaufzahl* (progress variable) ist. Bei einem infinitesimalen Stromfluß verschwinden in der Phase σ δn_e Mol Elektronen, die in der Phase 1 erscheinen (oder umgekehrt). Die Kopplung drückt sich dann durch die Gleichung

$$\delta n_e = \nu^* \, \delta\xi \tag{52.4}$$

aus, wo der Proportionalitätsfaktor ν^* von der für die Konstruktion der Zelle verwendeten Reaktion abhängt.

Wir nehmen an, daß Entropie und Volumen jeder Phase variiert werden können.[2]) Über die Permeabilität der Phasengrenzflächen machen wir keine über die Definition der galvanischen Zelle (Punkt e.) hinaus-

---

1 Die Reaktion (52.2) kann z. B. in der Überführung einer Komponente i aus einer Phase $'$ in eine Phase $''$ mit anderer Zusammensetzung bestehen. Ein Beispiel für eine solche Zelle bringen wir am Schluß dieses Paragraphen.

2 Die Annahme über das Volumen ist nicht notwendig und wird hier nur zur Vereinfachung gemacht. Wesentlich ist für die folgenden Betrachtungen lediglich, daß die beiden Endphasen 1 und σ unter gleichem Druck stehen.

gehenden speziellen Annahmen. Wir werden jedoch weiter unten zeigen, daß jedenfalls nicht alle Phasengrenzflächen für alle Komponenten durchlässig sein können. Die Summierungen über die Variationen der Molzahlen sind daher mit den hierdurch gegebenen Einschränkungen zu verstehen, was wir durch das Symbol $\sum'$ ausdrücken. Schließlich setzen wir noch voraus, daß alle an der Reaktion (52.2) teilnehmenden Komponenten im System anwesend sind. Wir haben somit die Gleichgewichtsbedingung [vgl. § 33]

$$\sum_{\alpha} T^{(\alpha)} \delta S^{(\alpha)} - \sum_{\alpha} P^{(\alpha)} \delta V^{(\alpha)} + \sum_{\alpha} \left[\sum_{i=1}^{m} \mu_i^{(\alpha)} \delta n_i^{(\alpha)} + \tilde{\mu}_e^{(\alpha)} \delta n_e^{(\alpha)} \right] = 0 \tag{52.5}$$

mit den Nebenbedingungen

$$\sum_{\alpha} \delta S^{(\alpha)} = 0 \,, \tag{52.6}$$

$$\sum_{\alpha} \delta V^{(\alpha)} = 0 \,, \tag{52.7}$$

$$\sum_{\alpha}{}' \delta n_i^{(\alpha)} = 0 \quad \text{für die Komponenten, die nicht an der Reaktion (72.2) teilnehmen.} \tag{52.8}$$

$$\sum_{\alpha} \delta n_j^{(\alpha)} = \nu_j \, \delta \xi \quad \text{für die r Komponenten, die an der Reaktion (72.2) teilnehmen.} \tag{52.9}$$

$$\delta n_e^{(\alpha)} = 0 \qquad (\alpha = 2, 3, \ldots, \sigma - 1) \,, \tag{52.10}$$

$$\delta n_e^{(1)} = - \delta n_e^{(\sigma)} = \nu^* \, \delta \xi \,. \tag{52.11}$$

Aus (52.5)—(52.8) erhalten wir sofort

$$T^{(\alpha)} = T^{(\beta)} = \cdots T^{(\sigma)} \,, \tag{52.12}$$

$$P^{(\alpha)} = P^{(\beta)} = \cdots P^{(\sigma)} \,, \tag{52.13}$$

$$\mu_i' = \mu_i'' \,, \tag{52.14}$$

wobei $'$ und $''$ jedes Paar von benachbarten Phasen bezeichnen, deren gemeinsame Grenzfläche für die Komponente i durchlässig ist. Mit Benutzung von (52.9)—(52.11) reduziert sich dann (52.5) auf die Bedingung

$$\left[\sum_{\alpha} \sum_{j=1}^{r} \nu_j \, \mu_j^{(\alpha)} + \nu^* \left(\tilde{\mu}_e^{(1)} - \tilde{\mu}_e^{(\sigma)} \right) \right] \delta \xi = 0 \,. \tag{52.15}$$

Da nach der Voraussetzung ξ beliebig variiert werden kann, folgt aus (52.15)

$$\sum_{\alpha} \sum_{j=1}^{r} \nu_j \, \mu_j^{(\alpha)} + \nu^* \left(\tilde{\mu}_e^{(1)} - \tilde{\mu}_e^{(\sigma)} \right) = 0 \,. \tag{52.16}$$

Da die beiden Endphasen 1 und σ nach der Voraussetzung chemisch identisch sind und sich auf der gleichen Temperatur sowie unter gleichem Druck befinden, sind auch ihre chemischen Potentiale gleich. Nach Gl. (49.12) ist daher

$$\tilde{\mu}_e^{(1)} - \tilde{\mu}_e^{(\sigma)} = -\mathfrak{F}(\varphi^{(1)} - \varphi^{(\sigma)}) . \tag{52.17}$$

Aus (52.16) und (52.17) folgt

$$\nu^* \mathfrak{F}(\varphi^{(1)} - \varphi^{(\sigma)}) = \sum_\alpha \sum_{j=1}^{r} \nu_j \mu_j^{(\alpha)} . \tag{52.18}$$

Gl. (52.18) stellt die allgemeine Bedingung des elektrochemischen Gleichgewichtes einer galvanischen Zelle dar, in der bei reversiblem Stromdurchgang die heterogene Gesamtreaktion (52.2) abläuft. Wenn, wie es häufig der Fall ist, jeder Reaktionsteilnehmer von (52.2) nur in einer Phase vorkommt, kann (52.18) geschrieben werden

$$\nu^* \mathfrak{F}(\varphi^{(1)} - \varphi^{(\sigma)}) = \sum_{j=1}^{r} \nu_j \mu_j . \tag{52.19}$$

Führen wir die durch Gl. (36.10) definierte Änderung der freien Energie ΔG[1]) und die durch Gl. (52.1) definierte elektromotorische Kraft der Zelle ein, so wird aus (52.18)

$$-\nu^* \mathfrak{F} \Phi = \Delta G . \tag{52.20}$$

Die elektromotorische Kraft, die sich ergibt, wenn alle Reaktionsteilnehmer sich in den Standard-Zuständen befinden, heißt der *Standardwert der elektromotorischen Kraft* für die betreffende Zelle. Bezeichnen wir diese Größe mit Φ^0, so erhalten wir aus (34.36), (34.41), (34.43) und (52.18)

$$\Phi = \Phi^0 - \frac{R\,T}{\nu^* \mathfrak{F}} \ln \left[\prod_\alpha \prod_{j=1}^{r} (a_j^{(\alpha)})^{\nu_j} \right] \tag{52.21}$$

mit

$$\Phi^0 = -\Delta G^\circ = -\sum_\alpha \sum_{j=1}^{r} \nu_j \mu_j^{0(\alpha)} . \tag{52.22}$$

Wenn alle Reaktionsteilnehmer in reinen Phasen vorliegen, ist einfach $\Phi = \Phi^0$.

---

1 Wir beziehen hier, in Übereinstimmung mit der früheren Definition, ΔG auf einen Formelumsatz. In der Literatur wird ΔG häufig auf einen Äquivalentumsatz bezogen, was in unserer Notierung der Größe $\Delta G/\nu^*$ entspricht.

Die vorstehende Methode ist streng und allgemein. Sie hat aber den Nachteil, daß sie den Zusammenhang mit den vorhergehenden Paragraphen nicht erkennen läßt und keine Beziehung herstellt zwischen galvanischen Zellen, die einzelne Teilreaktionen gemeinsam haben. Sie ist auch in der Theorie der irreversiblen Zellen nicht zu verwenden. Wir skizzieren nun eine zweite Methode zur Ableitung der Gleichgewichtsbedingungen, welche diese Nachteile vermeidet. Das Prinzip derselben besteht darin, daß die Gesamtreaktion (52.2) in lokalisierte stoffliche Gleichgewichte zwischen den Phasen und ebenfalls lokalisierte homogene chemische Gleichgewichte innerhalb der Phasen zerlegt wird. Eine solche Zerlegung führt allerdings nicht meßbare Größen ein und ist daher nicht immer willkürfrei. Da die allgemeine Formulierung der Methode schwerfällig und unübersichtlich ist, erläutern wir sie an einem einfachen Beispiel. Wir betrachten also die Zelle

$$\overset{(1)}{\mathrm{Pt}}|\overset{(2)}{\mathrm{M(s)}}|\overset{(3)}{\mathrm{MX_2(s)}}|\overset{(4)}{\mathrm{KX(aq.)}}|\overset{(5)}{\mathrm{AgX(s)}}|\overset{(6)}{\mathrm{Ag(s)}}|\overset{(7)}{\mathrm{Pt}}\,, \tag{52.23}$$

wo X ein Halogen ist, das sowohl mit Silber wie mit dem zweiwertigen Metall M ein in Wasser schwer lösliches Salz bildet.[1]) KX(aq.) bezeichnet die wäßrige Lösung des entsprechenden Kaliumhalogenids. Wir setzen voraus, daß die Phasengrenzen 1—2 und 6—7 nur für Elektronen, 3—4 und 4—5 nur für X^--Ionen, 2—3 nur für M^{++}-Ionen und 5—6 nur für Ag^+-Ionen durchlässig sind. Nach (49.12) und (49.19) gilt dann für die stofflichen Gleichgewichte

$$\left.\begin{aligned} \mathfrak{F}\,(\varphi^{(1)} - \varphi^{(2)}) &= \mu_e^{(1)} - \mu_e^{(2)}\,, \\ 2\,\mathfrak{F}\,(\varphi^{(2)} - \varphi^{(3)}) &= \mu_{\mathrm{M^{++}}}^{(3)} - \mu_{\mathrm{M^{++}}}^{(2)}\,, \\ \mathfrak{F}\,(\varphi^{(3)} - \varphi^{(4)}) &= \mu_{\mathrm{X^-}}^{(3)} - \mu_{\mathrm{X^-}}^{(4)}\,, \\ \mathfrak{F}\,(\varphi^{(4)} - \varphi^{(5)}) &= \mu_{\mathrm{X^-}}^{(4)} - \mu_{\mathrm{X^-}}^{(5)}\,, \\ \mathfrak{F}\,(\varphi^{(5)} - \varphi^{(6)}) &= \mu_{\mathrm{Ag^+}}^{(6)} - \mu_{\mathrm{Ag^+}}^{(5)}\,, \\ \mathfrak{F}\,(\varphi^{(6)} - \varphi^{(7)}) &= \mu_e^{(6)} - \mu_e^{(7)}\,. \end{aligned}\right\} \tag{52.24}$$

Für die homogenen Gleichgewichte innerhalb der Phasen gilt nach (33.16)

$$\left.\begin{aligned} \mu_{\mathrm{M^{++}}}^{(2)} + 2\,\mu_e^{(2)} &= \mu_{\mathrm{M}}^{(2)}\,, \\ \mu_{\mathrm{M^{++}}}^{(3)} + 2\,\mu_{\mathrm{X^-}}^{(3)} &= \mu_{\mathrm{MX_2}}^{(3)}\,, \\ \mu_{\mathrm{Ag^+}}^{(5)} + \mu_{\mathrm{X^-}}^{(5)} &= \mu_{\mathrm{AgX}}^{(5)}\,, \\ \mu_{\mathrm{Ag^+}}^{(6)} + \mu_e^{(6)} &= \mu_{\mathrm{Ag}}^{(6)}\,. \end{aligned}\right\} \tag{52.25}$$

---

1 Die Annahme der Schwerlöslichkeit ist notwendig, um Diffusion und irreversible chemische Reaktionen vernachlässigbar zu machen.

Addiert man die Gl. (52.24) und führt mit Benutzung von (52.25) die chemischen Potentiale der neutralen Komponenten ein, so folgt

$$2\,\mathfrak{F}\,(\varphi^{(1)} - \varphi^{(7)}) = \mu_{MX_2} + 2\,\mu_{Ag} - \mu_M - 2\,\mu_{AgX}\,. \qquad (52.26)$$

Die bei Stromdurchgang in der Zelle ablaufende Gesamtreaktion ist

$$M + 2\,AgX \rightarrow MX_2 + 2\,Ag\,. \qquad (52.27)$$

Mit Benutzung von (36.10) und (52.1) erhalten wir daher wieder die Gl. (52.20) mit $\nu^* = 2$.

Die vorstehende Ableitung macht zunächst deutlich, daß die in den vorhergehenden Paragraphen verschiedentlich erwähnten Potentialdifferenzen zwischen benachbarten Phasen nicht einzeln, sondern nur in Kombination zu einer geeigneten galvanischen Kette meßbar sind. Dies gilt insbesondere für die schon in § 50 erwähnten Einzel-Elektroden-Potentiale, die in dem Beispiel (52.23) als $\varphi^{(3)} - \varphi^{(4)}$ und $\varphi^{(4)} - \varphi^{(5)}$ auftreten. Um trotzdem verschiedene Elektroden-Potentiale vergleichen zu können, kombiniert man die dem Elektrodenpotential entsprechende *Halbzelle* mit der Halbzelle einer *Standard-Elektrode* zu einer galvanischen Zelle, deren elektromotorische Kraft gemessen werden kann. Als Standard-Elektrode benutzt man Platin, das mit Wasserstoff bei 1 atm gesättigt ist[1]) und in eine H^+-Ionen enthaltende Lösung taucht, für welche die Aktivität des gelösten Elektrolyten $a = 1$ ist. Die so gemessenen Werte werden als Einzel-Elektroden-Potentiale oder korrekter als *Standardwerte der elektromotorischen Kraft der betreffenden Halbzelle* bezeichnet. Sie sind für alle wichtigeren Halbzellen tabelliert. Wir erläutern die Benutzung dieser Werte an einem Spezialfall der Zelle (52.23), der durch die Zelle

$$Pt|Pb(s)|\,PbCl_2(s)|KCl(aq.)|\,AgCl(s)|Ag(s)|\,Pt \qquad (I)$$

dargestellt wird. Die Standardwerte der elektromotorischen Kraft der beiden Halbzellen werden durch die Zellen

$$Pt|Pt-H_2|\;\overset{\text{Lösung}}{H^+\,\text{enthaltend}}\;|\;\overset{\text{Lösung}}{Cl^-\,\text{enthaltend}}\;|\;AgCl(s)|Ag(s)|\;Pt \qquad (II)$$

$$Pt|Pt-H_2|\;\overset{\text{Lösung}}{H^+\,\text{enthaltend}}\;|\;\overset{\text{Lösung}}{Cl^-\,\text{enthaltend}}\;|\;PbCl_2(s)|Pb(s)|\;Pt \qquad (III)$$

1 Vom theoretischen Standpunkt wäre Wasserstoff der Fugazität 1 für die Definition der Standard-Elektrode vorzuziehen.

definiert. Dabei ist angenommen, daß in den Zellen (II) und (III) die beiden benachbarten Lösungen praktisch die gleiche Zusammensetzung haben.[1]) Nach der zuletzt beschriebenen Methode erhält man[2])

$$2\,\mathfrak{F}\,\Phi^0_{\mathrm{II}} = \mu^0_{\mathrm{H_2}} - 2\,\mu^0_{\mathrm{H^+}} + 2\,\mu_{\mathrm{AgCl}} - 2\,\mu_{\mathrm{Ag}} - 2\,\mu^0_{\mathrm{Cl^-}}\,, \qquad (52.28)$$

$$\mathfrak{F}\,\Phi^0_{\mathrm{III}} = \mu^0_{\mathrm{H_2}} - 2\,\mu^0_{\mathrm{H^+}} + \mu_{\mathrm{PbCl}} - \mu_{\mathrm{Pb}} - 2\,\mu^0_{\mathrm{Cl^-}}\,. \qquad (52.29)$$

Aus (52.26), (52.28) und (52.29) folgt sofort

$$2\,\Phi_{\mathrm{I}} = 2\,\Phi^0_{\mathrm{II}} - \Phi^0_{\mathrm{III}}\,, \qquad (52.30)$$

da nach (52.26) die elektromotorische Kraft der Kette (I) nur durch reine Phasen bestimmt ist. Man kann somit die elektromotorische Kraft für alle galvanischen Zellen berechnen, welche aus Halbzellen kombiniert werden, deren Standardwerte bekannt sind.

In gewissen Fällen kann die Potentialdifferenz zwischen benachbarten Phasen wenigstens näherungsweise experimentell bestimmt werden, wenn die interessierende Potentialdifferenz groß gegen die Summe aller übrigen in der Zelle auftretenden Potentialdifferenzen ist. Nach diesen Prinzip können näherungsweise Membranpotentiale (§ 51) bestimmt werden. Auf Einzelheiten kann hier nicht eingegangen werden.

Die Ableitung der Gl. (52.26) zeigt, daß zwar zwischen zwei benachbarten Phasen stets elektrochemisches Gleichgewicht besteht, aber nicht zwischen den beiden Endphasen, da $\tilde{\mu}_e^{(1)} \neq \tilde{\mu}_e^{(\sigma)}$ ist. Für die offene Zelle erklärt sich dies dadurch, daß eine oder mehrere Phasengrenzflächen nicht für Elektronen durchlässig sind. Wenn aber die Potentialdifferenz $\varphi^{(1)} - \varphi^{(\sigma)}$ durch die hier nicht explizit eingeführte äußere Potentialdifferenz Φ' kompensiert wird, so besteht auch zwischen den Phasen 1 und σ elektrochemisches Gleichgewicht.

Die hier definierten lokalen Gleichgewichte spielen eine bedeutsame Rolle in der Theorie der irreversiblen galvanischen Zellen. Für Einzelheiten muß auf die Lehrbücher der Thermodynamik irreversibler Prozesse verwiesen werden.

Wir erörtern nun noch kurz einige weitere thermodynamische Aspekte der reversiblen galvanischen Zellen. Kombinieren wir die Grundgleichung (52.20) mit der *Gibbs-Helmholtz*schen *Gleichung* (24.8), so erhalten wir

1 Man schreibt daher die Zellen (II) und (III) gewöhnlich nur mit einer Elektrolytlösung. Die obige, von *Guggenheim* stammende Schreibweise ist theoretisch durchsichtiger.

2 Da wir hier Ionen einführen, sind die Phasenindizes entbehrlich.

für die Temperaturabhängigkeit der elektromotorischen Kraft die zuerst von *Helmholtz* abgeleitete Beziehung

$$\nu^* \mathfrak{F} \left[\Phi - T \left(\frac{\partial \Phi}{\partial T} \right)_P \right] = - \Delta H \,. \tag{52.31}$$

Ferner ist nach (52.20) und (21.37)

$$\nu^* \mathfrak{F} \left(\frac{\partial \Phi}{\partial T} \right)_P = \Delta S \,. \tag{52.32}$$

Hier sind ΔH und ΔS die Änderungen der Enthalpie und der Entropie, die einem Formelumsatz nach (52.2) entsprechen. Durch Messung der elektromotorischen Kraft und ihrer Temperaturabhängigkeit können somit für die Reaktion (52.2) die Größen ΔG, ΔH und ΔS bestimmt werden. Da alle drei Größen Zustandsfunktionen sind, hängen ihre Werte nicht davon ab, ob (bei konstanter Temperatur und konstantem Druck) die Reaktion irreversibel (Fall b''.) oder reversibel (Fall c''.) verläuft. Dagegen ist die von dem System aufgenommene Wärme (die von dem Weg im Zustandsraum abhängt) bei irreversiblem Verlauf ΔH, bei reversiblem Verlauf $T\,\Delta S$, während in dem letzteren Fall nach (52.31) ΔH gleich der Summe aus der aufgenommenen Wärme und der von dem Potentiometer an dem System geleisteten elektrischen Arbeit ist. Die thermodynamische Untersuchung von heterogenen Reaktionen mit Hilfe von reversiblen galvanischen Zellen spielt auch eine wichtige Rolle bei der experimentellen Prüfung des *Nernst*schen *Wärmesatzes* (§ 38).

Die Messung der elektromotorischen Kraft galvanischer Zellen ist ferner eine häufig benutzte Methode zur Bestimmung der mittleren Aktivitätskoeffizienten von Elektrolyten. Wir erläutern dies an einem einfachen Beispiel und betrachten dazu die Zelle

$$\mathrm{Pt|M(s)|\,MCl(aq.)|AgCl|\,Ag|\,Pt} \,, \tag{52.33}$$

wo M ein einwertiges Metall ist, das ein wasserlösliches Chlorid bildet.[1]) Die Gesamtreaktion dieser Zelle ist

$$\mathrm{M(s) + AgCl(s) \rightarrow MCl(aq.) + Ag(s)} \,. \tag{52.34}$$

Dabei ist $\nu^* = 1$. Da jeder Reaktionsteilnehmer nur in einer Phase vorkommt, gilt nach (52.21) für die elektromotorische Kraft der Zelle

$$\Phi = \Phi^0 + \frac{R\,T}{\mathfrak{F}} \ln \frac{a_{\mathrm{M(s)}}\, a_{\mathrm{AgCl(s)}}}{a_{\mathrm{MCl(aq.)}}\, a_{\mathrm{Ag(s)}}} \,. \tag{52.35}$$

1 Es muß angenommen werden, daß wegen der Schwerlöslichkeit des AgCl die irreversible Reaktion $Ag^+ + M \rightarrow Ag + M^+$ praktisch nicht abläuft.

Die Aktivitäten der reinen Festkörper sind definitionsgemäß gleich 1 (§ 34b). Mit Benutzung von (50.22) (mit $\nu = 2$, $\nu_\pm = 1$) kann daher (52.35) geschrieben werden

$$\Phi = \Phi^0 - \frac{R\,T}{\mathfrak{F}} \ln a_{\mathrm{MCl(aq.)}} = \Phi^0 - \frac{2\,R\,T}{\mathfrak{F}} \ln x f_\pm\,, \tag{52.36}$$

wo x der durch (50.15) definierte Molenbruch und $f_\pm$ der durch (50.11) definierte mittlere Aktivitätskoeffizient des Elektrolyten MCl ist. Definiert man nun

$$\Phi^* = \Phi + \frac{2\,R\,T}{\mathfrak{F}} \ln x\,, \tag{52.37}$$

so folgt mit (52.36)

$$\Phi^* = \Phi^0 - \frac{2\,R\,T}{\mathfrak{F}} \ln f_\pm\,. \tag{52.38}$$

Da die rechte Seite von (52.37) nur meßbare Größen enthält, kann nach den experimentellen Daten Φ^* als Funktion von $x^{1/2}$ aufgetragen werden. Da definitionsgemäß $\lim\limits_{x \to 0} f_\pm = 1$ ist, liefert nach (52.38) der Schnitt der extrapolierten Kurve mit der Ordinate die Größe Φ^0. Aus der Kurve selbst erhält man dann nach (52.38) unmittelbar $f_\pm$ als Funktion von $x^{1/2}$. Die Sicherheit der Extrapolation kann wesentlich erhöht werden, wenn man die in § 50 erwähnten theoretischen Formeln für $f_\pm$ benutzt.

Schließlich ist die Messung der elektromotorischen Kraft galvanischer Zellen eine der wenigen Methoden, die es ermöglichen, Aktivitäten bzw. Aktivitätskoeffizienten in festen Lösungen, insbesondere in binären Legierungen, zu bestimmen.[1]) Als Beispiel betrachten wir die Zelle

$$\mathrm{Pt}|\mathrm{Al(s)}|\,\mathrm{AlCl_3 \cdot NaCl(m)}|\mathrm{Al - Zn(s)}|\,\mathrm{Pt}\,, \tag{52.39}$$

wo $AlCl_3 \cdot NaCl(m)$ die als Elektrolyt dienende Salzschmelze und Al–Zn(s) die feste binäre Legierung bezeichnet. Die Gesamtreaktion der Zelle besteht in diesem Falle einfach aus der Überführung eines Mols Al aus der reinen Phase in die binäre Legierung, was wir symbolisch

$$\mathrm{Al_{Al}} \to \mathrm{Al_{Al\text{-}Zn}} \tag{52.40}$$

1 Die beiden anderen in Betracht kommenden Methoden sind die in § 35 erörterte Untersuchung heterogener chemischer Gleichgewichte und die Messung von Partialdrucken. Die letztere Methode ist jedoch nur anwendbar, wenn in dem interessierenden Temperaturbereich wenigstens eine Komponente hinreichend flüchtig ist. Bei höheren Temperaturen trifft dies z. B. für die Systeme Ag—Zn und Cu—Zn zu.

schreiben können. Da hier $\nu^* = 3$ ist, erhält man aus (52.19) für die elektromotorische Kraft der Zelle

$$3\,\mathfrak{F}\,\Phi = -(\mu_{\mathrm{Al}} - \mu_{\mathrm{Al}0}) = -\Delta\mu_{\mathrm{Al}} = -RT\ln a_{\mathrm{Al}}$$
$$= -RT\ln x_{\mathrm{Al}} f_{\mathrm{Al}}\,. \quad (52.41)$$

Die Messung der elektromotorischen Kraft liefert somit unmittelbar die Differenz der chemischen Potentiale von Al in der Legierung und dem reinen Metall oder, was auf dasselbe herauskommt, die Aktivität bzw. den Aktivitätskoeffizienten von Al in der Legierung.

Neben dem wissenschaftlichen Interesse besitzen die galvanischen Zellen eine außerordentliche technische Bedeutung. Sie dienen einerseits als Stromquelle (z. B. Akkumulatoren), andererseits zur Durchführung von chemischen Reaktionen, die sich sonst nur schwierig oder überhaupt nicht verwirklichen lassen. Bekannte Beispiele dafür, die technisch in großem Maßstab durchgeführt werden, sind die Alkalichlorid-Elektrolyse, die elektrolytische Erzeugung von Aluminium und die elektrolytische Abscheidung von Metallen als Oberflächenschichten (Galvanisieren).

IX. Kapitel

Gravitationsfeld. Zentrifugalfeld. Bestimmung des Molekulargewichtes

§ 53 Systeme im Gravitationsfeld

In der Formulierung der Theorie haben wir bisher noch nicht berücksichtigt, daß fast alle hier in Betracht kommenden Messungen im Gravitationsfeld der Erde durchgeführt werden. Es bleibt daher noch die Frage zu untersuchen, wie die Gleichgewichtsbedingungen durch die Anwesenheit des Gravitationsfeldes modifiziert werden. Dafür sind die folgenden Eigenschaften des Gravitationsfeldes[1]) wesentlich:

a. Die Schwerkraft ist nach Stärke und Richtung zeitlich und örtlich konstant.

b. Durch die Anwesenheit des Systems wird das Gravitationsfeld nicht modifiziert.

c. Das Gravitationsfeld wirkt nur auf die Masse des Systems, unabhängig von der chemischen Zusammensetzung und dem thermodynamischen Zustand.

Das Gravitationsfeld wird daher durch das Potential

$$\psi(z) = \mathrm{g}\, z \tag{53.1}$$

dargestellt, wo g die Fallbeschleunigung und z die Höhe über einem willkürlich gewählten Bezugsniveau (z. B. dem Laboratoriumstisch) ist. Die Äquipotentialflächen des Gravitationsfeldes sind somit parallel zu der Bezugsfläche.

Aus (53.1) folgt, daß für ein System, das in vertikaler Richtung endliche Ausdehnung besitzt, der vom Gravitationsfeld herrührende Beitrag zur Gesamtenergie sich kontinuierlich mit der Höhe über dem Bezugsniveau ändert. Bezeichnen wir daher den zwischen zwei infinitesimal benachbarten Äquipotentialflächen liegenden Teil der Masse des Systems mit dm, so wird der gesamte Energiebeitrag des Gravitationsfeldes

$$U^{(g)} = \int \psi\, dm\,. \tag{53.2}$$

1 Die Abweichungen von a. und b. liegen weit unterhalb der Fehlergrenze thermodynamischer Messungen.

Da für ein System aus m Komponenten die Gesamtmasse m sich in der Form

$$m = \sum_{i=1}^{m} M_i n_i \tag{53.3}$$

darstellen läßt, wo M_i das Molekulargewicht[1]) der Komponente i ist, gilt

$$dm = \sum_{i=1}^{m} M_i \, dn_i \,, \tag{53.4}$$

wo dn_i die Molzahl der Komponente i ist, die sich zwischen zwei infinitesimal benachbarten Äquipotentialflächen befindet.

Da der durch das Gravitationsfeld bedingte Beitrag zur Gesamtenergie des Systems eine Funktion der Ortskoordinaten ist, müssen zunächst alle Zustandsgrößen als Funktionen der Ortskoordinaten betrachtet werden. Dies führt zu folgenden Konsequenzen:

a′. Die in § 2 gegebenen Definitionen des homogenen Körpers und der Phase sind im strengen Sinne nicht realisierbar.

b′. Für die Variation der Energie muß die Variation der räumlichen Verteilung der Massen der Komponenten berücksichtigt werden.

Ad a′.

Von jetzt ab verstehen wir unter einem *homogenen Körper* einen Körper, dessen Inhomogenität ausschließlich durch das Gravitationsfeld bedingt ist. Die *Phase* wird dann in gleicher Weise wie in § 2 definiert. Diese Terminologie wird dadurch gerechtfertigt, daß die durch das Gravitationsfeld bedingten Inhomogenitäten, soweit sie nicht (wie bei Festkörpern) völlig zu vernachlässigen sind, stetige Funktionen der Ortskoordinaten sind, deren Unterscheidung von den an Phasengrenzen auftretenden diskontinuierlichen Inhomogenitäten im allgemeinen keine Schwierigkeiten macht.[2]) Sie ist zweckmäßig, weil die in den früheren Kapiteln benutzte Nomenklatur ohne Änderung beibehalten werden kann.

Ad b′.

Da bei der neuen Definition des homogenen Körpers die räumliche Konstanz der Zustandsgrößen nicht mehr vorgegeben ist, müssen die Gleichge-

---

1 Näheres über Molekulargewichte und ihre Bestimmung siehe § 55.

2 In der Nähe des kritischen Punktes der Kondensation treten Schwierigkeiten auf, die hier nicht erörtert werden können.

wichtsbedingungen auch für homogene Körper ohne chemische Reaktionen explizit abgeleitet werden. Die Verallgemeinerung für heterogene Systeme macht keine Schwierigkeiten, bietet aber thermodynamisch nur wenig Interesse. Wir werden daher auf diese Frage im folgenden nicht eingehen.

Wir betrachten ein geschlossenes fluides System mit fixierten Arbeitskoordinaten, das aus m Komponenten besteht und in dem oben definierten Sinne homogen ist. Andere äußere Felder und chemische Reaktionen schließen wir aus. Schreiben wir

$$U^* = U + U^{(g)}\,, \tag{53.5}$$

wo U die innere Energie in Abwesenheit des Gravitationsfeldes bezeichnet und $U^{(g)}$ durch (53.2) definiert ist, so lautet die Gleichgewichtsbedingung (17.2) (bei Beschränkung auf das Gleichheitszeichen)

$$(\delta\, U^*)_S = 0 \tag{53.6}$$

oder

$$\delta \int dU + \delta \int \psi\, dm = 0 \tag{53.7}$$

mit den Nebenbedingungen

$$\delta \int dS\ = 0\,, \tag{53.8}$$

$$\delta \int dn_i = 0\,, \qquad (i = 1, 2, \ldots, m)\,. \tag{53.9}$$

Die einzigen virtuellen Verrückungen, die unter den gemachten Voraussetzungen möglich sind, bestehen in Variationen der Entropie und der Molzahlen in jeder von zwei infinitesimal benachbarten Äquipotentialflächen begrenzten Schicht. Mit Benutzung von (20.5) und (53.4) kann daher die Gleichgewichtsbedingung geschrieben werden

$$\int T(z)\, \delta \left(\frac{dS}{dz}\right) dz + \sum_{i=1}^{m} \int \mu_i(z)\, \delta \left(\frac{dn_i}{dz}\right) dz + \sum_{i=1}^{m} \int \psi(z)\, M_i\, \delta \left(\frac{dn_i}{dz}\right) dz = 0\,. \tag{53.10}$$

Entsprechend lauten die Nebenbedingungen

$$\int \delta \left(\frac{dS}{dz}\right) dz = 0\,, \tag{53.11}$$

$$\int \delta \left(\frac{dn_i}{dz}\right) dz = 0\,, \qquad (i = 1, 2, \ldots, m)\,. \tag{53.12}$$

Wir multiplizieren (53.11) mit dem unbestimmten Multiplikator λ_0, (53.12) mit λ_i und subtrahieren dann diese Gleichungen von (53.10). Es ergibt sich

$$\int [T(z) - \lambda_0)\, \delta \left(\frac{dS}{dz}\right) dz + \sum_{i=1}^{m} \int [\mu_i(z) + M_i\, \psi(z) - \lambda_i]\, \delta \left(\frac{dn_i}{dz}\right) dz = 0\,. \tag{53.13}$$

In dieser Gleichung sind die Variationen keinen Nebenbedingungen mehr unterworfen. Sie kann daher nur dann allgemein erfüllt sein, wenn die Ausdrücke in eckigen Klammern identisch verschwinden. Damit erhalten wir für alle z

$$T(z) = \lambda_0 \equiv T \tag{53.14}$$

$$\mu_i(z) + M_i\, \psi(z) = \lambda_i \equiv \mu_i^*\,, \qquad (i = 1, 2, \ldots, m) \tag{53.15}$$

oder

$$\frac{dT}{dz} = 0\,, \tag{53.16}$$

$$\frac{d\mu_i^*}{dz} = 0\,, \qquad (i = 1, 2, \ldots, m)\,. \tag{53.17}$$

Die Gl. (53.14) und (53.15) bzw. (53.16) und (53.17) stellen die expliziten Gleichgewichtsbedingungen für ein homogenes fluides System ohne chemische Reaktionen im Gravitationsfeld dar. Man sieht sofort, daß der Einfluß des Gravitationsfeldes sich formal dadurch ausdrückt, daß an die Stelle der chemischen Potentiale die durch (53.15) definierten Größen μ_i^* treten. Wir können daher sofort die Frage beantworten, ob ein *chemisches Gleichgewicht* durch das Gravitationsfeld beeinflußt wird. Nach der in § 33 beschriebenen Methode erhalten wir jetzt als Bedingung des chemischen Gleichgewichtes zunächst

$$\sum_i \nu_i\, \mu_i^* = 0\,, \tag{53.18}$$

wo die Summierung, wie in § 33, über die Reaktionsteilnehmer zu erstrekken ist. Da aber bei einer chemischen Reaktion die Masse erhalten bleibt, gilt

$$\sum_i \nu_i\, M_i = 0\,. \tag{53.19}$$

Wegen (53.15) reduziert sich somit (53.18) auf die Bedingung

$$\sum_i \nu_i\, \mu_i(z) = 0\,. \tag{53.20}$$

Für homogene Gasreaktionen kann (53.20) nach (34.14) und (34.23) geschrieben werden

$$\Pi\,[p_i^*(z)]^{\nu_i} = K_p(T)\,. \tag{53.21}$$

Da die rechte Seite dieser Gleichung nur von der Temperatur abhängt, wird nach (53.16) die Gleichgewichtskonstante K_p durch das Gravitationsfeld nicht beeinflußt. Das Gleiche gilt für die durch Gl. (34.13) definierte Gleichgewichtskonstante K_c. Dagegen hängt sowohl die Gleichgewichtskonstante K_x wie für homogene Lösungsreaktionen die durch (34.42) definierte Gleichgewichtskonstante $K(T, P)$ vom Druck ab. Da, wie wir sehen werden, der Druck in der z-Richtung nicht konstant ist, gilt dies auch für die zuletzt erwähnten Gleichgewichtskonstanten. Unter gewöhnlichen Bedingungen ist jedoch der Einfluß des Gravitationsfeldes in beiden Fällen zu vernachlässigen.

Um einen Ausdruck für die Änderung des Druckes in der z-Richtung zu erhalten, gehen wir aus von der *Gibbs-Duhem*schen *Gleichung* (20.43), die wir wegen (53.16) schreiben können

$$V\,dP = \sum_{i=1}^{m} n_i\,d\mu_i\,. \tag{53.22}$$

Mit Benutzung von (53.15) wird daraus

$$V\frac{dP}{dz} = -\sum_{i=1}^{m} n_i\,M_i\frac{d\psi}{dz} \tag{53.23}$$

oder, mit Benutzung von (53.1) und (53.3)

$$\frac{dP}{dz} = -\frac{m}{V}\frac{d\psi}{dz} = -\varrho\frac{d\psi}{dz} = -\varrho\,g\,, \tag{53.24}$$

wo ϱ die mittlere Dichte des Systems ist. Gl. (53.24) ist die allgemeine *Bedingung des hydrostatischen Gleichgewichtes.*

Um die Änderung der Molenbrüche in der z-Richtung zu untersuchen, gehen wir aus von der Beziehung[1])

$$d\mu_i = -s_i\,dT + v_i\,dP + \sum_{j=2}^{m}\left(\frac{\partial\mu_i}{\partial x_j}\right)_{T,P,x_{k\neq j}} dx_j\,. \tag{53.25}$$

Schreiben wir zur Abkürzung

$$G_{ij} = \left(\frac{\partial\mu_i}{\partial x_j}\right)_{T,P,x_{k\neq j}}, \tag{53.26}$$

1 Im Hinblick auf spätere Anwendungen lassen wir in Gl. (53.25) die Summierung von $j = 2$ bis m laufen.

so folgt aus (53.16), (53.17) und (53.25)

$$v_i \frac{dP}{dz} + M_i \frac{d\psi}{dz} + \sum_{j=2}^{m} G_{ij} \frac{dx_j}{dz} = 0\,, \quad (i = 1, 2, \ldots, m)\,. \qquad (53.27)$$

Aus diesen Gleichungen kann der Druck mit Hilfe von (53.24) eliminiert werden. Dabei muß aber beachtet werden, daß (53.24) und (53.27) nicht voneinander unabhängig sind. Multipliziert man nämlich die Gl. (53.27) mit n_i, summiert über alle i und berücksichtigt die aus (26.10) und (26.16) folgenden Beziehungen

$$\sum_{i=1}^{m} n_i v_i = V\,, \qquad (53.28)$$

$$\sum_{i=1}^{m} n_i G_{ij} = 0\,, \qquad (53.29)$$

so erhält man Gl. (53.24). Wenn wir daher Gl. (53.24) benutzen, sind nur noch $m - 1$ der Gl. (53.27) voneinander unabhängig. Elimination des Druckes ergibt dann

$$(M_i - \varrho\, v_i) \frac{d\psi}{dz} + \sum_{j=2}^{m} G_{ij} \frac{dx_j}{dz} = 0\,, \quad (i = 2, 3, \ldots, m)\,. \qquad (53.30)$$

Zusammen mit Gl. (53.24) haben wir daher wieder ein System von m Gleichungen, die als *Gleichungen des Sedimentationsgleichgewichtes* bezeichnet werden.

Wir betrachten noch kurz die Anwendung der allgemeinen Theorie auf Einkomponentensysteme. In diesem Falle ist das Gleichgewicht vollständig durch Gl. (53.24) bestimmt. Bezeichnen wir mit M das Molekulargewicht und mit v das Molvolumen, so ist

$$\varrho = M/v\,. \qquad (53.31)$$

Für das ideale Gas gilt

$$P\,v = R\,T\,. \qquad (53.32)$$

Einsetzen von (53.31) und (53.32) in (53.24) ergibt

$$\frac{dP}{P} = -\frac{M}{R\,T} d\psi = -\frac{M}{R\,T} \mathrm{g}\, dz\,. \qquad (53.33)$$

Durch Integration zwischen den Grenzen 0 und h erhält man daraus die *barometrische Höhenformel*

$$R\,T \ln (P^{(h)}/P^{(0)}) = -M\,(\psi^{(h)} - \psi^{(0)}) = -M\,\mathrm{g}\,h\,. \qquad (53.34)$$

Für eine inkompressible Flüssigkeit erhalten wir unmittelbar aus Gl. (53.24)

$$P^{(h)} - P^{(0)} = -\varrho\,(\psi^{(h)} - \psi^{(0)}) = -\varrho\,g\,h\,. \tag{53.35}$$

Aus Gl. (53.34) kann man entnehmen, daß für Gase die durch das Gravitationsfeld bedingten Druckunterschiede, und damit nach (53.32) auch die Dichteunterschiede, nur dann eine Rolle spielen, wenn entweder große Höhenunterschiede in Betracht kommen oder die Kompressibilität wesentlich größer als die des idealen Gases ist. Letzteres trifft vor allem in der Nähe des kritischen Punktes der Kondensation zu (vgl. § 47). Für flüssige Systeme kann bei den in Betracht kommenden Druckdifferenzen die Kompressibilität, und damit auch die Dichteänderung, völlig vernachlässigt werden. Dagegen spielt die durch Gl. (53.35) gegebene hydrostatische Druckdifferenz eine wichtige Rolle z. B. bei den üblichen Anordnungen zur Messung des osmotischen Drucks (vgl. § 28).

Im Falle eines idealen Gasgemisches gilt, wie man leicht ableitet, eine der Gl. (53.34) völlig analoge Beziehung für den Partialdruck jeder Komponente. Wegen der Verschiedenheit der Molekulargewichte reichern sich daher die leichteren Gase in den oberen Schichten der Atmosphäre an. Im Laboratorium spielt dieser Effekt überhaupt keine Rolle, da das Gravitationsfeld zu schwach ist.

§ 54 Systeme im Zentrifugalfeld

Wir betrachten ein fluides System aus m Komponenten, das in einem zylindrischen Gefäß mit der konstanten Winkelgeschwindigkeit ω um die Achse des Zylinders rotiert. Im Gegensatz zur Schwerkraft ist die Stärke der auf die Masseneinheit wirkenden Zentrifugalkraft[1]) nicht örtlich konstant, sondern dem Abstand von der Drehachse r proportional. Im übrigen besitzt jedoch das Zentrifugalfeld die in § 53 aufgeführten Eigenschaften a., b. und c. des Gravitationsfeldes. Stellen wir daher das Zentrifugalfeld durch das Potential

$$\psi(r) = -\frac{1}{2}\,\omega^2\,r^2 \tag{54.1}$$

dar, so können die allgemeinen Ableitungen des § 53 für das Zentrifugalfeld einfach übernommen werden. Im besonderen gelten daher die Gl.

1 Die *Coriolis-Kraft* verschwindet im thermodynamischen Gleichgewicht.

(53.24) und (53.30) auch für das *Sedimentationsgleichgewicht im Zentrifugalfeld*, wenn für ψ der Ausdruck (54.1) eingesetzt wird. Diese Gleichungen bestimmen die räumliche Verteilung der Komponenten als Funktion des Abstandes von der Drehachse r.

Wir erläutern die Verhältnisse noch etwas ausführlicher am Beispiel eines binären Systems. Da die Theorie praktisch nur auf verdünnte Lösungen angewendet wird, können wir das Lösungsmittel als eindeutig definiert annehmen. Wir bezeichnen es, wie üblich, mit dem Index 1. Dann lauten die Gleichungen des Sedimentationsgleichgewichtes

$$dP = \varrho\, \omega^2\, r\, dr\,, \tag{54.2}$$

$$(M_2 - \varrho\, v_2)\, \omega^2\, r = \left(\frac{\partial \mu_2}{\partial x_2}\right)_{T,P} \frac{dx_2}{dr}\,. \tag{54.3}$$

Da nach (41.35) die partielle Ableitung auf der rechten Seite notwendig positiv ist, hängt das Vorzeichen des Konzentrationsgradienten nur von dem Klammerausdruck auf der linken Seite ab. Derselbe läßt sich leicht übersehen, wenn wir die partiellen spezifischen Volumina

$$\frac{v_1}{M_1}\,, \qquad \frac{v_2}{M_2} \tag{54.4}$$

und die Dichten der Komponenten ϱ_1 und ϱ_2 einführen. Dann ergibt sich mit Benutzung des *Euler*schen *Satzes* (§ 19b)

$$(M_2 - \varrho\, v_2) = M_2\left[1 - (\varrho_1 + \varrho_2)\frac{v_2}{M_2}\right] = M_2\, \varrho_1 \left(\frac{v_1}{M_1} - \frac{v_2}{M_2}\right). \tag{54.5}$$

Der Klammerausdruck ist daher positiv, wenn das partielle spezifische Volumen des Lösungsmittels größer ist als das des gelösten Stoffes, was bei den Anwendungen im allgemeinen zutrifft. Unter diesen Bedingungen nimmt im Gleichgewicht die Konzentration des gelösten Stoffes mit dem Abstand von der Drehachse zu. Der Gradient wächst ebenfalls mit dem Abstand von der Drehachse und ist dem Quadrat der Winkelgeschwindigkeit proportional.

Mit Benutzung von (34.36) läßt sich (54.3) schreiben

$$\frac{d \ln x_2}{dr} = (M_2 - \varrho\, v_2)\left(1 + \frac{\partial \ln f_2}{\partial \ln x_2}\right)^{-1} \frac{\omega^2\, r}{R\,T}\,, \tag{54.6}$$

wobei der Aktivitätskoeffizient nach § 34b β normiert ist. Da somit

$$\lim_{x_1 \to 1} f_2 = 1 \tag{54.7}$$

ist, läßt sich Gl. (54.6) für den Grenzfall unendlicher Verdünnung sofort integrieren. Man erhält dann die zuerst von *Svedberg* abgeleitete Formel

$$R\,T\ln\left(\frac{x_2'}{x_2''}\right)=\frac{1}{2}\,(M_2-\varrho\,v_2)\,\omega^2\,(r'^2-r''^2)\,. \tag{54.8}$$

Unter den erwähnten Bedingungen ist somit das Sedimentationsgleichgewicht des gelösten Stoffes im Zentrifugalfeld ähnlich dem durch Gl. (53.34) gegebenen Sedimentationsgleichgewicht des idealen Gases im Gravitationsfeld.

Die außerordentliche Bedeutung des Zentrifugalfeldes für Physik und physikalische Chemie beruht auf der Tatsache, daß man in den zuerst von *Svedberg* (1924) konstruierten *Ultrazentrifugen* Beschleunigungen bis zu ca. 10^6 g erzeugen kann. Unter diesen Bedingungen kann das im Gravitationsfeld ziemlich bedeutungslose Sedimentationsgleichgewicht dazu benutzt werden, um entweder die Komponenten eines Gemisches zu trennen (präparative Ultrazentrifuge) oder um nach Gl. (54.8) das Molekulargewicht zu bestimmen (analytische Ultrazentrifuge). Aus experimentellen Gründen wird allerdings für den letzteren Zweck heute fast ausschließlich die Messung der Sedimentationsgeschwindigkeit benutzt. Die Theorie dieser letzteren Methode beruht auf der Thermodynamik der irreversiblen Prozesse. Wir gehen daher hier auf Einzelheiten nicht ein und verweisen auf die einschlägigen Lehrbücher.

§ 55 Bestimmung des Molekulargewichtes

Wir haben in diesem Buch, wie es heute in der Thermodynamik allgemein üblich ist, als Masseneinheit durchweg das Mol benutzt. Bei der Präparation oder der Analyse eines Systems werden aber die Massen der Komponenten im allgemeinen durch Wägung, d. h. in Gramm bestimmt. Da die in Gramm gemessene Masse einer Komponente m_i mit der Molzahl durch die Beziehung

$$m_i = M_i\,n_i \tag{55.1}$$

zusammenhängt, implizieren die bisherigen Formulierungen, daß die Molekulargewichte aller Komponenten bekannt sind.

Die Benutzung der Molzahlen bietet große Vorteile insbesondere bei der Anwendung der Thermodynamik auf chemische und elektrochemische Probleme sowie für die Verknüpfung von phänomenologischer und statistischer Thermodynamik. Sie hat aber die folgenden Nachteile:

a. Im Rahmen der Thermodynamik selbst ist das Molekulargewicht nicht definierbar. Es muß durch eine zusätzliche Erfahrungstatsache oder die statistische Thermodynamik eingeführt werden.

b. Als meßbare Größe ist das Molekulargewicht nur für zwei Grenzzustände definiert, nämlich für das unendlich verdünnte Einkomponenten-Gas und (als Molekulargewicht des gelösten Stoffes) für die unendlich verdünnte binäre Lösung. Man kann zwar im allgemeinen annehmen, daß für einigermaßen benachbarte Zustände (z. B. das mäßig komprimierte reale Gas) der Begriff des Molekulargewichts physikalisch sinnvoll bleibt. Für weit entfernte Zustände, zumal wenn diese durch eine oder mehrere Phasenumwandlungen von dem definierenden Zustand getrennt sind, wird er jedoch zu einer konventionellen Rechengröße. Beispielsweise hat NaCl in der hinreichend verdünnten Dampfphase ein definiertes Molekulargewicht, während für den NaCl-Kristall ein Molekulargewicht überhaupt nicht definierbar ist.

c. Zahlreiche Stoffe (z. B. Graphit, Diamant, Al_2O_3, Silikate, räumlich vernetzte Polymere) lassen sich überhaupt nicht in einen Zustand überführen, der die Messung des Molekulargewichtes ermöglicht.

Aus dem Vorstehenden ergibt sich, daß für die phänomenologische Thermodynamik sowohl vom logischen wie vom praktischen Gesichtspunkt aus die Massen der Komponenten m_i die natürlichen oder primären Zustandsvariablen sind. Daher ist auch die Frage, wie die Dimension Masse auf die beiden Faktoren der rechten Seite von Gl. (55.1) verteilt wird, für die Thermodynamik von untergeordneter Bedeutung. Die neuen internationalen Vereinbarungen, die in den Empfehlungen der International Union of Pure and Applied Physics (IUPAP) [1]) und der International Union of Pure and Applied Chemistry (IUPAC) [2]) formuliert sind, führen in das Einheitensystem als neue Basisgröße die Stoffmenge (amount of substance) ein. Die entsprechende Basiseinheit ist das *Mol*, das definiert ist als die Stoffmenge eines Systems, das aus ebensovielen Molekülen (oder Ionen oder Atomen oder Elektronen oder anderen, im Einzelfall interessierenden Teilchen) besteht, wie Atome in genau 12 Gramm des reinen Kohlenstoff-Nuklids ^{12}C enthalten sind. Aus dieser Definition folgt dann nach Gl. (55.1), daß das Molekulargewicht als Masse pro Einheit der Stoffmenge zu definieren ist.

Wir wenden uns nun der Frage zu, wie das Molekulargewicht in die Thermodynamik eingeführt wird und behandeln anschließend die wich-

---

1 IUPAP Symbols, Units and Nomenclature in Physics, 1965.
2 IUPAC Information Bulletin Number 24.

tigsten Methoden zur experimentellen Bestimmung des Molekulargewichtes, soweit sie auf der Messung von thermodynamischen Gleichgewichten beruhen. Da wir nur die grundsätzlichen Gesichtspunkte erörtern wollen, schließen wir im folgenden Elektrolyte und chemische Reaktionen (insbesondere Assoziationen und Dissoziationen) aus.

Der Definition des Molekulargewichtes liegen die folgenden, unter sehr allgemeinen Voraussetzungen exakt gültigen Gleichungen der statistischen Thermodynamik zugrunde[1]):

Die *thermische Zustandsgleichung eines Einkomponenten-Gases*

$$P = \frac{R\,T}{M}\,\varrho\left[1 + B\,\frac{\varrho}{M} + C\left(\frac{\varrho}{M}\right)^2 + D\left(\frac{\varrho}{M}\right)^3 + \cdots\right], \tag{55.2}$$

wo ϱ die Dichte in g/cm³ bezeichnet.

Die Gleichung für den *osmotischen Druck einer binären Lösung*

$$\Pi = \frac{R\,T}{M_2}\,c_g\left[1 + B^*\,\frac{c_g}{M_2} + C^*\left(\frac{c_g}{M_2}\right)^2 + D^*\left(\frac{c_g}{M_2}\right)^3 + \cdots\right], \tag{55.3}$$

wo c_g die Konzentration in g/cm³ ist und der Index 2 sich auf den gelösten Stoff bezieht[2]).

Die *thermodynamische Definition des Molekulargewichts* ist daher in der *Gasphase*

$$M = R\,T \lim_{\varrho \to 0} \frac{\varrho}{P} \tag{55.4}$$

für den *gelösten Stoff einer binären Lösung*

$$M_2 = R\,T \lim_{c_g \to 0} \frac{c_g}{\Pi}\,. \tag{55.5}$$

Die Existenz der Grenzwerte wird durch die statistische Thermodynamik bewiesen. Die Definitionen (55.4) und (55.5) zeigen, daß die experimentelle Bestimmung des Molekulargewichtes grundsätzlich eine Extrapolation von Meßdaten auf verschwindende Dichte bzw. unendliche Verdünnung und somit Messungen bei mehreren Dichten bzw. Konzen-

1 Die direkte Einführung als Erfahrungstatsache ist weniger befriedigend, weil sie nicht die breite empirische Grundlage wie die Grundgleichungen der statistischen Thermodynamik hat.

2 Die Entwicklungen (55.2) und (55.3) heißen *Virialentwicklungen*, die Koeffizienten *Virialkoeffizienten*.

trationen erfordert.[1]) Im wesentlichen kommen dafür die folgenden Methoden in Betracht:

α. Messung von Druck und Dichte eines Einkomponenten-Gases

Diese Methode, für die im einzelnen verschiedene Ausführungsformen existieren, stellt die direkte Anwendung der Definition (55.4) dar. Sie kommt nur in Betracht, wenn der betreffende Stoff ohne Zersetzung verdampft und der Sättigungsdampfdruck in dem experimentell zugänglichen Temperaturgebiet nicht zu niedrig liegt.

β. Messung des osmotischen Druckes einer binären Lösung

Diese Methode stellt die direkte Anwendung der Definition (55.5) dar. Für niedrigmolekulare Substanzen ist sie praktisch bedeutungslos, da es hier nur in Ausnahmefällen gelingt, eine geeignete semipermeable Membran zu finden. Bei makromolekularen Substanzen ist der Größenunterschied zwischen den gelösten Molekülen und den Molekülen des (niedrigmolekularen) Lösungsmittels so erheblich, daß die erwähnte Schwierigkeit weitgehend fortfällt. Auf diesem Gebiet ist daher die Messung des osmotischen Druckes lange Zeit eine der wichtigsten Methoden zur Bestimmung des Molekulargewichtes gewesen.[2]) In neuerer Zeit ist sie jedoch auch hier gegenüber anderen Methoden, die genauer und in der Durchführung einfacher sind, in den Hintergrund getreten. Die praktisch wichtigsten Methoden zur Bestimmung des Molekulargewichtes in Lösung beruhen auf der Tatsache, daß nach Gl. (28.15) der osmotische Druck im wesentlichen ein Maß für die freie Energie der Verdünnung darstellt. Im Prinzip kann daher jeder Effekt, der durch die freie Energie der Verdünnung oder ihre Ableitung nach der Konzentration bestimmt wird, zur Bestimmung des Molekulargewichtes auf der Grundlage der Definition (55.5) benutzt werden.

γ. Dampfdruckerniedrigung des Lösungsmittels

Wir setzen der Einfachheit halber Gültigkeit der idealen Gasgesetze voraus und bezeichnen mit p_1 den Partialdruck des Lösungsmittels über der Lösung, mit p_{10} den Partialdruck des reinen Lösungsmittels. Für

1 Wenn man bei einer Dichte bzw. Konzentration messen kann, bei der die Abweichungen von den Grenzgesetzen (55.4) bzw. (55.5) noch nicht sehr erheblich sind, und keine große Genauigkeit verlangt wird, kann man sich mit der Messung bei einer Dichte bzw. Konzentration begnügen.

2 Bei Polyelektrolyten muß für die Auswertung das hier auftretende *Donnan-Gleichgewicht* (§ 51) berücksichtigt werden.

das Dampfdruckgleichgewicht folgt dann aus (27.8) in Verbindung mit (26.30) und (34.3)

$$\Delta\mu_1 = R\,T \ln \frac{p_1}{p_{10}}\,. \tag{55.6}$$

Aus Gl. (28.15) und (55.6) erhalten wir

$$\int\limits_{P_0}^{P_0+\Pi} v_1\, dP = \bar{v}_1 \Pi = R\,T \ln \frac{p_{10}}{p_1}\,. \tag{55.7}$$

Mit Benutzung von (75.3) wird daher

$$\frac{p_1}{p_{10}} = \exp\left[-\frac{\bar{v}_1}{M_2} c_g \left(1 + B^* \frac{c_g}{M_2} + \cdots\right)\right]. \tag{55.8}$$

Entwicklung der Exponentialfunktion und Übergang zur Grenze $c_g \to 0$ ergeben schließlich

$$\lim_{c_g \to 0} \frac{p_{10} - p_1}{p_{10}\, \bar{v}_1\, c_g} = \frac{1}{M_2}\,. \tag{55.9}$$

Da an der Grenze unendlicher Verdünnung $\bar{v}_1 \to n_1/V$ und $x_2 \to n_1/n_2$ gilt, kann Gl. (55.9) auch in der geläufigeren Form

$$\lim_{x_2 \to 0} \frac{p_{10} - p_1}{p_{10}\, x_2} = 1 \tag{55.10}$$

geschrieben werden. Diese Gleichung wird als *Raoult*sches *Gesetz* bezeichnet. Das Molekulargewicht des gelösten Stoffes kann somit durch Messung der Dampfdruckerniedrigung des Lösungsmittels bestimmt werden. Im allgemeinen ist jedoch die Messung der Erhöhung des Siedepunktes, die wir im folgenden Abschnitt besprechen, einfacher und genauer.

Die Gl. (55.9) enthält, im Gegensatz zu Gl. (55.5), das partielle Molvolumen und damit implizit das Molekulargewicht des Lösungsmittels, das nach den früheren Ausführungen keine meßbare Größe ist. Die Ableitung der Gl. (55.9) zeigt jedoch, daß durch die Benutzung der Gleichgewichtsbedingung dem Lösungsmittel in der flüssigen Phase das gleiche Molekulargewicht wie in der Dampfphase zugeschrieben wird. Die letztere Größe ist aber nach Gl. (55.4) experimentell zugänglich, womit die Eindeutigkeit des nach Gl. (55.9) bestimmten Molekulargewichtes gesichert ist.

δ. Siedepunktserhöhung des Lösungsmittels

Wir setzen voraus, daß nur das Lösungsmittel einen meßbaren Dampfdruck hat und nehmen an, daß der äußere Druck konstant (etwa bei 1 atm) gehalten wird. Wir untersuchen die Abhängigkeit des Siedepunktes des Lösungsmittels von der Konzentration der Lösung. Bezeichnen wir mit $\mu_1^{(v)}$ das chemische Potential des Lösungsmittels in der Dampfphase[1]), so lautet die Gleichgewichtsbedingung

$$\mu_1^{(v)} = \mu_1 \,. \tag{55.11}$$

Ändern wir bei konstantem Druck Temperatur und Zusammensetzung unter Aufrechterhaltung des Gleichgewichtes, so muß gelten

$$d\mu_1^{(v)} = d\mu_1 \tag{55.12}$$

oder, mit Benutzung von (26.27)

$$- s_1^{(v)}\, dT = - s_1\, dT + \frac{\partial \mu_1}{\partial x_2}\, dx_2 \,. \tag{55.13}$$

Da das System nach der Phasenregel (29.3) nur einen thermodynamischen Freiheitsgrad hat, ist durch die Änderung der Temperatur die Änderung der Konzentration eindeutig bestimmt. Mit Benutzung von (26.28) und (55.11) kann (55.13) geschrieben werden

$$\frac{h_1 - h_1^{(v)}}{T}\, dT = \frac{\partial \mu_1}{\partial x_2}\, dx_2 \tag{55.14}$$

oder, wenn wir die molare Verdampfungswärme

$$L_v = h_1^{(v)} - h_1 \tag{55.15}$$

einführen

$$- \frac{L_v}{T}\, dT = \frac{\partial \mu_1}{\partial x_2}\, dx_2 \,. \tag{55.16}$$

Diese Beziehung, die nichts anderes ist als die Differentialgleichung der Koexistenzkurve in der T, x_2-Ebene, ist exakt, aber für praktische Zwecke ungeeignet, da die Größe L_v von der Konzentration abhängt. Um sie umzuformen, schreiben wir die Verdampfungswärme

$$L_v = L_v^0 + h_{10} - h_1 \,, \tag{55.17}$$

1 Der Einfachheit halber schreiben wir im folgenden die auf die flüssige Phase bezogenen Größen ohne oberen Index.

wo L_v^0 die molare Verdampfungswärme des reinen Lösungsmittels ist. Damit wird aus (55.16)

$$-\frac{h_{10}-h_1}{T}\,dT - \frac{L_v^0}{T}\,dT = \frac{\partial \mu_1}{\partial x_2}\,dx_2\,. \tag{55.18}$$

Bei konstantem Druck gilt nun allgemein

$$(d\mu_1)_P = -\,s_1\,dT + \frac{\partial \mu_1}{\partial x_2}\,dx_2\,, \tag{55.19}$$

$$(d\mu_{10})_P = -\,s_{10}\,dT\,. \tag{55.20}$$

Aus (55.18)—(55.20) folgt in Verbindung mit (26.28)

$$-\frac{L_v^0}{T^2}\,dT = d\left(\frac{\Delta\mu_1}{T}\right)_P. \tag{55.21}$$

Die gesuchte Siedepunktserhöhung wird durch Integration dieser Gleichung vom Siedepunkt des reinen Lösungsmittels T_0 bis zum Siedepunkt der Lösung T erhalten.

Für die Temperaturabhängigkeit der Verdampfungswärme des reinen Lösungsmittels gilt die *Kirchhoffsche Gleichung*

$$\frac{dL_v^0}{dT} = C_P^{(v)} - C_P\,. \tag{55.22}$$

Dieselbe folgt unmittelbar aus den Definitionen (21.26) und (31.7). Da für das hier betrachtete Problem nur sehr kleine Temperaturintervalle in Betracht kommen, kann die Temperaturabhängigkeit der rechten Seite von (55.22) vernachlässigt werden. Bezeichnen wir daher mit L_{0v}^0 die Verdampfungswärme des reinen Lösungsmittels am Siedepunkt T_0, so ergibt Integration der Gl. (55.22)

$$L_0^v = L_{0v}^0 + (C_P^{(v)} - C_P)(T - T_0)\,. \tag{55.23}$$

Setzen wir diesen Ausdruck in Gl. (55.21) ein und integrieren von T_0 bis zum Siedepunkt der Lösung T_1, so erhalten wir

$$\frac{\Delta\mu_1}{T_1} = L_{0v}^0\left(\frac{1}{T_1} - \frac{1}{T_0}\right) + (C_P^{(v)} - C_P)\left(\ln\frac{T_0}{T_1} + 1 - \frac{T_0}{T_1}\right). \tag{55.24}$$

Führen wir die Siedepunktserhöhung

$$\Delta T = T_1 - T_0 \tag{55.25}$$

ein und entwickeln die rechte Seite von Gl. (55.24) nach Potenzen von $\Delta T/T_0$, so folgt, wenn wir mit dem quadratischen Glied abbrechen,

$$-\frac{\Delta \mu_1}{R\,T_1} = \frac{\Pi\,\bar{v}_1}{R\,T_1} = -\ln x_1 f_1$$
$$= \frac{L_{0v}^0}{R\,T_0^2}\Delta T + \left(-\frac{L_{0v}^0}{R\,T_0} + \frac{1}{2}\frac{C_P^{(v)} - C_P}{R}\right)\left(\frac{\Delta T}{T_0}\right)^2. \tag{55.26}$$

Gl. (55.26) gibt den Zusammenhang der Siedepunktserhöhung mit der freien Energie der Verdünnung, dem osmotischen Druck und dem Aktivitätskoeffizienten des Lösungsmittels. Letzterer kann somit durch Messung der Siedepunktserhöhung bestimmt werden. Da für die Berechnung des Molekulargewichtes des gelösten Stoffes auf unendliche Verdünnung extropoliert werden muß, kann dafür der zweite Term der rechten Seite von (55.26) von vornherein vernachlässigt werden. Wir schreiben daher

$$\Delta T = \frac{R\,T_0^2}{L_{0v}^0}\frac{\Pi\,\bar{v}_1}{R\,T_1}. \tag{55.27}$$

Führen wir hier die Definition (55.5) ein, so folgt

$$\lim_{c_g \to 0}\frac{\Delta T}{c_g} = \frac{R\,T_0^2}{L_{0v}^0}\frac{1}{R\,T_1}\lim_{c_g \to 0}\frac{\Pi\,\bar{v}_1}{c_g} = \frac{R\,T_0^2}{L_{0v}^0}\frac{v_{10}}{M_2}. \tag{55.28}$$

Man sieht leicht, daß auf der rechten Seite das Molekulargewicht des Lösungsmittels sich heraushebt. Es ist daher üblich, die Verdampfungswärme pro Masseneinheit (spezifische Verdampfungswärme)

$$L_{0\,v}^* = \frac{L_{0v}^0}{M_1} \tag{55.29}$$

einzuführen und als Konzentrationsvariable die Größe

$$m_2^* = 10^3\frac{m_2}{m_1} \tag{55.30}$$

zu benutzen. Da für sehr große Verdünnungen

$$\bar{v}_1 \approx v_{10} = \frac{M_1\,V}{m_1} \tag{55.31}$$

ist, erhalten wir dann

$$\lim_{m_2^* \to 0}\frac{\Delta T}{m_2^*} = \frac{R\,T_0^2}{10^3\,L_{0v}^*}\lim_{c_g \to 0}\frac{\Pi}{c_g} = \frac{R\,T_0^2}{10^3\,L_{0v}^*}\frac{1}{M_2}. \tag{55.32}$$

Die Größe

$$\Theta_v = \frac{R\,T_0^2}{10^3\,L_{0v}^*} \tag{55.33}$$

wird als *ebullioskopische Konstante* bezeichnet und ist für die wichtigeren Lösungsmittel tabelliert.

ε. Gefrierpunktserniedrigung des Lösungsmittels

Wenn die flüssige binäre Lösung im Gleichgewicht mit der festen Phase des reinen Lösungsmittels ist, läßt sich eine Überlegung durchführen, die der des vorhergehenden Abschnittes völlig analog ist. Wir gehen daher lediglich das Resultat an. Bezeichnet man mit T_0 den Schmelzpunkt des reinen Lösungsmittels, mit T_1 den der Lösung und mit

$$\Delta T = T_0 - T_1 \tag{55.34}$$

die Gefrierpunktserniedrigung, so gilt

$$\lim_{m_2^* \to 0} \frac{\Delta T}{m_2^*} = \frac{R\,T_0^2}{10^3\,L_{0f}^*}\,\frac{1}{M_2}\,, \tag{55.35}$$

wo L_{0f}^* die spezifische Schmelzwärme des reinen Lösungsmittels ist. Die Größe

$$\Theta_f = \frac{R\,T_0^2}{10^3\,L_{0f}^*} \tag{55.36}$$

wird als *kryoskopische Konstante* bezeichnet. Sie ist ebenfalls für die wichtigeren Lösungsmittel tabelliert.

Zum Schluß erwähnen wir noch zwei Methoden der Molekulargeswichtsbestimmung, die ebenfalls auf der Definition (55.5) beruhen, praktisch aber (ebenso wie die direkte Messung des osmotischen Drucks) nur für makromolekulare Lösungen in Betracht kommen. Die erste derselben ist das schon in § 54 besprochene Sedimentationsgleichgewicht in der Ultrazentrifuge. Diese Methode hat, wie erwähnt, heute nur noch geringe Bedeutung. Die zweite Methode benutzt die Messung der Lichtstreuung von Lösungen. Die allgemeinen Grundlagen der Theorie finden sich in größeren Werken über statistische Thermodynamik, während für die Anwendung auf makromolekulare Lösungen auf Spezialwerke verwiesen werden muß.

Bibliographie

a. Größere zusammenfassende Darstellungen und Lehrbücher

J. W. Gibbs, Collected works vol. I. Yale University Press, New Haven 1957.
J. D. van der Waals u. *Ph. Kohnstamm*, Lehrbuch der Thermostatik, Barth, Leipzig 1927.
W. Schottky, *H. Ulrich* u. *C. Wagner*, Thermodynamik, Springer, Berlin 1929.
M. Planck, Vorlesungen über Thermodynamik, 11. Aufl., Gruyter, Berlin 1964.
G. N. Lewis u. *M. Randall*, Thermodynamics, 2nd ed., McGraw Hill, New York 1961.
M. W. Zemanski, Heat and Thermodynamics, 4th ed. McGraw Hill, New York 1957.
R. Haase, Thermodynamik der Mischphasen, Springer, Berlin 1956.
H. Callen, Thermodynamics, Wiley, New York 1960.
J. G. Kirkwood u. *I. Oppenheim*, Chemical Thermodynamics, McGraw Hill, New York 1961.
E. A. Guggenheim, Thermodynamics, 5th ed., North-Holland Publ., Amsterdam 1967.

b. Axiomatik

A. Landé, Die Carathéodory'sche Axiomatik (Geiger-Scheel Handbuch der Physik, Bd. IX), Springer, Berlin 1926.
G. Falk u. *H. Jung*, Axiomatik der Thermodynamik (Handbuch der Physik, Herausgeber S. Flügge, Bd. III 2), Springer, Berlin 1959.
P. T. Landsberg, Thermodynamics, Interscience-Wiley, New York 1961.
R. Giles, Mathematical Foundations of Thermodynamics, Pergamon, Oxford 1964.
H. A. Buchdahl, The Concepts of Classical Thermodynamics, Cambridge University Press, Cambridge 1966.
L. Tisza, Generalized Thermodynamics, M. I. T. Press, Cambridge (Mass.) 1966.

c. Heterogene Gleichgewichte

H. W. Bakhuis Roozeboom, Die heterogenen Gleichgewichte, Vieweg, Braunschweig 1901–1911.
M. Hansen, The Constitution of Binary Alloys, 2nd ed., McGraw Hill, New York 1958.

d. Nernst'scher Wärmesatz

W. Nernst, Theoretische und experimentelle Grundlagen des neuen Wärmesatzes, 2. Aufl., W. Knapp, Halle 1924.
K. Bennewitz, Der Nernst'sche Wärmesatz (Geiger-Scheel Handbuch der Physik, Bd. IX), Springer, Berlin 1926.

F. Simon, Ergebnisse der exakten Naturwissenschaften 9, 222 (1930).
F. Simon, Science Museum Handbook 3, 61 (1937).
J. Wilks, Der dritte Hauptsatz der Thermodynamik, Vieweg, Braunschweig 1963.

e. Elektrochemische Systeme

H. Falkenhagen, Elektrolyte, Hirzel, Leipzig 1953.
H. S. Harned u. *B. Owen*, The Physical Chemistry of Electrolytic Solutions, 3rd ed., Reinhold, New York 1958.
R. A. Robinson u. *R. H. Stokes*, Electrolyte Solutions, 2nd ed., Butterworth, London 1959.
G. Kortüm, Lehrbuch der Elektrochemie, 2. Aufl., Verlag Chemie, Weinheim 1957.

f. Statistische Thermodynamik

R. H. Fowler u. *E. A. Guggenheim*, Statistical Thermodynamics, Cambridge U.P., Cambridge 1949.
A. Münster, Statistische Thermodynamik, Springer, Berlin 1956.

g. Tabellen

F. Rossini, Selected Values of Chemical Thermodynamic Properties, Government Printing Office, Washington 1952.
K. K. Kelley, Entropies of Inorganic Substances, Bur. of Mines Bull. 477 (1950).
K. K. Kelley, High Temperature Heat Content, Heat Capacity and Entropy Data, Bur. of Mines Bull. 476 (1949).
Landolt-Börnstein, Zahlenwerte und Funktionen, 6. Aufl., Bd. II 2–4. Teil, Springer, Berlin 1956–1964.

h. Mathematische Hilfsmittel

H. Margenau u. *G. M. Murphy*, The Mathematics of Physics and Chemistry, 2nd ed., Van Nostrand, New York 1956/1964.

Sachregister

F

G

H

FSC
www.fsc.org
MIX
Papier | Fördert gute Waldnutzung
FSC® C083411

Zeitfracht Medien GmbH
Ferdinand-Jühlke-Straße 7
99095 Erfurt, Deutschland
produktsicherheit@kolibri360.de